マリタイムカレッジシリーズ

船に学ぶ基礎力学

商船高専キャリア教育研究会 編

KAIBUNDO

<執筆者一覧>

第１章　山本桂一郎（富山高等専門学校）
　　　　清水　聖治（大島商船高等専門学校）
第２章　岩崎　寛希（大島商船高等専門学校）
　　　　栂（とが）　伸司（富山高等専門学校）
第３章　栂　伸司
第４章　徳田　太郎（広島商船高等専門学校）
第５章　鎌田　功一（鳥羽商船高等専門学校）
第６章　池田　真吾（弓削商船高等専門学校）
第７章　保前　友高（富山高等専門学校）

<編集幹事>

栂　伸司

<カバーイラスト，挿絵>

栂　伸司

※所属は原稿執筆時のものです。

<追加情報>

本書の追加情報は，下記の QR コードもしくは URL よりご確認ください。

URL：http://www.kaibundo.jp/mt-kisoriki/tuika-1.pdf

はじめに

高等専門学校の商船系の学科では，一般科目の「物理」で力学の基礎を学んだあと，専門科目の船体の運動や変形について勉強します。「物理」では，多くの場合，物体を大きさを持たず，変形もしない「質点」として扱いますが，専門科目では船を大きさを持つ「剛体」として，さらには変形もする「変形体」として扱います。しかし，「物理」を学んだだけでは，専門科目で頻出する「剛体」あるいは「変形体」の考え方がわからず，戸惑う人が多く見受けられます。

1）この教科書の目的

この教科書の目的は，「物理」から船の専門科目の考え方への橋渡しを行うことです。そのために，「物理」で学んだことを，船のいろいろな場面に適用する例題を提供しています。これらは，船舶工学や材料力学など，より高度な専門科目の理解を助けとなることでしょう。

一方，この教科書は，高等専門学校の低学年で使えるように，高度な数学的手法（微分と積分）を可能な限り使わず，与えられた状況から「力」や「変位」を抽出し，自由物体線図にまとめて運動方程式を求め，運動方程式から予想される運動の概略を理解することに重点をおいています。これにより，実際の船の運用に携わった際，安全運航・緊急時の対応のための物理的な「直感力」を養うことを目指しています。

2）本書の特徴と使い方

本書は表1のように，7章で構成されています。

表1　本書の構成

区分	章	発展
力学の基礎の確認	第1章　船に学ぶ力学の基礎知識	
質点としての取り扱い	第2章　力学の基本運動	
剛体としての取り扱い	第3章　並進運動 第4章　回転運動の基礎 第5章　剛体の複雑な運動	⇨ 船舶工学や船体運動論などへ続く
変形体としての取り扱い	第6章　船体の変形（材料力学の導入）	⇨ 材料力学や船舶工学などへ続く
熱力学への接続	第7章　仕事とエネルギー	⇨ 熱力学，熱工学やエネルギー工学などへ続く

第 1 章は，量や量記号の取り扱いや本書で使う基礎的な数学の知識をまとめています。

第 2 章以降は，力学のモデルにもとづいて構成されています。力学では，物体を単純化して扱います。この単純化をモデル化ということもあり，海事技術者には船の大きさや状況に応じて，それぞれのモデルを使い分ける思考が求められます。表 2 に「力学での物体の取り扱い方の違い」をまとめました。例えば,「物理」で勉強した「質点」とは，物体を点として扱い，その大きさや変形を無視したモデルです。「質点」の運動の基礎式となるのは，質点に働く「力」と「加速度」（変位をもとに算定）とを結びつけた「運動方程式」です。

表 2　力学での物体のモデル化

呼び名	質量	大きさ	変形	基礎式
質点	ある	なし	なし	運動方程式
剛体	ある	ある	なし	（並進の）運動方程式 角運動方程式
変形体 （弾性体，塑性体，流体など）	ある	ある	ある	運動方程式 角運動方程式 構成方程式など

これらを用いて船の運動を取り扱うには，次の例のようにモデルを使い分けます。

【例 1】 図 1 のように，船に発生する推進力と抵抗力から船の加速度を計算する場合，船を「質点」と考えてよい。

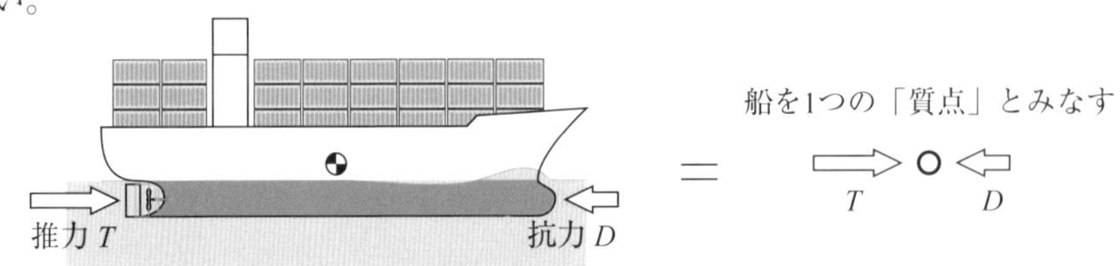

図 1　船を質点として考える場合

【例 2】 図 2 のように，船の傾斜と浮力の作用点の関係から船の安定性を判断する場合，船を大きさを持つ「剛体」として考えなければならない。

図 2　船を剛体として考える場合

【例 3】 図 3 のように，船に荷物を積む際や波浪中を航行する際，内部に発生する力に船が耐えられるかを判断する場合は，船を「変形体」として考えなければならない。

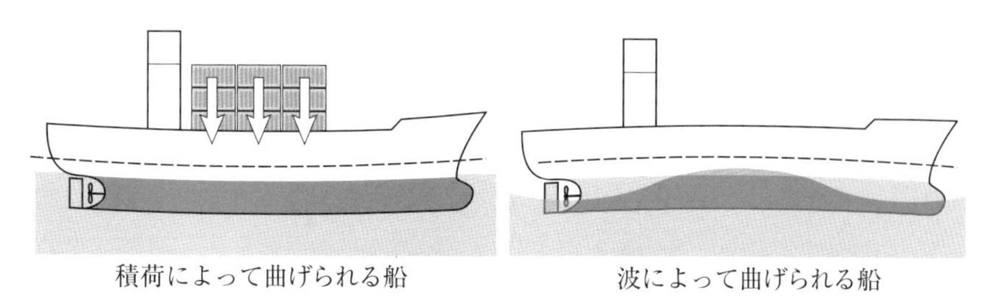

図３　船を変形体として考える場合

第２章は，運動方程式を使わず，質点の「変位」,「速度」,「加速度」の関係を調べる「運動学」について学びます。「加速度が与えられたとき，速度や位置がどのように変化するか」などの問題を求める分野を「運動学」と呼び，実際には微分や積分といった数学的手法が用いられますが，高等専門学校の低学年ではまだ習熟していないことから，あまり深くは紹介していません。

第３章から第５章は，「剛体」に作用する「力」と「変位，速度，加速度」の関係を調べ方について学びます。一般の力学の教科書では，静止している物体についての「静力学」を学んだあと，運動する物体の運動についての「動力学」を学びます。しかし「静力学」も「動力学」もニュートンの運動方程式にもとづきますから，本書ではこれらを区別せずに，①自由物体線図をかく，②運動方程式を求める，③運動の状態について吟味する，という統一的な３つのステップを習得することをすすめます。特に，剛体の回転運動を調べるために，第４章と第５章では「剛体」の並進運動と回転運動について，それぞれの自由物体線図をかき，（並進の）運動方程式と角運動方程式を順次求めます。図４の左図は，ボートが船首を上げて進んでいる様子です。このボートについて自由物体線図を作成するとき，他の教科書では，図４の右図のように１つの自由物体線図に力と力のモーメントをかきこんでいくことが多いようです。しかし多くの場合，図が複雑になり，力とモーメントの作用を混同してしまうことも多いので，本書では，図５のように並進と回転に分けて自由物体線図を記述します。このようにすることで，複雑な問題もシンプルに考えることができます。

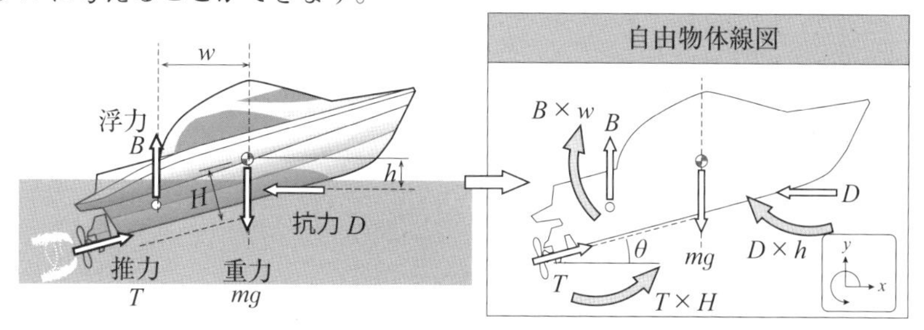

図４　１つの自由物体線図に力と力のモーメントをかきこんだ場合

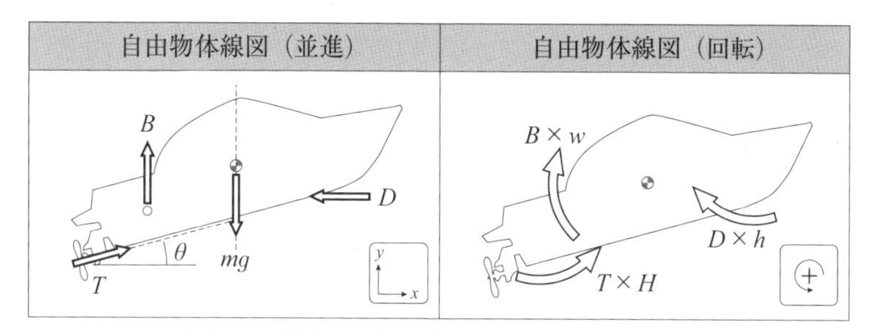

図５　本書では並進と回転の自由物体線図を別々に作成する

第 5 章では，第 3 章と第 4 章をもとにして，「剛体」の並進と回転が組み合わさった複雑な問題について扱います。

第 6 章では，物体の変形体としての扱い方の基本を学びます。機関系の学生は材料力学でさらに詳しく学習します。しかし航海系の学生が材料力学を学ぶことは少ないようです。荒天中の航海や荷役などにおいて船体に負担をかけず健全に運用するためには，船の変形の基礎知識が必要ですので，この章で概略を学習します。

第 7 章では，仕事とエネルギーについて学び，専門での熱力学などの学習につなげます。物理で摩擦のない場合には，「力学的エネルギーの保存則」という法則が成り立つことを学びましたが，摩擦のある場合，化石燃料の燃焼などを組み込む場合には，熱力学の第一法則がより広い法則となります。船の運航においては，航海あたりの燃料の消費を抑えることで収益率を上げることができるため，船内のエネルギーの高効率化が重視されます。運動とエネルギーの関係を理解することは，これらを実現するための基礎知識です。

海事技術者には，工学的基礎知識が求められますが，一般の物理の知識と船関係の専門書との間には小さからぬ障壁があります。本書がこの障壁を埋め，海事技術者を志す皆さんの一助なることを執筆者一同，心より願っております。

編集幹事

栂　伸司（富山高等専門学校）

目　次

執筆者一覧　ii
はじめに　iii

第1章　船に学ぶ力学の基礎知識 ･････････････････････････････････ *1*
1.1　物理量あるいは量　*2*
1.1.1　物理量あるいは量とは　*2*
1.1.2　数値の表し方　*4*
1.1.3　有効数字（意味のある数字）　*6*
1.1.4　量記号と式の整理　*7*
1.1.5　式の整理　*9*
1.1.6　弧度法とラジアン　*10*
1.2　三角関数　*13*
1.3　ベクトル　*15*
1.3.1　ベクトルの定義　*15*
1.3.2　ベクトルの成分　*15*
1.3.3　ベクトルの合成　*19*
1.3.4　ベクトルの分解　*20*
1.3.5　ベクトルの演算　*21*
練習問題の解答　*24*

第2章　力学の基本運動 ･････････････････････････････････････ *25*
2.1　速度と加速度　*26*
2.2　位置，速度，加速度と時刻のグラフ　*27*
2.2.1　速度が一定の場合　*27*
2.2.2　速度が変化する場合（図式解法）　*28*
2.2.3　速度が変化する場合（微分による解法）　*29*
2.3　加速度から速度を求める，速度から位置を求める　*31*
2.3.1　一定速度から位置を求める　*31*
2.3.2　一定加速度から位置を求める　*33*
2.4　位置・速度・加速度の公式　*34*
2.4.1　公式　*34*
2.4.2　自由落下　*36*
2.4.3　垂直投げ上げ　*38*

2.4.4 斜め打ち上げ　40
2.5 相対速度　43
2.5.1 船の接近　44
2.5.2 潮流と船の速度　44
2.5.3 流体機械と速度三角形　46
2.6 衝突とはね返り係数　48
2.7 等速円運動　51
2.7.1 等速円運動の特徴　51
2.7.2 等速円運動の周速度　51
2.7.3 加速度　52
2.7.4 等速円運動の公式　53
練習問題の解答　55

第3章　並進運動 · 59
3.1 並進運動と運動の法則　60
3.2 慣性の法則　62
3.3 運動方程式　63
3.4 作用・反作用の法則　66
3.5 いろいろな力　68
3.6 系　80
3.7 応用　82
3.7.1 摩擦力　82
3.7.2 滑車　85
3.7.3 サスペンション　87
3.7.4 トラス　89
練習問題の解答　91

第4章　回転運動の基礎 · 93
4.1 回転運動と運動の法則　94
4.1.1 慣性の法則　95
4.1.2 角運動方程式の概要　95
4.1.3 作用・反作用　96
4.2 角運動方程式　96
4.2.1 力のモーメントの概略　97
4.2.2 慣性モーメントの概略　97
4.2.3 角加速度の概略　98
4.2.4 自由物体線図と角運動方程式　99

4.3 力のモーメント　*101*
4.3.1 力のモーメントの計算　*101*
4.3.2 力のモーメントの符号と合成　*106*
4.3.3 偶力　*109*
4.3.4 剛体の運動のまとめ　*111*
4.4 重心　*112*
4.5 慣性モーメント　*116*
4.5.1 慣性モーメントの定義　*116*
4.5.2 いろいろな形状の慣性モーメント　*116*
4.5.3 慣性モーメントに関する諸法則　*118*
練習問題の解答　*121*

第 5 章　複雑な運動 · *123*
5.1 剛体の静止（または等速直線運動）　*124*
5.1.1 反力が発生する場合　*124*
5.1.2 反モーメントが発生する場合　*126*
5.2 剛体が回転せずに並進運動を行う場合　*128*
5.3 剛体の並進運動を伴わない回転運動　*129*
5.4 移動しながら回転する剛体　*137*
5.5 船の運動　*140*
5.5.1 浮力の特性　*140*
5.5.2 横傾斜　*142*
5.5.3 縦傾斜　*145*
5.5.4 船の運動　*146*
練習問題の解答　*152*

第 6 章　船体の変形（材料力学の導入） · *153*
6.1 船体の変形と材料力学　*154*
6.1.1 引張と圧縮　*154*
6.1.2 せん断　*155*
6.1.3 曲げ　*155*
6.1.4 ねじり　*156*
6.2 内力　*157*
6.2.1 材料に発生する内力　*157*
6.2.2 仮想切断・仮想消去・仮想断面　*158*
6.3 応力　*159*
6.3.1 内力の比較　*159*

6.3.2 応力の定義 *160*
6.4 ひずみ *162*
6.5 弾性変形と塑性変形 *164*
6.6 応力とひずみの関係式 *165*
6.7 曲げ *166*
6.7.1 はりの内部に発生する力 *171*
6.7.1 はりの内部に発生する力 *173*
練習問題の解答 *185*

第7章 仕事とエネルギー ・・・・・・・・・・・・・・・・・・・・・・・・ *187*
7.1 仕事 *188*
7.1.1 仕事とは *188*
7.1.2 仕事をしない力 *190*
7.1.3 負の仕事 *191*
7.1.4 重力がする仕事 *191*
7.1.5 ばねを伸ばすときの仕事 *195*
7.1.6 回転の仕事 *197*
7.1.7 摩擦力がする仕事 *197*
7.2 動力 *198*
7.2.1 動力とは *198*
7.2.2 並進運動の動力 *198*
7.2.3 回転運動の動力 *200*
7.3 エネルギー *201*
7.3.1 エネルギーとは *201*
7.3.2 位置エネルギー *201*
7.3.3 弾性エネルギー（ばねに蓄えられるエネルギー） *202*
7.3.4 運動エネルギー（並進） *204*
7.3.5 運動エネルギー（回転） *204*
7.3.6 力学的エネルギーの保存則 *205*
7.4 熱力学への展開 *207*
7.4.1 仕事と力学的エネルギー *207*
7.4.2 仕事と熱 *208*
7.4.3 熱力学の第一法則 *210*
7.4.4 熱力学の第二法則 *211*
7.4.5 熱機関の熱効率 *212*

索引 *215*

第1章

船に学ぶ力学の基礎知識

1.1 物理量あるいは量

1.1.1 物理量あるいは量とは

物体の運動も含めて，物理現象を表すのに必要となる，「測定できる量」を「物理量（あるいは単に量）」といいます。物理量の大きさを表すときには，基準となる大きさ，すなわち「単位」(unit) を決めておき，表したい物理量が「単位の何倍である」という形で表されます。

ポイント 1.1 「物理量」あるいは「量」

物理量あるいは単に**量**は，**「数値」と「単位」の組**で表される。

物理量（あるいは量）= 数値 × 単位

代表的な例として，物の長さを表すためには，基準となる単位（簡単にいうと「ものさし」）が必要となります。1960 年までは，フランスで製作された長さの基準を表す「メートル原器」をもとに，この長さの何倍になるかで表しました。「10 m」は，メートル原器の 10 倍の長さとなります。現在では，光の速度をもとに「m」を決めています。

力学は，物体の（静止も含めて）運動の法則性，力と運動の関係を求める分野で，物体がいつどこにいるかという時間と位置を表す量が重要になります。さらに力と運動の関係を考えると，同じ力で押すとき軽い物体は容易に動き，重い物体は動きにくいという性質を表す質量も重要となります。時間，長さ（基準位置からの距離），質量を基本的な量として選ぶと，力学に登場する量はすべてこれらの量の組み合わせにより表すことができます。たとえば，面積を表す量は「長さ」×「長さ」であり，速さは「長さ」÷「時間」です。

表 1.1　SI 基本単位系

基本量	単位の定義	単位記号
時間	1 秒は，Cs 原子の基底状態の 2 つの超微細準位（F = 4, M = 0 および F = 3, M = 0）の間の遷移に対応する放射の 9192631770 周期の継続時間である。	s
長さ	1 メートルは，1 s の 299792458 分の 1 の間に光が真空中を伝わる距離である。	m
質量	1 キログラムは，国際キログラム原器の質量である。	kg
電流	1 アンペアは，真空中に 1 m の間隔で平行に置かれた，無限に小さい円形断面積を有する，無限に長い 2 本の直線状導体のそれぞれを流れ，これらの導体の長さ 1 m ごとに 2×10^{-7} N の力を及ぼしあう一定の電流である。	A
温度	熱力学的温度の単位である 1 ケルビンは，水の三重点の熱力学温度 1/273.16 である。	K
物質量	1 モルは 0.012 kg の C の中に存在する原子の数と等しい数の構成要素を含む系の物質量である。	mol
光度	1 カンデラは，周波数 540 × 1012 Hz の単色放射をある方向へ放射しその放射の強さが (1/683) W/sr である放射体の，その方向での光度である。	cd

このように，長さ m，質量 kg，時間 s の 3 つは単位の基本であり，これらの頭文字を組み合わせて，**MKS** 単位系と呼びます。

物理量の単位の国際的な標準は，MKS 単位系に電気や物質量の単位を加えた 7 つの**基本単位**とそれらを組み合わせた**組立単位**で構成された，**国際単位系**（省略形は **SI**：英語で International System of Units，フランス語で Le Syst`eme International d'Unit´es）にまとめられています。表 1.1 に，SI 基本単位系を示します。

ポイント 1.2　国際単位系（略称：SI）の基本単位

SI は，多くの国で使用することが義務づけられている単位系であり，

長さ「m」　質量「kg」　時間「s」

の MKS 単位系を含む 7 つを**基本単位**とする。

国際単位の基本単位系を紹介しましたが，いつでも基本単位を用いるのが便利とは限りません。それは物理量がいろいろな量の組み合わせから成り立っているからです。

たとえば，船の速さは「距離」÷「時間」で「m/s」という単位になりますし，加速度は「距離」÷「時間」÷「時間」で「m/s^2」となります。このように，物理量の中に「どの単位が何個含まれているか」を考えることを物理量の**次元**と呼びます。力学で使う基本単位は，長さ，質量，時間の 3 つなので，

$$(\text{速度の次元}) = (\text{長さ})^1 \times (\text{質量})^0 \times (\text{時間})^{-1}$$
$$(\text{加速度の次元}) = (\text{長さ})^1 \times (\text{質量})^0 \times (\text{時間})^{-2}$$

となります。

物理量を足し合わせるときには，各項の次元は同じでなければなりません。このことは，立てた式が正しいか，整理した式が正しいかを判定するのに役立ちます。物体の速さを計算したにも関わらず，求めた式の次元が（長さ）^{2} であれば，どこかで間違ったことがわかります。

例題 1-1　ニュートンの運動方程式は，(力) = (質量) × (加速度) で表される。「力」の次元を求めなさい。

— 解答 —

物理量の次元を ［　］ を使って ［物理量名］ と表すと，力の次元 ［力］ は，

$$[\text{力}] = [\text{質量}] \times [\text{加速度}] = (\text{質量}) \times (\text{長さ}) / (\text{時間})^2 = (\text{長さ})^1 \times (\text{質量})^1 \times (\text{時間})^{-2}$$

次元を求めていると，$(\text{質量})^0 \times (\text{長さ})^0 \times (\text{時間})^0$ のように，次元を持たないような場合が出てきます。これらは**無次元量**と呼ばれます。無次元量は，ある物理量の基準量に対する比をとったような場合によく表れます。

例題 1-2　マッハ数 M は，物体の速さ V の音速 C に対する割合を表す。マッハ数の次元を求めなさい。

— 解答 —

マッハ数 $M = V/C$ となるので，物理量の次元を表す［　］を使うと，

$$[M] = [V] / [C] = \{(\text{長さ})^1 \times (\text{質量})^0 \times (\text{時間})^{-1}\} \times \{(\text{長さ})^1 \times (\text{質量})^0 \times (\text{時間})^{-1}\}^{-1}$$
$$= (\text{長さ})^1 \times (\text{質量})^0 \times (\text{時間})^{-1} \times (\text{長さ})^{-1} \times (\text{質量})^0 \times (\text{時間})^1$$
$$= (\text{長さ})^0 \times (\text{質量})^0 \times (\text{時間})^0$$

となり，無次元となる。

表1.2のように，力の単位は，SIで表すと，$\mathrm{kg \cdot m/s^2}$ となりますが，力のように頻出する物理量に対して，毎回，m，kg，sの単位で表していると大変ですし，読みにくくもあります。そこで，国際単位系では，基本単位に加え，よく使われる物理量の単位も決めてあります。これらの単位は，基本単位を組み合わせてあるので，**組立単位**と呼ばれています。

表1.2　SI組立単位の例

物理量	単位	読み方	意味
力	N	ニュートン	$\mathrm{kg \cdot m/s^2}$
仕事・熱	J	ジュール	N・m
仕事率・電力	W	ワット	J/s
圧力	Pa	パスカル	$\mathrm{N/m^2}$

1.1.2　数値の表し方

数値を表すときに，1000を 1×10^3（もっと簡単に 10^3），0.0001を 10^{-4}，$1247 = 1.247 \times 10^3$，0.000186を 1.86×10^{-4} などのように，

$$(1\text{と}10\text{の間の数}) \times (\text{べき乗}\ 10^{\bigcirc})$$

の形で表すことを，**科学的記数法**といいます。$10^{\bigcirc}$ の形をべき乗，○の部分を指数，10の部分を底と呼びます。また，底に10を用いる数値の表し方を10進法と呼びます（底を2とする2進数なども使われます）。

ある数の小数点は，指数部を調整することで，左または右に移すことができ，どんな数も科学的記数法で表すことができます。科学的記数法は，測定値を正確に表すために，科学・工学分野で広く使用されている形式です。

べき乗 $10^{\bigcirc}$（○の部分は指数と呼ばれる）の形がたくさん出てきた場合は，電卓には入力せず，べき乗だけを集めて計算するようにします。

例題 1-3　次のそれぞれの数を科学的記数法で表しなさい。
（a）56.456　（b）84567　（c）0.005329

— 解答 —

(a) $56.456 = 5.6456 \times 10^{1}$　(b) $84567 = 8.4567 \times 10^{4}$　(c) $0.005329 = 5.329 \times 10^{-3}$

例題 1-4　次の数を普通の 10 進記数法で表しなさい。
（a）5.95×10^{4}　（b）3.46×10^{-2}　（c）0.1307397×10^{5}

— 解答 —

(a) 59500　(b) 0.0346　(c) 13073.97

一般に物理量の取りうる値の範囲はきわめて広く，対象とする現象によってはSI単位の大きさが極端に大き過ぎたり，小さ過ぎたりします。原子の大きさは 10^{-10} m であり，銀河系の大きさは 10^{21} m 程度であるので，一律に基本単位を使うのでは不便なことがあります。そこで**接頭辞**（接頭語ともいう）と呼ばれる「単位の 10^{n} 倍」を表す量が定められています。

単位を変える場合などには，接頭辞を $10^{\bigcirc}$ のべき乗にもどして計算を行います。

例題 1-5　次の物理量を国際単位系に改めなさい。
（1）水深 20 m での圧力計が 20 N/cm² を示した。単位を Pa で表しなさい。
（2）ディーゼルエンジン内の燃焼圧力が 12 N/mm² であった。単位を Pa で表しなさい。

— 解答 —

(1) Pa（パスカル）は圧力の組立単位であるから，$\mathrm{Pa} = \mathrm{N/m^2}$ である。$20\,\mathrm{N/cm^2}$ のうち，cm を m に直す必要がある。

$$1\,\mathrm{cm} = 10^{-2}\,\mathrm{m}\quad（現在の単位＝直したい単位の何倍）$$

の形で表すと，

$$20\,\mathrm{N}/(10^{-2}\,\mathrm{cm})^2 = \frac{20\,\mathrm{N}}{10^{-4} \times \mathrm{m}^2} = 20 \times 10^{4}\,\frac{\mathrm{N}}{\mathrm{m}^2} = 200 \times 10^{3}\,\mathrm{Pa} = 200\,\mathrm{kPa}$$

(2) $12\,\mathrm{N/mm^2}$ のうち，mm を m に直す必要がある。

$$1\,\mathrm{mm} = 10^{-3}\,\mathrm{m}\quad（現在の単位＝直したい単位の何倍）$$

の形で表すと，

$$12\,\mathrm{N}/(10^{-3}\,\mathrm{cm})^2 = \frac{12\,\mathrm{N}}{10^{-6} \times \mathrm{m}^2} = 12 \times 10^{6}\,\frac{\mathrm{N}}{\mathrm{m}^2} = 12 \times 10^{6}\,\mathrm{Pa} = 12\,\mathrm{MPa}$$

表 1.3　単位の 10^n 倍の接頭辞

大きさ	記号	名称	大きさ	記号	名称
10^{18}	E	exa　エクサ	10^{-1}	d	deci　デシ
10^{15}	P	peta　ペタ	10^{-2}	c	centi　センチ
10^{12}	T	tera　テラ	10^{-3}	m	milli　ミリ
10^{9}	G	giga　ギガ	10^{-6}	μ	micro　マイクロ
10^{6}	M	mega　メガ	10^{-9}	n	nano　ナノ
10^{3}	k	kilo　キロ	10^{-12}	p	pico　ピコ
10^{2}	h	hecto　ヘクト	10^{-15}	f	femto　フェムト
10	da	deca　デカ	10^{-18}	a	atto　アト

1.1.3　有効数字（意味のある数字）

物を測って数値に表すときには，必ず「確実な数字」と「不確実な数字」が含まれます。たとえば，図のような最小目盛りが 1 cm のものさしで「物」の長さを測ったとき，「物」の端は 10 cm と 11 cm の目盛りの間にあるので「10」cm までの 2 桁は確実な数値です。一般には，最小目盛りの 1/10 までを読みますので，「10.7」と読んだとき，目分量で見積もった 3 番目の数字は不確実な数値となります。最小目盛りの 1/100 以下は読まず，測定値における目盛りの読みと見積もった数字とをあわせて**有効数字**といいます。

図 1.1　3 桁の有効数字を持つ物の長さ

2 つの有効数字の乗法･除法と加法･減法とでは，答えの有効数字の桁数（有効桁数）が違ってきます。2 つの測定値の乗法･除法では，答えの有効数字の桁数は，もとの値の有効桁数の小さい方にあわせます。一方，測定値の加法・減法では，有効桁数ではなく，いちばん粗い精度の桁数にあわせます。

ポイント 1.3　有効数字の計算

（乗法・除法）もとの数値の有効桁数の小さな方にあわせる

（加法・減法）もとの数値の桁数の粗い方にあわせる

例題 1-6　長さ 13.2 cm，幅 4.9 cm の寸法を持つ板の面積を求めなさい。

— 解答 —

13.2 の有効桁数は 3 桁，4.8 の有効桁数は 2 桁なので，答えの有効桁数は 2 桁とする。13.2 × 4.9 = 66.72 となるが，左から 3 桁目の 7 を四捨五入し，66.~~7~~ → 67 cm^2 と表す。

例題 1-7　120.70 g の物体が，3.78 カロリーの熱を奪った。1 g あたり何カロリーの熱を奪ったか。

— 解答 —

3.78 の有効桁数は 3 桁，120.70 の有効桁数は 5 桁（120.70 の最小桁の 0 は，0.01 g まで量れる機器を使ったという意味）なので，答えの有効桁数は 3 桁とする。

$\frac{3.78}{120.70}$ = 0.031317 の結果のうち，0.03 の 3 を 1 桁目，0.031 の 1 を 2 桁目，0.0313 の 3 を 3 桁目とすると，4 桁目である 0.03131 の右端の 1 を四捨五入して，答えは 0.0313~~1~~ → 0.0313 cal/g。

例題 1-8　331.46 m/sec の速度に，14.9 m/sec の速度が加わった。結果はいくらか。

— 解答 —

331.46 は小数点以下 2 桁まで表しているが，14.9 は小数点以下 1 桁までしか表しておらず，数値が「粗い」。これらを加算する場合には「粗い」数値の最小桁である小数点以下 1 桁にあわせる。

331.46 ＋ 14.9 ＝ 346.3~~6~~ → 小数点以下 2 桁を四捨五入して 346.4 m/sec である。

例題 1-9　ある液体の始めの温度は 99.27 ℃で，終わりの温度が 22.5 ℃である。温度変化はいくらか。

— 解答 —

99.27 を 99.3 にして減法をする。

99.27 は小数点以下 2 桁まで表しているが，22.5 は小数点以下 1 桁までしか表しておらず，数値が「粗い」。これらを減算する場合には「粗い」数値の最小桁である小数点以下 1 桁にあわせる。

99.27 − 22.5 ＝ 76.7~~7~~ → 小数点以下 2 桁を四捨五入して，温度変化は 76.8 ℃である。

1.1.4　量記号と式の整理

物理や工学などの法則や式は，すべて**量記号**を用いて表します。量記号とは，量を入れる「箱」と考えると親しみがわくでしょうか？

ポイント 1.4　量記号

（意味）量を入れる箱

（つくり方・使い方）入れる量を決め，名前をつける

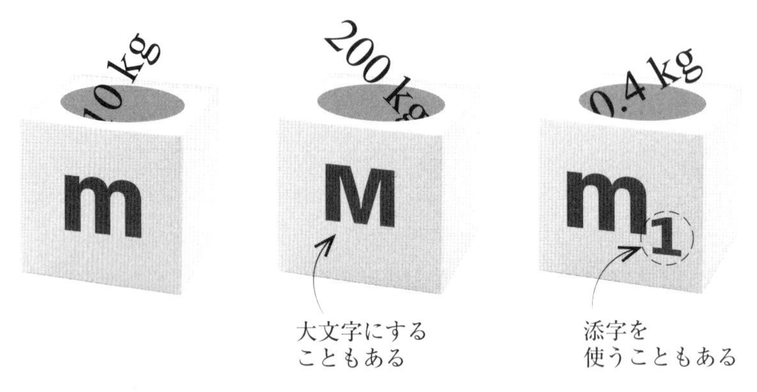

図 1.2　量記号のイメージ

量記号の名前は，1 文字か 2 文字のアルファベット，ギリシャ文字がよく使われます。同じ量がたくさんある場合には，添字をつけるなどの工夫をします。質量に「m」を使うのは，質量：mass の英語から来ているからであり，英語圏の人には質量を連想しやすいからです。

以下に，よく用いられる用語とその英語を示します。量記号にはこれらの頭文字（斜体）がよく用いられます。

表 1.4　量記号としてよく用いられる英単語

質量	Mass	長さ	Length	時間	Time
面積	Area	断面積	Section	体積	Volume
高さ	Height	速さ・速度	Velocity	加速度	Acceleration
張力	Tension	牽引力	Traction	推進力	Thrust
仕事	Work	仕事率・動力	Power	熱の	Thermo
力	Force	作用	Action	反作用	Reaction
摩擦	Friction	垂直の	Normal	接線の	Tangential
重力	Gravity	浮力	Buoyancy	抵抗力	Resistance
トルク	Torque	モーメント	Moment	慣性	Inertia
温度	Temperature	半径	Radius	直径	Diameter
揚力	Lift	抗力	Drag	重さ	Weight

【注意】力学を学ぶとき，最初の混乱の原因は，量記号と単位の混同です。

特に多いのが，単位のN（ニュートン）と，垂直抗力の量記号としてよく使われるN（Normal Forceの意味）です。

問題文中に，単位のN（ニュートン）が値を伴わずに単独で出てくることはありませんから，Nとかいてあれば垂直抗力の量記号と考えてよいのですが，混乱を避けるためにこの教科書では，なるべくF_N（Normal Force）のように表記します。

また，あわせてギリシャ文字もよく使われます。

表1.5　ギリシャ文字

大文字	小文字	読み方	大文字	小文字	読み方
A	α	アルファ	N	ν	ニュー
B	β	ベータ	Ξ	ξ	クシー，グザイ
Γ	γ	ガンマ	O	o	オミクロン
⊿	δ	デルタ	Π	π	パイ
E	ε	イプシロン，エプシロン	P	ρ	ロー
Z	ζ	ツェータ，ゼータ，ジータ	Σ	σ	シグマ
H	η	イータ	T	τ	タウ
Θ	θ	シータ，テータ	Y	υ	ウプシロン，ユプシロン
I	ι	イオタ	Φ	ϕ	ファイ
K	κ	カッパ	X	χ	カイ
Λ	λ	ラムダ	Ψ	ψ	プサイ，プシー
M	μ	ミュー	Ω	ω	オメガ

1.1.5　式の整理

式中には，いろいろな量記号が出てきます。量記号の中には，値がわかっているもの（既知量）と，値がわからず求めなければならないもの（未知量）があります。

まず，量記号のうち，何を求めなければならないかを考え，

「求めたい量（未知量）」＝・・・

の形に変形してから，数値を代入します。さらに，計算の際には，数値とべき乗（10^○）の部分をわけて計算し，べき乗部分は電卓に入力せず，べき乗だけを集めて計算するようにします。

例題 1-10　物体が移動した距離xは，速さv，時間tを用いて，$x = v \cdot t$で表される。物体が距離$x = 3.6$ kmを時間$t = 3$ minで移動するときの速さvを計算しなさい。

— 解答 —

求める量は速さ V で，他の量 x と t は与えられているので，式を変形する：

$$V = \frac{x}{t}$$

次に数値を代入するが，国際単位で表記して，$x = 3.6 \times 10^3$ m，$t = 180$ s なので，代入して，

$$V = \frac{x}{t} = \frac{3.6 \times 10^3}{180} = 20 \text{ m/s}$$

例題 1-11　質量 m の物体が斜面を滑り落ちているときの加速度 a が，斜面との摩擦力 f，動摩擦係数 μ，重力加速度 g を使って，次の２式で与えられている。

$$0.70\,mg - f = ma \cdots (1) \qquad f = \mu mg \cdots (2)$$

質量 $m = 1.0$ kg，動摩擦係数 $\mu = 0.50$，重力加速度 $g = 9.8$ m/s^2 を使って，加速度 a を求めなさい。

— 解答 —

求める量は式 (1) に含まれる a なので，変形すると，

$$a = 0.70g - f/m$$

m と g は値が与えられているが，f が不明である。しかし式 (2) によって，f も μ，m，g で与えられているので，これを代入すると，

$$a = 0.70g - (\mu mg)/m = 0.70g - \mu g = (0.70 - \mu)\,g = (0.70 - 0.50)\,g = 0.20g = 1.96 \text{ m/s}^2$$

与えられた数値の有効数字で最も小さいのは２桁なので，小数点以下２桁を四捨五入し，答えは 2.0 m/s^2。

1.1.6　弧度法とラジアン

数学，物理や工学では，角度を表現するのに，１周 360° とする**度数法**に変えて，１周を 2πrad（ラジアン）で表します。このような角度の表し方を**弧度法**といいます。これは，**弧の長さ**が**半径**と**中心角**の積で簡単に求まることなどの利点があるからです。特に，**周速度**も**半径**と**角速度**の積で簡潔に表現できます。

図 1.3 のように，半径が「1」の円を単位円と呼びます。半径 1 m の単位円の周の長さは 2πm ですが，半径を 3 m にすると，周の長さは半径に比例して，３倍の 6πm になります。この関係は，弧の長さでも成り立ちます。中心角 90° の弧で半径 1 m の弧の長さは $\pi/4$ m ですが，半径が 3 m になると，弧の長さも３倍の $3\pi/4$ m になります。

弧の長さを計算するときには，2π × 半径 ×「° で表した中心角」÷ 360° のように，複雑な計算をしてきましたが，中心角の大きさを「°」に変えて「単位円の弧の長さ」を使うと，円の弧の長さを計算するときに，半径 ×「単位円の弧の長さ」となり，非常に簡単になります。中心角の大きさを「単位円の弧の長さ」で表す方法を「rad（ラジアン）」と呼びます。

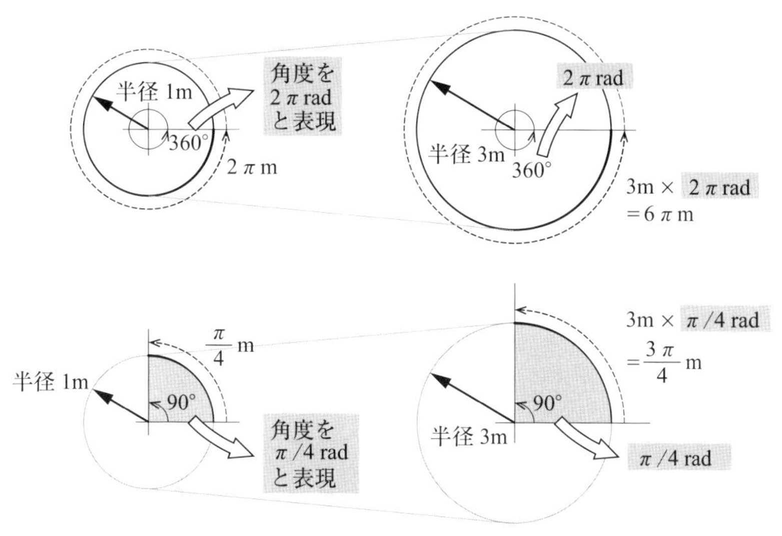

図 1.3　ラジアンの意味

ポイント 1.5　ラジアン（rad）の利点

弧の長さ ＝ 半径 × ラジアン角

例題 1-12　天びんが θ [rad] だけ傾くとき，支点からの長さが L [m] の端点は，どれだけ移動するか，量記号で表しなさい。

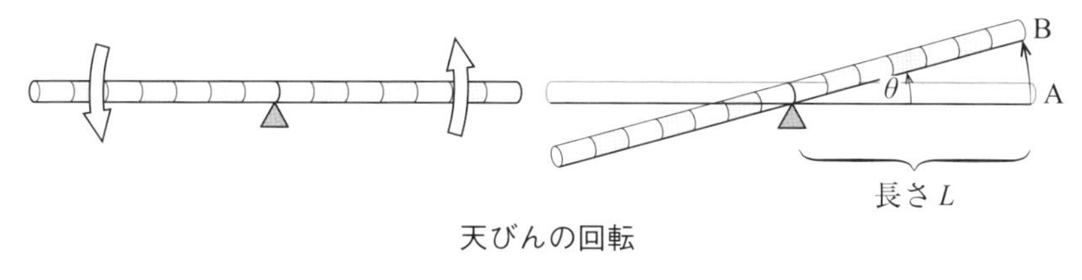

天びんの回転

— 解答 —

端点が点 A から点 B に移動するとき，移動量は弧 AB の長さとなる。

回転半径が L，回転角 θ がラジアンで与えられているので，ポイント 1.5 より，弧 AB の長さは，

$$(\text{弧 AB の長さ}) = L\theta$$

例題 1-13　長さ r [m] に引かれて，角速度 ω [rad/s] で等速円運動している物体の速さ（周速度）を求めなさい。

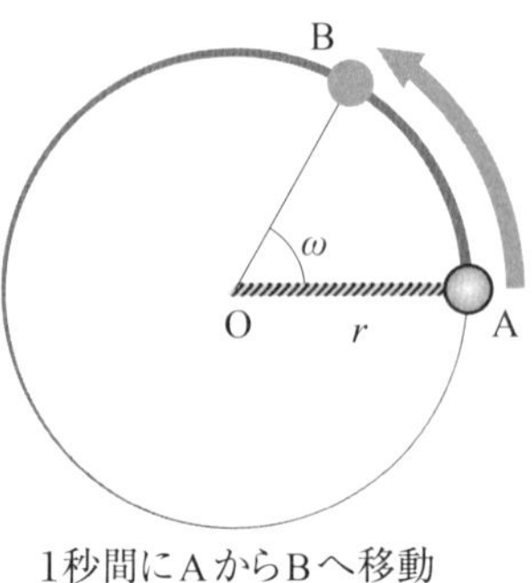

角速度と周速度

— 解答 —

A 点にいた物体が，1 秒間で B 点に移動したと考える。角速度が ω [rad/s] なので，物体は 1 秒間に ω [rad] だけ回転する。よって，弧 AB の長さは $r\omega$ [m] であるが，これは 1 秒間に動いた距離，速さ（周速度）となる。

例題 1-14　半径 r = 20 cm の定滑車にかかるロープを長さ h [m] だけ下に引いたとき，滑車が角度 $\theta = \pi/3$ rad だけ回転した。引いたロープの長さ h と θ の関係を求め，h の値を計算しなさい。

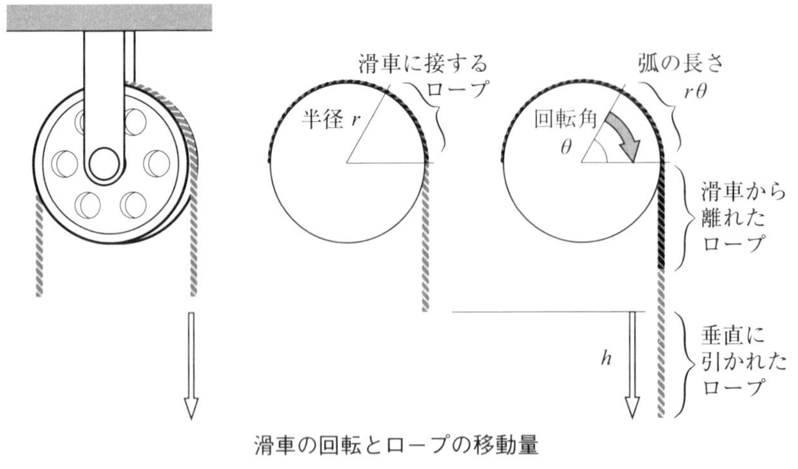

滑車の回転とロープの移動量

— 解答 —

h [m] だけ引くと，回転角 θ [rad] によって，弧 $r\theta$ [m] の分だけロープが滑車から離れ，$h = r\theta$ となる。

$$h = (0.2 \text{ m}) \times (\pi/3 \text{ rad}) = 0.209 \text{ m}$$ 有効数字 2 桁として，$h = 0.21$ m

【注意】単位について，半径の長さに rad 角をかけた答えが弧の長さになるで，答えの単位は m となります。

1.2 三角関数

直角三角形では，直角以外の 1 つの角が決まると，3 つの辺の比が決まります。この関係を三角関数といいます。比の中で，重要な割合が，sin 関数，cos 関数，tan 関数です。問題の中では，図 1.4 のように，対象角（注目する角）の位置によって，辺の名称が変化します。1 つの斜辺に対して，2 つの短い辺は，対象角に接している辺が「隣辺」，対象角に接していない辺が「対辺」と呼ばれます。対象角の大きさを θ とするとき，「隣辺」の長さは「斜辺」の長さの $\cos\theta$ 倍，「対辺」の長さは $\sin\theta$ 倍となります。

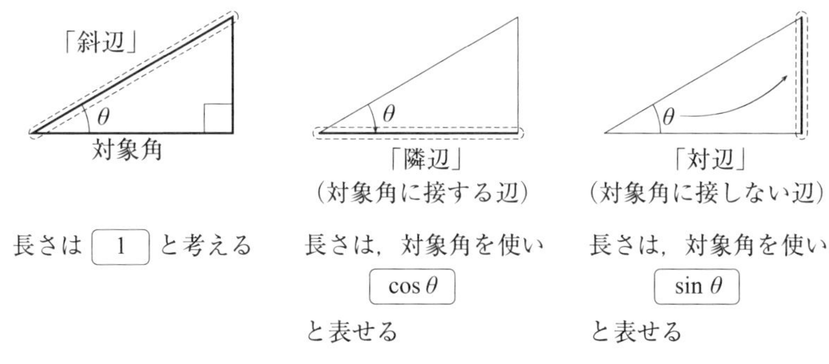

図 1.4　三角形の辺と三角関数

ポイント 1.6　三角関数

三角関数は，斜辺の長さを「1」としたときの，他の辺の長さを与えます。

$\sin\theta$：注目する角の対辺（角に接していない辺）の長さ

$\cos\theta$：注目する角の隣辺（角に接している辺）の長さ

$\tan\theta$：注目する角の対辺／隣辺

例題 1-15　図 1.4 の三角形の斜辺の長さが 1 のとき，隣辺と対辺の長さを θ で表しなさい。また，θ が 30° および $\pi/4$ rad のときの隣辺と対辺の長さを求めなさい。

— 解答 —

隣辺は，参照している角度 θ に接触している辺で，長さは $\cos\theta$。

対辺は，参照している角度 θ に接触していない辺で，長さは $\sin\theta$。

この θ に具体的な角度を代入すると，値が決まる。

$\theta = 30^\circ$ のとき（隣辺の長さ）$= \cos 30^\circ = \sqrt{3}/2$

（対辺の長さ）$= \sin 30^\circ = 1/2$

$\theta = \pi/4$ rad のとき（隣辺の長さ）$= \cos(\pi/4) = 1/\sqrt{2}$

（対辺の長さ）$= \sin(\pi/4) = 1/\sqrt{2}$

一般には斜辺の長さが「1」ではありません。その場合，対辺や隣辺の長さは，斜辺の長さに sin 関数，cos 関数をかけることによって求めます。

例題 1-16　原点から，北東に 4 km の位置を有向線分で示した。線分が水平線となす角を α，線分が垂直線となす角を β とするとき，水平方向の距離 a と垂直方向の距離 b を角度 α と β で表しなさい。

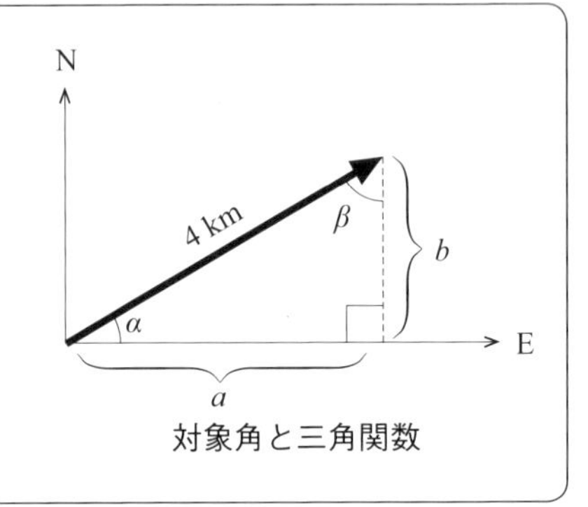

対象角と三角関数

― 解答 ―

長さ a：対象角を α とするとき，a は α と接触しているので，

$$a = 4\,\text{km} \times \cos\alpha$$

対象角を β とするとき，a は β と接触していないので，

$$a = 4\,\text{km} \times \sin\beta$$

長さ b：対象角を α とするとき，b は α と接触していないので，

$$b = 4\,\text{km} \times \sin\alpha$$

対象角を β とするとき，b は β と接触していないので，

$$b = 4\,\text{km} \times \cos\beta$$

例題 1-17　角度 θ の斜面に置かれた物体に重力 mg が作用している。重力の斜面に垂直な成分（長さ）a と斜面に平行な成分（長さ）b を，θ を使って表しなさい。

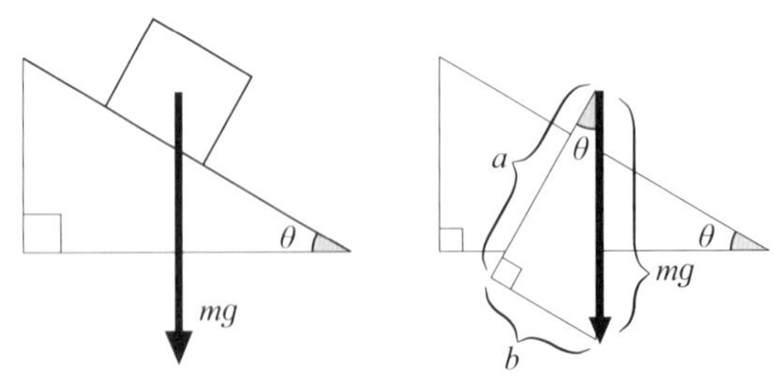

斜面上の物体に働く重力と三角関数

― 解答 ―

mg を斜面に垂直な方向と水平な方向にわけるとき，図（右）のような三角形を使う。a は対象角 θ と接触しているので，$a = mg\cos\theta$。一方，b は対象角 θ と接触していないので，$b = mg\sin\theta$。

1.3 ベクトル

1.3.1　ベクトルの定義

ベクトルは，**大きさ**と**方向**を持つ量です。位置，速度，加速度，力などの物理量はベクトル量です。

ポイント 1.7　ベクトル

ベクトル ＝ 大きさ と 方向 を持つ量

（始点がどこでも大きさと方向が同じであれば同じベクトル）

ただし，位置ベクトルだけは，原点を始点とする。

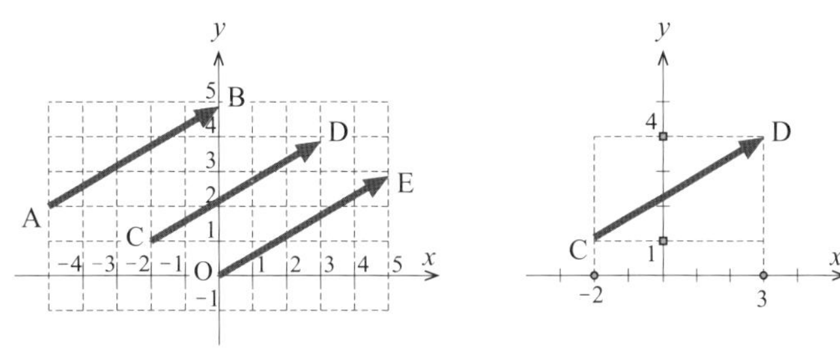

図 1.5　ベクトルと始点

図 1.5 の中で，点 A から B へ引いた矢印，点 C から D へ引いた矢印，原点 O から E へ引いた矢印 $\overrightarrow{AB}$，$\overrightarrow{CD}$，$\overrightarrow{OE}$ を**有向線分**と呼ぶとき，3 つの矢印は大きさと方向が同じですが，始点が異なるので異なる有向線分と考えます。これに対して矢印 $\overrightarrow{AB}$，$\overrightarrow{CD}$，$\overrightarrow{OE}$ を**ベクトル**と呼ぶときには 3 つのベクトルは同じであると考えます。ベクトルでは始点がどこであっても大きさと方向が同じ場合には同じ量となります。ただし，**位置ベクトル**だけは，原点を始点とした矢印の終点で位置を表します。図では，点 E の位置を表すベクトル $\overrightarrow{OE}$ が位置ベクトルです。

1.3.2　ベクトルの成分

ベクトルの**成分**とは，ベクトルの座標ごとに，（終点の座標）−（始点の座標）を求めたものです。ベクトルの**成分表示**とは，各座標の成分を数値の組にしたものです。成分表示されたベクトルの大きさは，三平方の定理より，各成分の二乗を足して，平方をとることで求めることができます。

例題 1-18　図1.5のベクトル $\overrightarrow{\mathrm{CD}}$ を成分表示で表しなさい。また，大きさを求めなさい。

— 解答 —

まず，各座標の成分を求める。

- x 座標の成分は，終点の座標が $+3$，始点の座標が -2 なので，$(+3)-(-2)=5$
- y 座標の成分は，終点の座標が $+4$，始点の座標が $+1$ なので，$(+4)-(+1)=3$
- 求めた成分を組にして，$(5, 3)$

次に，成分表示をもとに，大きさを計算すると，

$$\sqrt{5^2+3^2}=\sqrt{34}$$

ポイント 1.8　ベクトルの成分と成分表示

（座標ごとの成分）＝（終点の座標）－（始点の座標）

成分表示：成分を数値の組（x 成分，y 成分，…）で表したもの

また，成分表示からベクトルの大きさを計算するには，**三平方の定理**を用いる。

$$（ベクトルの大きさ）=\sqrt{(x\,成分)^2+(y\,成分)^2+\cdots}$$

例題 1-19　船C丸が進路60°に速力 $|v|$ が10 knotで航行している。x 軸を東へ y 軸を北へとり，速力ベクトル v の x 成分と y 成分を求めなさい。解答の有効数字は2桁にしなさい。

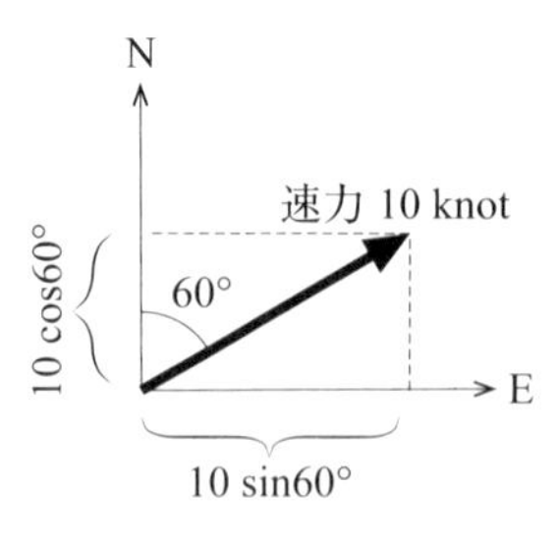

— 解答 —

まず，速力ベクトル v の大きさ $|v|$ は10 knotである。図より，

$$x\,成分\quad |v_x|=10\ \mathrm{knot}\times\sin 60^\circ=10\times\frac{\sqrt{3}}{2}=8.7\ \mathrm{knot}$$

$$y\,成分\quad |v_y|=10\ \mathrm{knot}\times\cos 60^\circ=10\times\frac{1}{2}=5.0\ \mathrm{knot}$$

したがって，速力ベクトル $v=(8.7, 5.0)$ knotとかける。これを速力ベクトル v の成分表示という。

練習 1-1　次の (1) の大きさ $\frac{5}{2}$ のベクトル，(2) の大きさ $\sqrt{2}$ のベクトル，および (3) のベクトル $\boldsymbol{a}$ と $\boldsymbol{b}$ を成分表示で表しなさい。また，$\boldsymbol{a}$ と $\boldsymbol{b}$ の大きさを求めなさい。

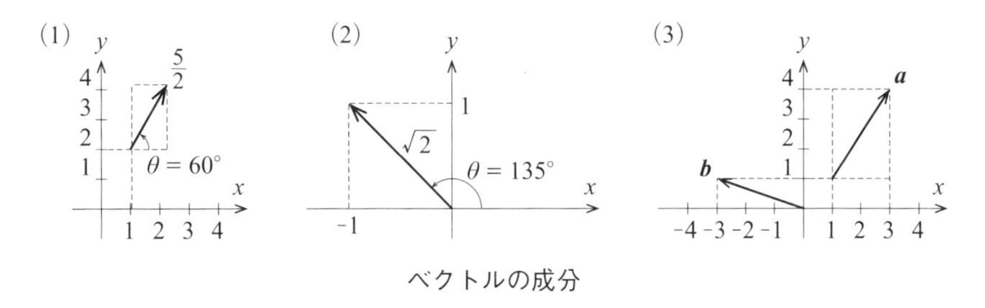

ベクトルの成分

ここで，ベクトルにつけられている「名前」と「成分」との違いについて注意が必要です。図 1.6 のベクトルには，ベクトル $\boldsymbol{A}$ やベクトル $\boldsymbol{B}$ などの名前がつけられていますが，この名前は，ベクトルの成分の正負とは関係がありません。$\boldsymbol{B}$ は，付記されている座標系からみると，x 成分も y 成分も負です。一方，ベクトルの名前に「－(マイナス)」がつくと，ベクトルの方向を逆転させる約束があります。

$-\boldsymbol{A}$ は，$\boldsymbol{A}$ と大きさが同じですが，反対の方向を向いています。

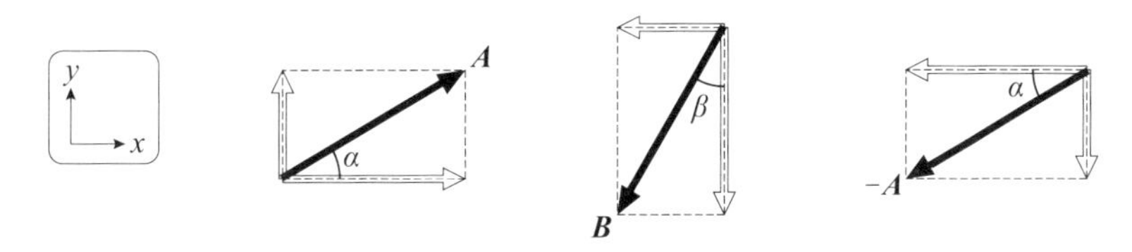

図 1.6　ベクトルにつける名前

一次元のベクトルでは「名前」と「成分」を混同することがよくあります。図 1.7 では，$\boldsymbol{C}$ や $\boldsymbol{D}$ はベクトルにつけた「名前」です。特に $\boldsymbol{D}$ は座標軸と逆向きを向いていますので，成分としては「負」ですが，名前のつけ方とは関係がありません。さらに，ベクトルの「名前」の前に「－」をつけると向きが逆転します。

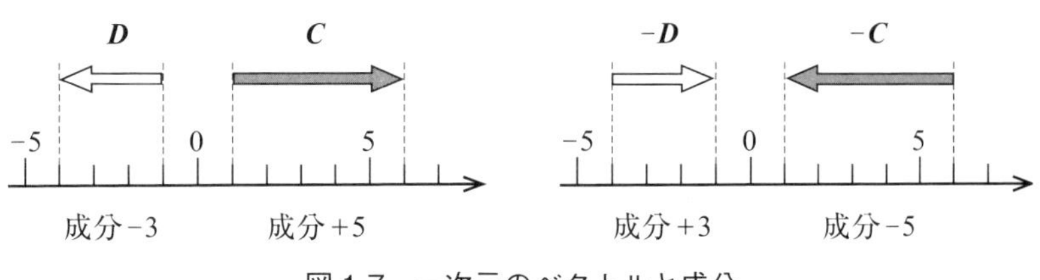

図 1.7　一次元のベクトルと成分

例題 1-20　図 1.7 の座標にしたがって，ベクトル $\boldsymbol{C}$，$\boldsymbol{D}$，$-\boldsymbol{C}$，$-\boldsymbol{D}$ の「成分」を評価しなさい。

— 解答 —

それぞれのベクトルの成分を求めると，

$\boldsymbol{C}$ の成分：(終点の座標) − (始点の座標) = $(+7) - (+2) = 5$

$\boldsymbol{D}$ の成分：(終点の座標) − (始点の座標) = $(-4) - (-1) = -3$

$-\boldsymbol{C}$ の成分：(終点の座標) − (始点の座標) = $(+2) - (+7) = -5$

$-\boldsymbol{D}$ の成分：(終点の座標) − (始点の座標) = $(-1) - (-4) = 3$

図 1.7 で，ベクトルの大きさを測る際に，自動的に数学で習ったような水平と垂直方向を向いた**座標(系)** を用いていました。ベクトルは始点の位置によらないので，力学の問題を解く際には，図中に原点を含んだ完全な座標系をかきこむ必要はなく，座標軸の方向のみを明示すればよいことになります。

さらに，座標軸は，必ず水平，垂直方向である必要はなく，問題にあわせて自由に設定することができます。物体の運動する方向に座標軸を設定すると問題が解きやすくなることもあります。図 1.8 のように，斜面を滑り落ちる物体にあわせて，斜面下向きに x 座標をとり，斜面に垂直方向に y 座標をとると，加速度は斜面下方向にのみ発生するので，問題が簡単になります。

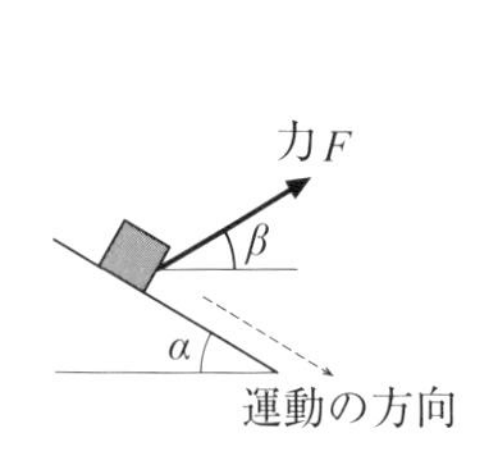

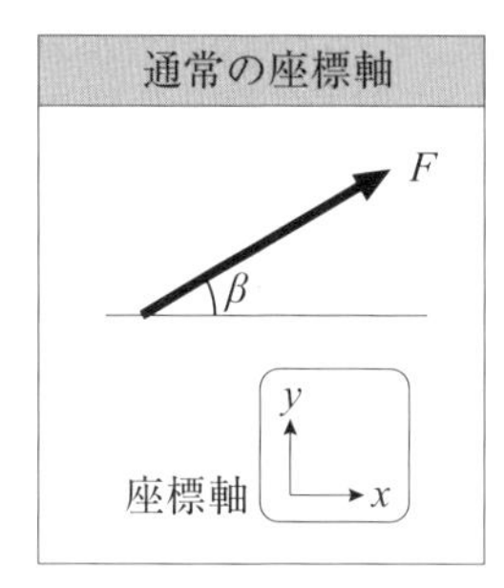

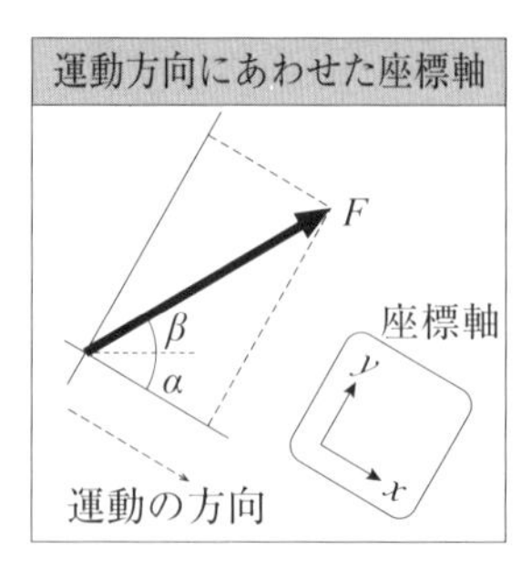

図 1.8　いろいろな方向の座標軸の選択

例題 1-21　図 1.8 のような力 $\boldsymbol{F}$（大きさ F）を水平からの角度 β で引きながら，傾斜 α の斜面の下り方向に向かって滑り落ちる物体について，

(1) 水平・鉛直方向の座標軸

(2) 物体の運動の方向（斜面下り方向）と運動に垂直（斜面に垂直）な方向の座標軸

を使って，それぞれの方向の力の成分を求めなさい。

— 解答 —

(1) 水平・鉛直の座標軸 $(F\cos\beta,\ F\sin\beta)$

(2) 運動および運動に垂直な座標軸 $(F\cos(\alpha+\beta),\ F\sin(\alpha+\beta))$

1.3.3　ベクトルの合成

ベクトルを合成するには，2 つの考え方があります。

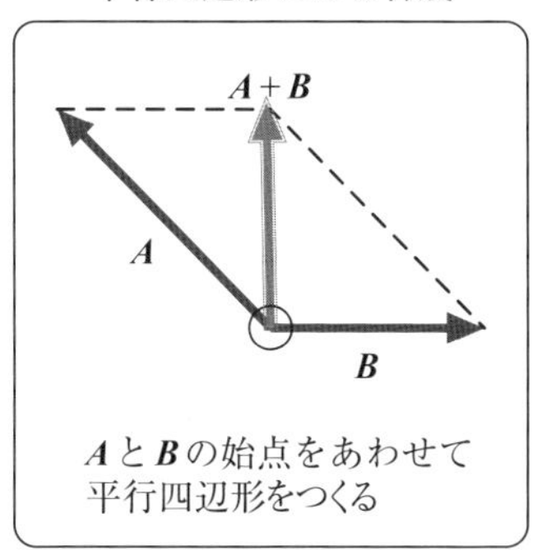

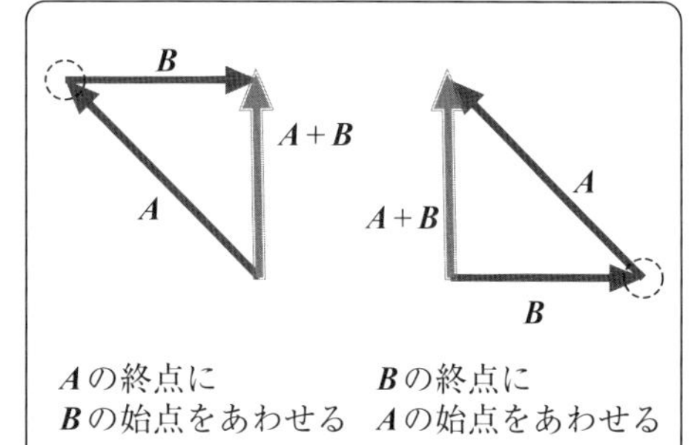

位置，速度，加速度の合成には，この方法が使える。

力を移動によって合成する際には，注意が必要。
（力のモーメントを考慮しなければならない）

図 1.9　ベクトルの合成方法

＜方法 1 ＞　平行四辺形による合成

2 つのベクトルの始点をあわせて平行四辺形を作図し，対角線をかく。

＜方法 2 ＞　ベクトルの始点と終点を結合

一方のベクトルの終点に他方の始点をあわせて，三角形をかく。

例題 1-22　タグボートが船を曳航しているとき，タグボートに自身のプロペラによる「推力」と船を引くロープから「張力」を受けている。タグボートにかかる 2 つの力を合成しなさい。

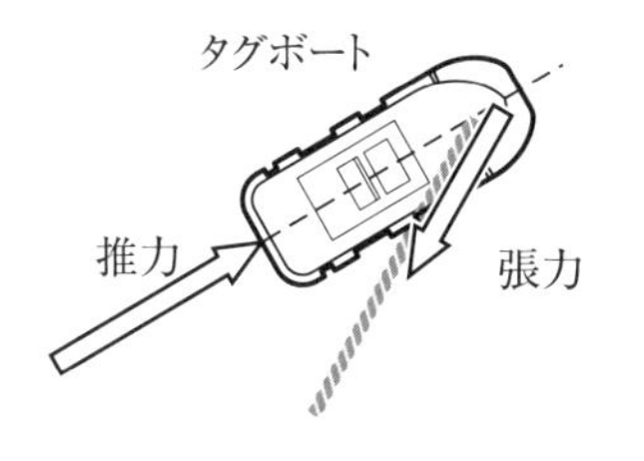

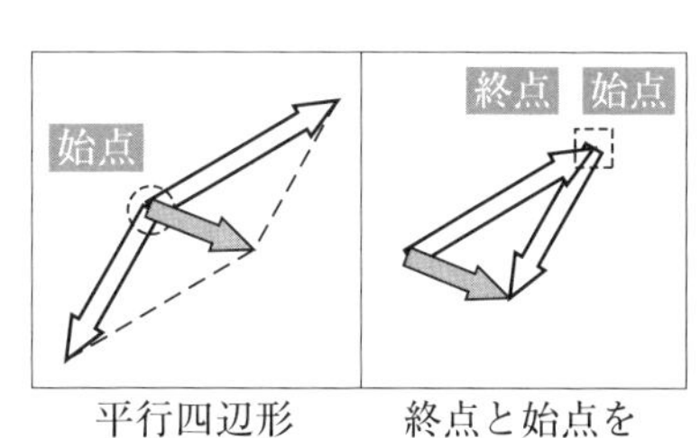

― 解答 ―

次の 2 つのいずれかで作図できる。

- 2 つのベクトルの始点をあわせてつくられる平行四辺形の対角線を作図する方法
- 1 つのベクトルの終点に，もう 1 つのベクトルの始点をあわせる作図方法

1.3.4　ベクトルの分解

ベクトルは，必要な方向（二次元であれば2つの方向，三次元であれば最大3つの方向）へ分解することができます。

分解が必要になるのは，座標軸の方向の運動方程式を立てなければならない場合などです。

座標軸の方向は，通常，デカルト座標系と呼ばれる，x 方向，y 方向（三次元であれば z 方向も）ですが，場合によっては，運動の方向に座標をとった方が運動を理解しやすいこともあります。

ベクトルを分解するには，ベクトルの始点と終点に座標軸をかき写すことがおすすめです。図1.10の例では，水平・垂直な座標軸（左）を使った分解と，傾いた座標系（右）を使った分解の方法を例示しています。

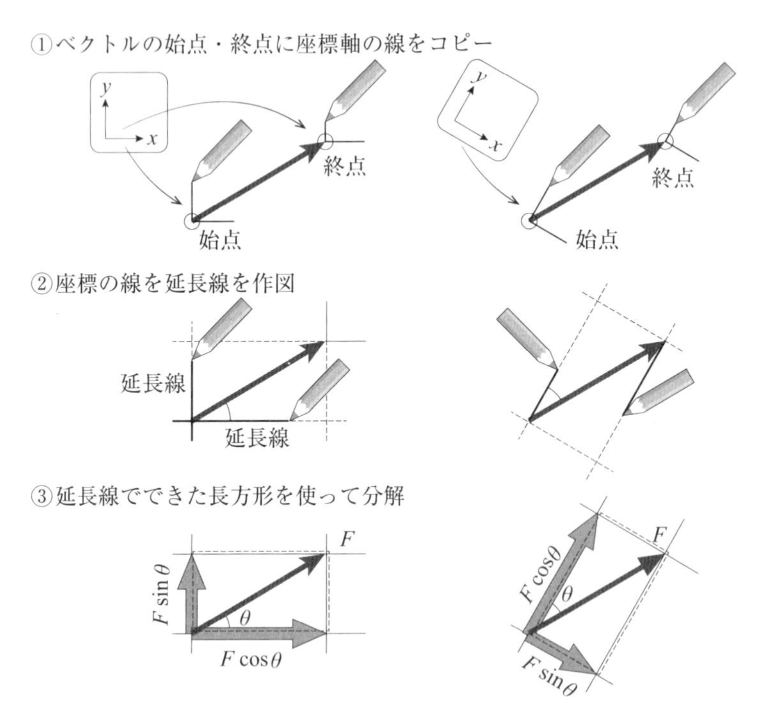

図1.10　いろいろな方向の座標軸に対するベクトルの分解

例題 1-23　船が荷役中にポート側に10°ヒール(傾斜)した。x 軸を甲板に対して平行にスターボード側へ，y 軸を甲板に対して鉛直にとり，甲板上に置いた質量 m が100 kgの荷物に働く重力ベクトル $\boldsymbol{F}$（$|\boldsymbol{F}| = m \times g$，重力加速度 g を9.8 m/s^2 とする）を x 方向のベクトル F_x，y方向のベクトル F_y に分解し，その大きさを求めなさい。また，その結果を利用して，重力ベクトル $\boldsymbol{F}$ の成分を求めなさい。

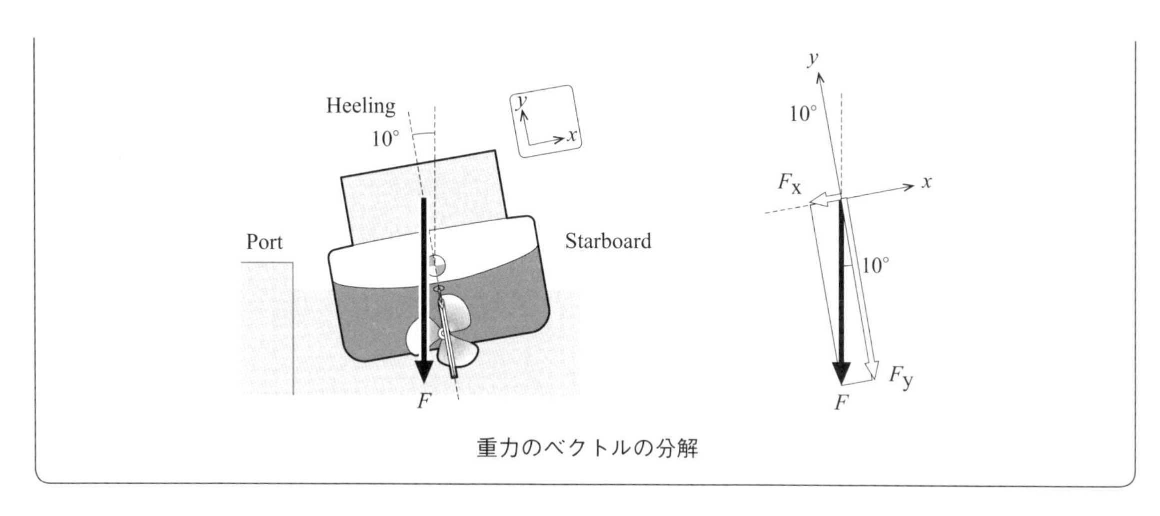

重力のベクトルの分解

— 解答 —

まず，重力のベクトル F を分解すると図（右）のように，F_x と F_y に分解できる。また $\boldsymbol{F}$ の大きさが $|\boldsymbol{F}| = 100\ \mathrm{kg} \times 9.8\ \mathrm{m/s^2} = 98\ \mathrm{N}$ と計算できる。

図より，F_x の大きさ $|F_x| = 100 \times 9.8\ \mathrm{N} \times \sin 10° = 980 \times 0.174 = 170\ \mathrm{N}$，$F_y$ の大きさ $|F_y| = 100 \times 9.8\ \mathrm{N} \times \cos 10° = 980 \times 0.985 = 970\ \mathrm{N}$ となる。

これを利用して，x 座標，y 座標の方向に注意して符号をつけると，重力ベクトルの成分は，

$$F_x = -170\ \mathrm{N},\ F_y = -970\ \mathrm{N}$$

1.3.5　ベクトルの演算

ベクトル同士の計算は何種類かありますが，よく使われるのは，内積と外積です。

内積は，仕事の計算などで使われます。ベクトル $\boldsymbol{B}$ の方向に動く物体をベクトル $\boldsymbol{A}$ の方向に押しても，$\boldsymbol{B}$ の方向にのみ仕事をします。したがって，$\boldsymbol{A}$ の力の大きさ $|A|$ のうち，$\boldsymbol{B}$ の方向の成分のみが仕事として有効で，これに移動量 $\boldsymbol{B}$ の大きさをかけたものが，$\boldsymbol{A}$ のする仕事量を表しています。ベクトル $\boldsymbol{A}$ とベクトル $\boldsymbol{B}$ の内積 $\boldsymbol{A} \cdot \boldsymbol{B}$ は次のように定義します。計算結果はベクトルではなくスカラー量，すなわち大きさを表す数値になります。

$$\boldsymbol{A} \cdot \boldsymbol{B} = |\boldsymbol{A}|\,|\boldsymbol{B}|\cos\theta\,(-1 <= \cos\theta <= 1)$$

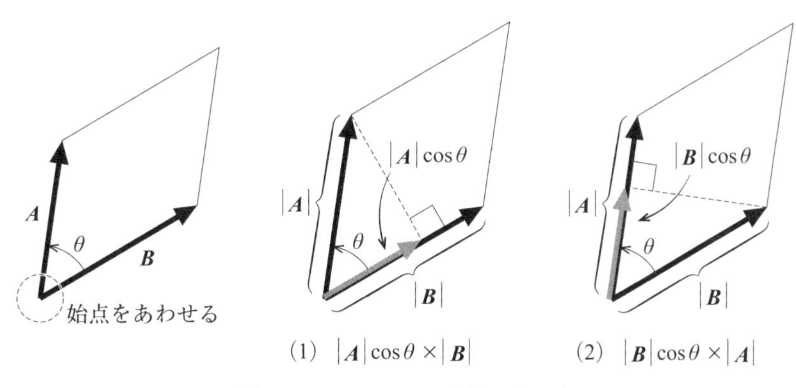

図 1.11　ベクトルの内積の考え方

内積は，ベクトルの成分を用いて計算することもできます。

成分による内積の計算 ＝（x 成分同士の積）＋（y 成分同士の積）

例題 1-24　次の二組のベクトルの内積となす角 θ を求めなさい。

$$\boldsymbol{a} = (1, 2),\ \boldsymbol{b} = (1, -3)$$

― 解答 ―

＜成分表示からの内積の計算＞

$\boldsymbol{a} \cdot \boldsymbol{b} = (1, 2) \cdot (1, -3) = 1 \times 1 + 2 \times (-3) = 1 - 6 = -5$

ここで，ベクトル a の大きさ $|\boldsymbol{a}| = \sqrt{\boldsymbol{a} \times \boldsymbol{a}} = \sqrt{1 \times 1 + 2 \times 2} = \sqrt{1^2 + 2^2} = \sqrt{5}$

ベクトル b の大きさ $|\boldsymbol{b}| = \sqrt{\boldsymbol{b} \times \boldsymbol{b}} = \sqrt{1 \times 1 + (-3) \times (-3)} = \sqrt{1^2 + (-3)^2} = \sqrt{10}$

内積の計算の定義を変形して角 θ を求める。

$$\cos\theta = \frac{\boldsymbol{a} \cdot \boldsymbol{b}}{|\boldsymbol{A}||\boldsymbol{B}|} = \frac{-5}{\sqrt{5}\sqrt{10}} = \frac{-1}{\sqrt{2}}$$

よって，なす角 $\theta = 135°$。

もう一つは，外積と呼ばれるものです。

ベクトル × ベクトル ＝ 大きさと向きが計算されます。

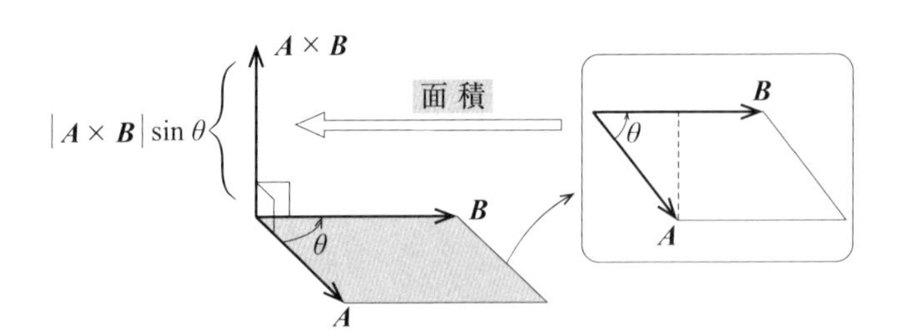

図 1.12　ベクトルの外積の考え方

外積の大きさは，

「大きさ」$|\boldsymbol{A} \times \boldsymbol{B}| = |\boldsymbol{A}||\boldsymbol{B}| \sin\theta$

「方向」a と b それぞれに垂直

となります。ただし，向きについては注意が必要です。

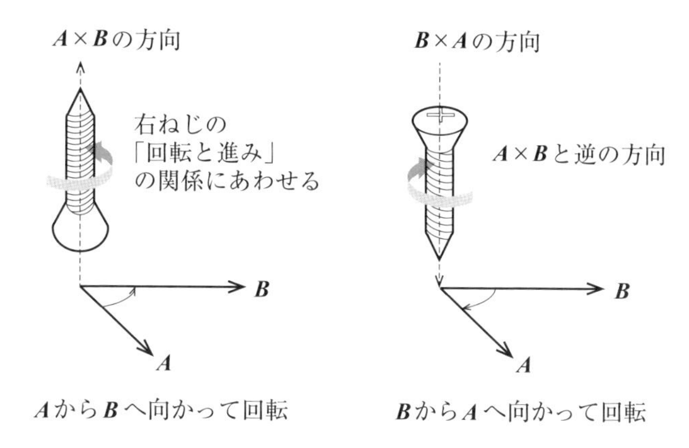

図 1.13　ベクトルの外積と方向

外積は，力のモーメント（トルク）の計算などに使われます。

練習問題の解答

解 1-1

(1) まず，大きさ $\frac{5}{2}$ のベクトルを $\boldsymbol{A}$ とする。図より，

$$x\text{成分}\quad |A_x| = \frac{5}{2} \times \cos 60° = \frac{5}{4}$$

$$y\text{成分}\quad |A_y| = \frac{5}{2} \times \sin 60° = \frac{5\sqrt{3}}{4}$$

したがって，ベクトル $\boldsymbol{A} = \left(\frac{5}{4}, \frac{5\sqrt{3}}{4}\right)$ となる。

(2) まず，大きさ $\sqrt{2}$ のベクトルを $\boldsymbol{B}$ とする。図より，ベクトル $\boldsymbol{B} = (-1, 1)$ となることがわかるが，計算をすると以下のようになる。

$$x\text{成分}\quad |B_x| = \sqrt{2} \times \cos 135° = -1$$
$$y\text{成分}\quad |B_y| = \sqrt{2} \times \sin 135° = 1$$

したがって，ベクトル $\boldsymbol{B} = (-1, 1)$ となる。

(3) まず，ベクトル $\boldsymbol{a}$ と $\boldsymbol{b}$ の成分を求める。

＜ベクトル $\boldsymbol{a}$ ＞

x 座標の成分は，終点の座標が $+3$，始点の座標が $+1$ なので，$(+3) - (+1) = 2$

y 座標の成分は，終点の座標が $+4$，始点の座標が $+1$ なので，$(+4) - (+1) = 3$

したがって，ベクトル $\boldsymbol{a} = (2, 3)$ となる。

＜ベクトル $\boldsymbol{b}$ ＞

x 座標の成分は，終点の座標が -3，始点の座標が 0 なので，$(-3) - (0) = -3$

y 座標の成分は，終点の座標が $+1$，始点の座標が 0 なので，$(+1) - (0) = 1$

したがって，ベクトル $\boldsymbol{b} = (-3, 1)$ となる。

次に，成分表示をもとにベクトル $\boldsymbol{a}$ と $\boldsymbol{b}$ の大きさを求める。

$$\text{ベクトル}\ \boldsymbol{a} = \sqrt{2^2 + 3^2} = \sqrt{13}$$

$$\text{ベクトル}\ \boldsymbol{b} = \sqrt{(-3)^2 + 1^2} = \sqrt{10}$$

となる。

第2章

力学の基本運動

2.1　速度と加速度

船を運航するときには，通常，船の位置だけを考え，船の傾斜などは考えません。このような場合，船の大きさは無視して，質量を持つ１つの点：**質点**として考えると，運動を簡単に扱うことができます。

物体の運動を調べるためには，物体の位置情報を得ると同時に，ストップウオッチなどで時刻を計測します。

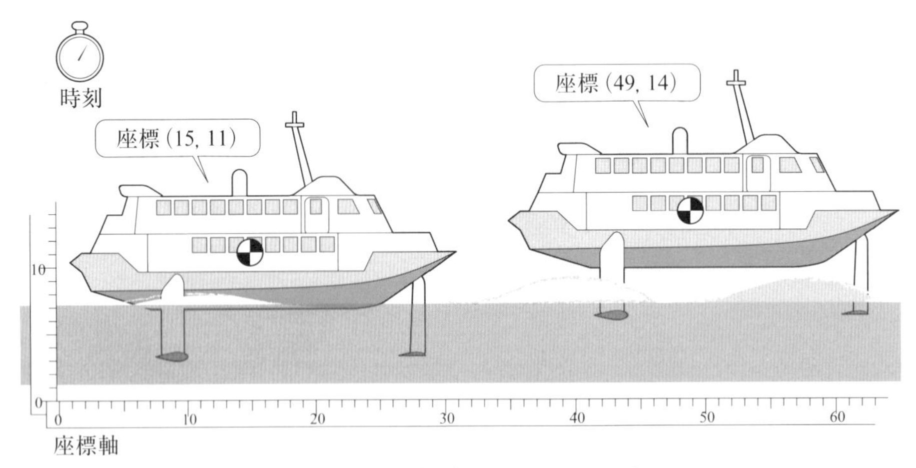

図 2.1　水中翼船（ハイドロフォイル）

対象となる物体が移動して位置が変わると，位置の変化：**変位**が算定でき，この所要時間から，**速度**や**加速度**を計算します。

速度や**加速度**は方向と大きさを持ち，定義は以下のようになります。

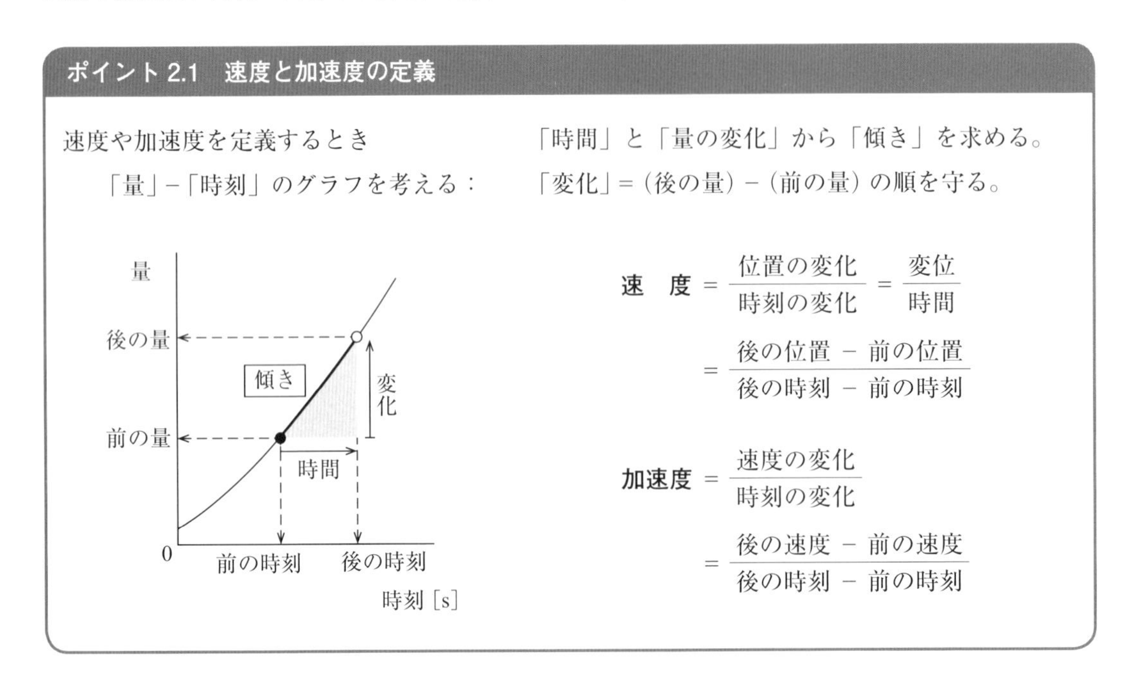

ここで，本書では，「変化」を表す記号として，$\varDelta$ を使用することがあります。たとえば，位置 x が x_1 から x_2 へと変化する場合，位置の変化：変位は，$\varDelta x = x_2 - x_1$ と表記します。

図 2.1 について「水中翼船の営業速さは時速 67 km，最高速度は 83 km」と記載されていたとします。この営業速さは平均的な速度であり，出港時に加速したり，入港時に減速したとしても，全行程では一定の速度で移動したとして計算されます。運動学で扱う速度は，この平均的な速度ではなく，瞬間的な速度であり，最高速度は速度といえます。

これらの違いを把握するためには，以降の節で，速度が一定の場合と，速度が変化する場合を見ていきましょう。

2.2　位置，速度，加速度と時刻のグラフ

2.2.1　速度が一定の場合

位置の時間変化，速度の時間変化，加速度の時間変化を表すグラフは，それぞれ，「位置－時刻グラフ」「速度－時刻グラフ」，「加速度－時刻グラフ」と呼ばれ，運動の特徴を表すために用いられます。

船の航行のほとんどの場合，速度は一定となります。このような場合には，次の例のように「位置－時刻グラフ」の傾きが一定となります。速度を計算するときに，分母は**時刻**の変化，分子は**位置**の変化なので，**位置**－**時刻**グラフの**傾き**が速度となります。

「位置－時刻グラフ」は，図の中で使われている量記号を用いて表すこともあります。次の例では，量記号 x と t を用いて，「$x - t$ グラフ」といいます。

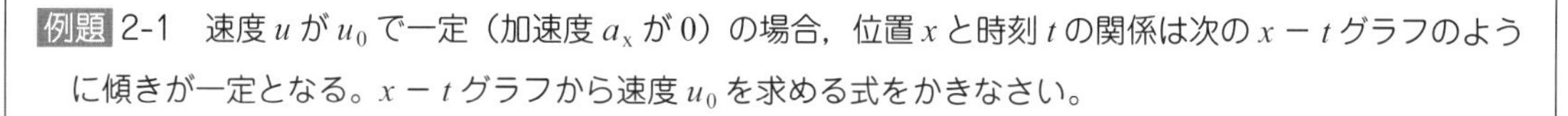

例題 2-1　速度 u が u_0 で一定（加速度 a_x が 0）の場合，位置 x と時刻 t の関係は次の $x - t$ グラフのように傾きが一定となる。$x - t$ グラフから速度 u_0 を求める式をかきなさい。

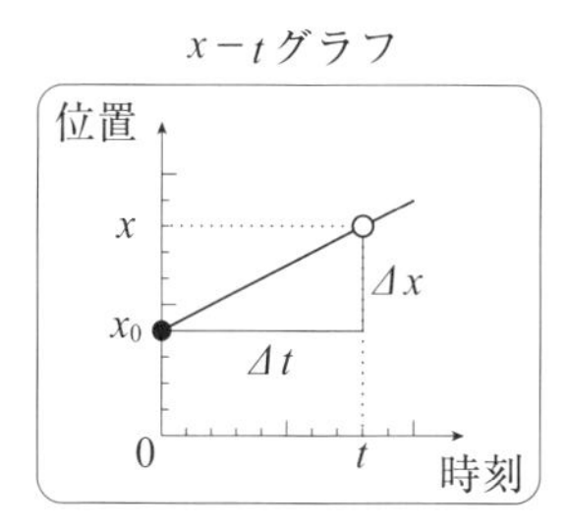

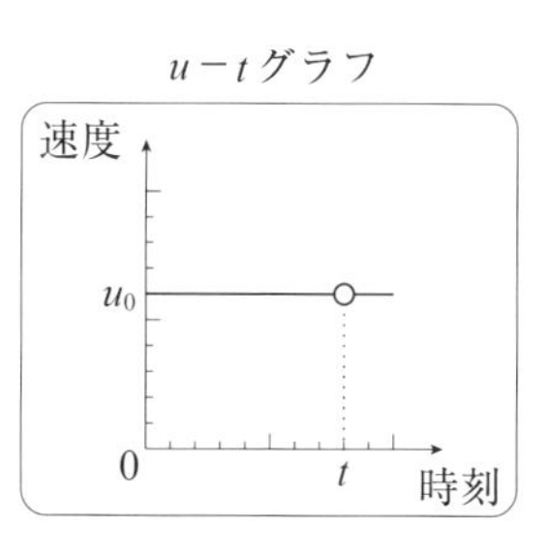

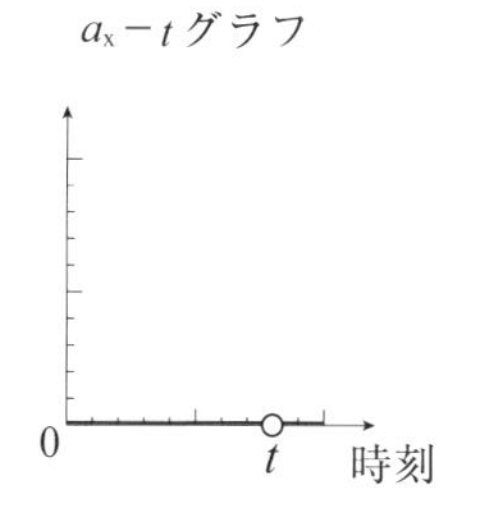

— 解答 —

時刻 0 秒から t 秒までの**時間**（時刻の変化）$\varDelta t$ は，

$$\varDelta t = (t - 0)$$

である。また，この間の**変位**（位置の変化）$\varDelta x$ は，

$$\Delta x = (x - x_0)$$

である。$x - t$ グラフの傾きから，速度 u_0 を求めると，次のようになる。

$x\text{-}t$ グラフの傾き ⇨	$u\text{-}t$ グラフの値
$\dfrac{\Delta x}{\Delta t} = \dfrac{x - x_0}{t - 0}$	$\fallingdotseq u_0$

練習 2-1　例題 2-1 の速度－時刻グラフの傾きを求め，加速度が $a_x = 0$ となることを示しなさい。

2.2.2　速度が変化する場合（図式解法）

一般的には，速度は変化するものです。次の例は，物理の問題でよく出てくる「加速度一定」の場合ですが，このときにも速度は時刻で変化します。「位置－時刻グラフ」から速度はどのように求めたらよいでしょうか。

前節のように，計算するときの時間の取り方で，速度はいろいろに変化します。この速度を平均速度と呼びますが，より正確な速度が必要なときには，どうすればよいのでしょうか？

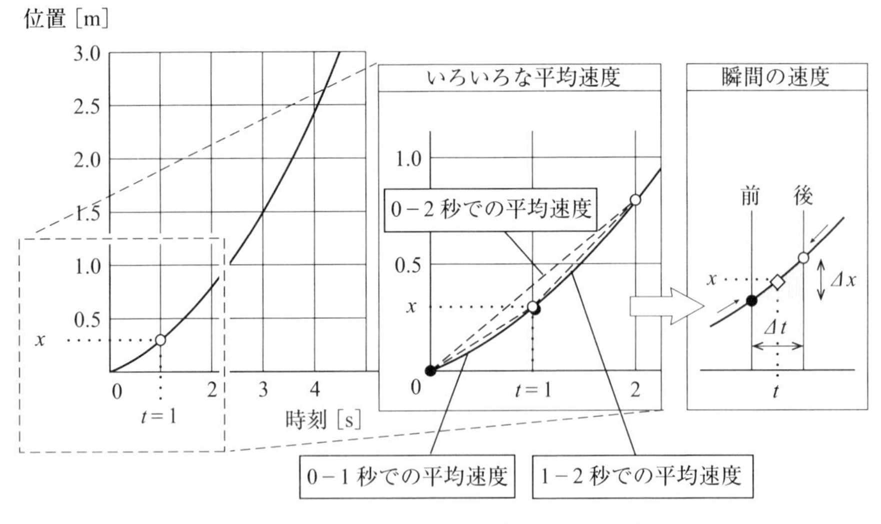

図 2.2　いろいろな平均速度と瞬間の速度

図 2.2 のような「位置－時刻」グラフで表される物体の運動の場合に，時刻 $t = 1$ 秒の速度を求めようとするとき，「前」の時刻と「後」の時刻として，時刻 0 と 2 秒，0 と 1 秒，1 と 2 秒など，いろいろな選び方が考えられますが，それぞれの傾き＝**平均速度**はすべて異なります。

このように，時刻とともに速度が変化する場合には，時刻 t での**瞬間の速度**を計算します。瞬間の速度を計算するために，図 2.2 の「瞬間の速度」のように，計算する時間 Δt をなるべく小さくしていくと，傾きが一定値に近づいていきます。

例題 2-2　図 2.2 は，時刻 t に対し，位置 $x = 0.1t^2 + 0.2t$ で動いている物体の $x - t$ グラフである。

$t = 1.0$ 秒での平均速度 v_1 を求めるために，$t = 1.0$ 秒前後，時刻（1.0）− 0.1 = 0.9 秒と（1.0）+ 0.1 = 1.1 秒の間（時間 $\Delta t = 0.2$ 秒の範囲）で傾きを求める場合，それぞれの時刻の位置 x を計算し，平均速度 v_1 を $\Delta x / \Delta t$ の式から算出しなさい。

— 解答 —

$t = 1.1$ のとき，$x = 0.1 \times (1.1)^2 + 0.2 \times 1.1 = 0.341$

これより，$t = 1.0$ 秒での平均速度 v_1 は，

$$v_1 = \frac{0.341 - 0.261}{1.1 - 0.9} = 0.40 \text{ m/s}$$

時刻 t［s］	位置 x［m］
0.9	0.261
1.1	0.341

練習 2-2　例題 2-2 について，

(1) 同様に，$t = 2$ 秒での平均速度 v_2（時刻 $t = 1.9$ と 2.1 の位置を用いる），$t = 3$ 秒での平均速度時刻 v_3（$t = 2.9$ と 3.1 での位置を用いる）を算出しなさい。

(2) 以上の結果を表にまとめ，$t = 0$ での平均速度 v_0 を推測しなさい。

時刻 t［s］	速度 v［m/s］
0	
1	$v_1 = 0.40$
2	$v_2 =$
3	$v_3 =$

2.2.3　速度が変化する場合（微分による解法）

時刻とともに速度が変化するとき，位置が時刻の関数の形でわかっているならば，数学の**微分**の知識を使って，速度を計算することができます。同様に，速度から加速度も計算することができます。

微分の知識で，必要最低限のものをまとめておきます。

ポイント 2.2　微分公式

量記号 x が，時刻 t の関数であるとき，次の式は微分係数という：

$$\lim_{\Delta t \to 0} \frac{\Delta x}{\Delta t} = \frac{dx}{dt}$$

微分の公式（n を定数とする）：

指数関数の微分　$x = t^n \rightarrow \dfrac{dx}{dt} = n\,t^{n-1}$

sin 関数の微分　$x = \sin(n\,t) \rightarrow \dfrac{dx}{dt} = n\cos(n\,t)$

cos 関数の微分　$x = \cos(n\,t) \rightarrow \dfrac{dx}{dt} = -n\sin(n\,t)$

微分と位置－時刻のグラフ，微分と速度－時刻のグラフには，次のような関係があります。

ポイント 2.3　位置，速度，加速度の関係

位置－時刻グラフの「傾き（微分係数）」 ⟶ 速度

速度－時刻グラフの「傾き（微分係数）」 ⟶ 加速度

例題 2-3　例題 2-2 の物体の運動で，時刻 t に対し，位置が $x = 0.1\,t^2 + 0.2\,t$ のとき，

（1）x を t で微分して，時刻 t での速度 v の式を求めなさい。

（2）時刻 $t = 0.0,\ 1.0,\ 2.0,\ 3.0$ での速度 v を求め，表にまとめなさい。

― 解答 ―

(1) $u = \dfrac{dx}{dt} = 0.2\,t$

(2) $t = 0.0$ のとき，$v_0 = 0.2 \times 0.0 = 0.0$

$t = 0.1$ のとき，$v_1 = 0.2 \times 1.0 = 0.2$

と順に計算すると，右の表のようになる。

時刻 t［s］	速度 v［m/s］
0	$v_0 = 0.0$
1	$v_1 = 0.4$
2	$v_2 = 0.6$
3	$v_3 = 0.8$

運動学で扱う速度は，例題 2-2 の平均的な速度ではなく，例題 2-3 のような瞬間的な速度であり，今後は，瞬間的な速度を単に速度として記述することにします。速度は方向と大きさを持ち，座標軸との方向の違いで±の符号をつけて表します。

（発展）例題 2-3 の結果は，練習 2-2 の結果とよく一致したのではないでしょうか。これらの中で $\Delta t = 0.2$ として計算した平均速度は，この問題では，瞬間の速度をよく「近似」しているといえます。表計算ソフトやプログラムによって数値計算する際には，このように十分に小さな Δt を設定して，速度を計算します。

練習 2-3　例題 2-3 で求めた，時刻 t での速度 v を，さらに t で微分して，加速度 a を求めなさい。

練習 2-4　次の時刻 t とともに変化する位置 x について，時刻 t での速度 u，加速度 a を，微分の公式を用いて算出しなさい。

(1) $x = 3t^2 + 5t + 2$

(2) $x = 5t^2 + 10$

(3) $x = 0.2\sin(5t) + 0.7t$

(4) $x = 10\cos\{\theta(t)\}$ （θ は時刻 t の関数）

2.3 加速度から速度を求める，速度から位置を求める

2.3.1　一定速度から位置を求める

前節では，座標軸と時計を用いて，位置時刻を計測し，速度，加速度を求めました。逆に，加速度がわかれば，速度が「予測」できますし，速度がわかれば，時刻 t のときの位置 x が「予測」できます。

速度 u とは，位置 x の時間変化でした。この速度 u [m/s] が一定であるとき，1 秒後には位置が u [m] だけ変化し，2 秒後はさらに u [m] だけ増えて $2u$ [m]，3 秒後には $3u$ [m]，t 秒後は tu [m] となります。この節では，これを図式で解き明かし，加速度から速度，速度から位置を求める方法を学びます。本書の範囲を超える，より複雑な問題については，数学の「積分」のテクニックを使います。

例題 2-4　次の位置－時刻のグラフでは，位置を量記号 x で，時刻を t で表している。

速度 u が一定（加速度 a_x が 0）の場合，物体の最初の位置（**初期位置**という）を x_0 とすると，時刻 t での位置 x を求めなさい。

$x-t$ グラフ

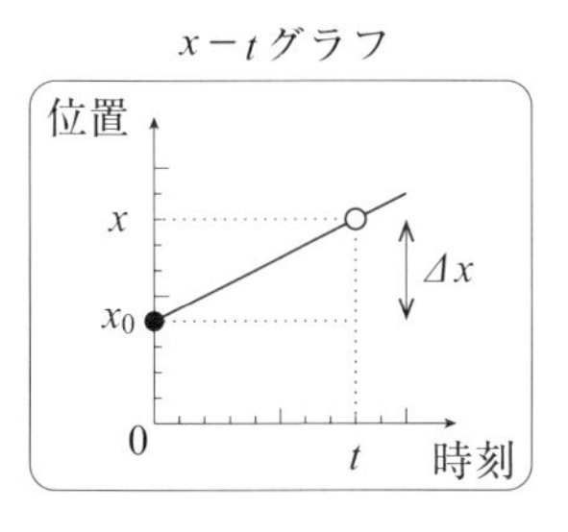

$u-t$ グラフ

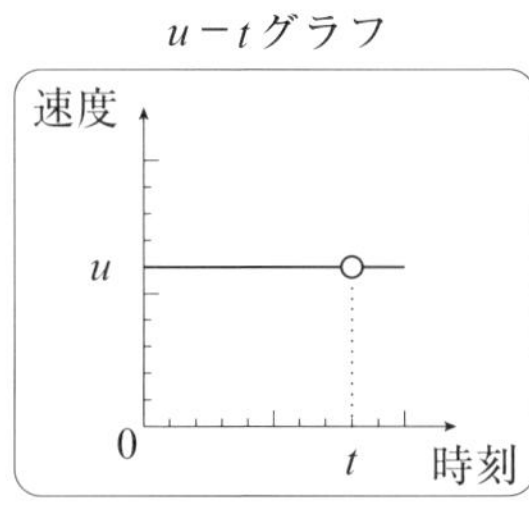

a_x-t グラフ

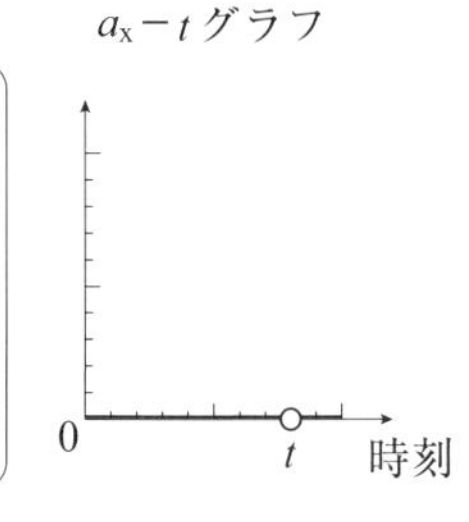

— 解答 —

$x-t$ グラフの傾きは速度 u に等しいので，

$$\frac{\Delta x}{\Delta t} = \frac{x - x_0}{t - 0} = u$$

であったが，x に注目してかき直すと，

$$x - x_0 = u \times (t - 0)$$

よって，時刻 t での位置 x は，

$$x = x_0 + ut \qquad (2.1)$$

この例題で，式 (2.1) の右辺は，次の図 2.3 の $u-t$ グラフ上で，縦方向の u と横方向の $(t-0)$ のかけ算，つまりグラフの面積となっていることがわかります。

「速度－時刻」グラフの面積が「位置－時刻」グラフの値の変化 Δx となっているのです。

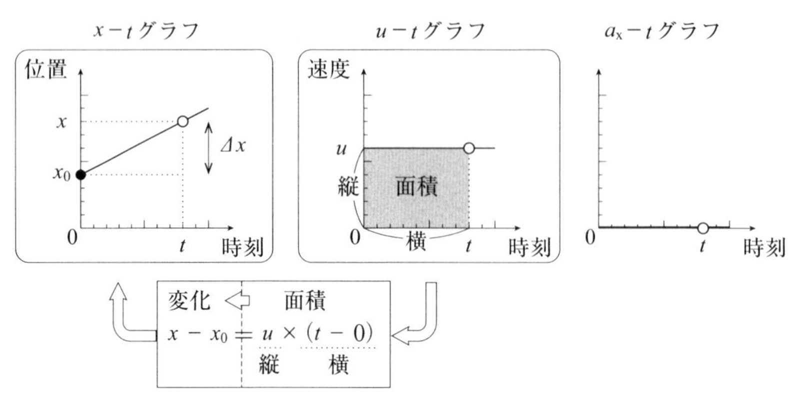

図 2.3　速度一定の運動：速度から位置変化を求める

同じ関係は，次の練習問題 2-5 のように，「加速度－時刻」グラフと「速度－時刻」グラフの間でも成り立ちます。

ポイント 2.4　グラフの面積と位置変化，速度変化

「速度－時刻」グラフの面積 ＝「位置」変化

「加速度－時刻」グラフの面積 ＝「速度」変化

練習 2-5　次の図の位置 y，速度 v，時刻 t のグラフは，加速度の値が a_y で一定の運動について，$y-t$ グラフ，$v-t$ グラフ，a_y-t グラフをかき，$v-t$ グラフの傾きから，a_y を導いたものである。

逆に，a_y-t グラフ上の時刻 0 から t 秒までの面積から，速度変化 Δv を求める式を導きなさい。また，初速度を v_0 として，速度 v ＝の式にかき直しなさい。

ヒント：Δv ＝（a_y-t グラフの面積）

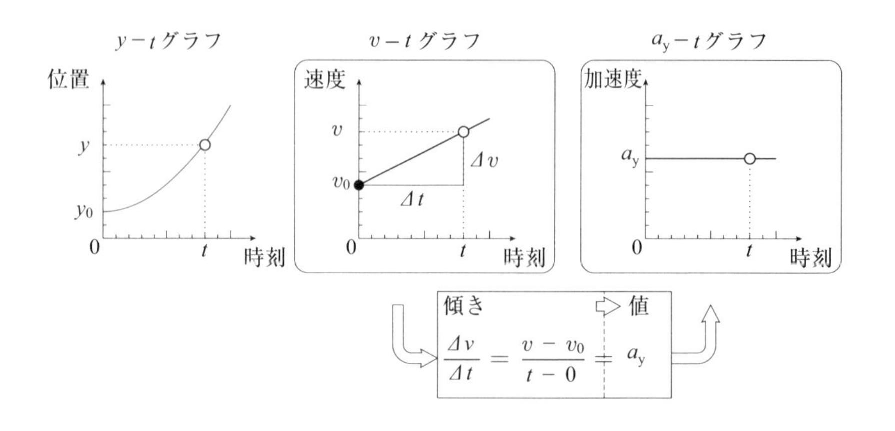

2.3.2 一定加速度から位置を求める

前項の練習問題 2-5 で，一定の加速度 a_y の場合，$a_y - t$ グラフの面積から得られる速度の変化 Δv は，

$$\Delta v = a_y \times (t - 0)$$

さらに $\Delta v = v - v_0$ なので，速度 v は，

$$\Delta v = v - v_0 = a_y t$$

$$v = v_0 + a_y t \tag{2.2}$$

で，$v - t$ グラフは，直線の式となりました。

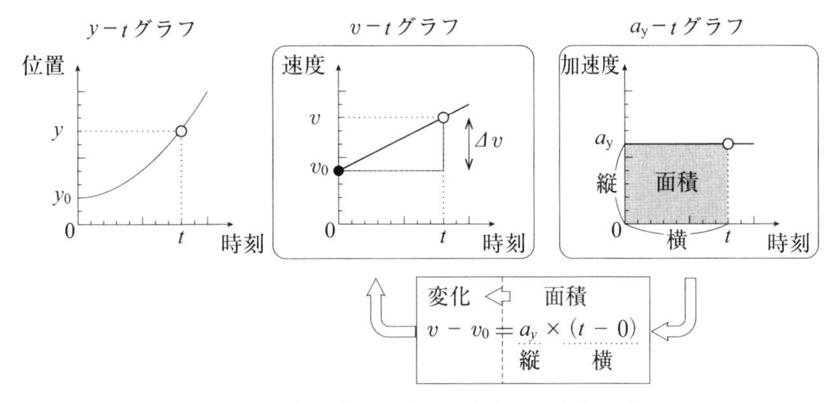

図 2.4 加速度一定の運動：加速度から速度を求める

もう一歩すすめて，この v から $y - t$ グラフをかいてみましょう。

$v - t$ グラフは，「台形」の形（底辺が v と v_0，高さが t とみる）になっているので，この面積のコピーを 180 度回転して向かい合わせると，高さが $(v + v_0)$，幅が t の長方形になります。もとの面積は，これを半分に割ると得られます。

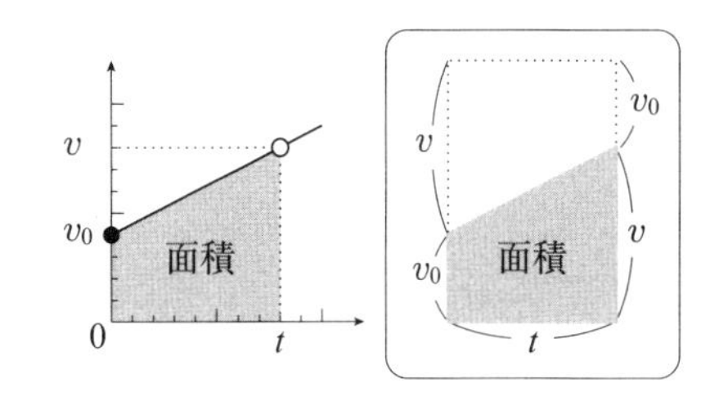

$$(\text{面積}) = \frac{1}{2}(v_0 + v) \times (t - 0) \tag{2.3}$$

この面積が Δy に等しいので，これをもとに，次の例題のようにして $y - t$ グラフがかけます。

例題 2-5 物体の位置を y，速度を v，時刻を t と表すとき，速度 v が式 (2.3) のようになる場合，物体の最初の位置（**初期位置**という）を y_0 として，時刻 t での位置 y を求めなさい。

— 解答 —

$y - t$ グラフの傾きは速度 v なので，逆に Δy は，速度 v −時刻 t のグラフの面積である。

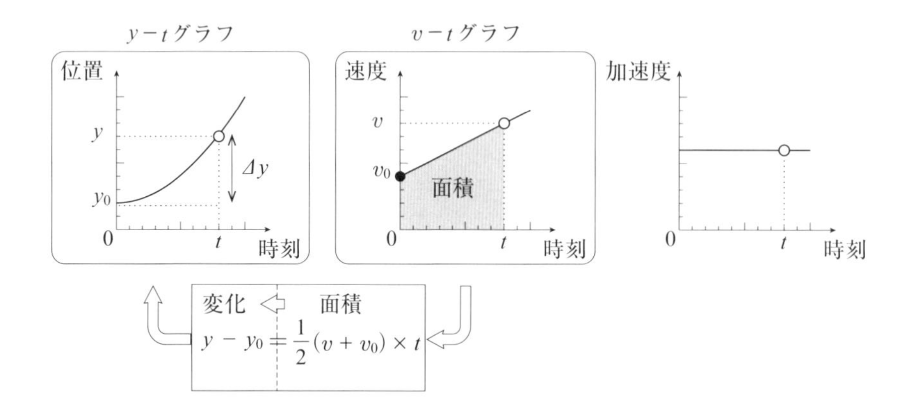

$v - t$ のグラフの時刻の＝０から t までの面積が式 (2.3) で表され，

$$\Delta y = \frac{1}{2}(v_0 + v) \times (t - 0)$$

なので，$\Delta y = y - y_0$ より，

$$y = y_0 + \frac{1}{2}(v_0 + v)\,t \tag{2.4}$$

最後に，式 (2.2) で求めた v を代入して，

$$y = y_0 + \frac{1}{2}(2v_0 + a_y t)\,t = y_0 + v_0 t + \frac{1}{2}\,a_y t^2 \tag{2.5}$$

式 (2.5) の y は，時刻 t の二次関数（グラフは放物線）となります。

2.4　位置・速度・加速度の公式

2.4.1　公式

これまでに求めてきた結果をまとめましょう。

速度一定（加速度０）の場合

位置を表す量記号を x，一定の速度を u_0，加速度を $a_x = 0$ とした場合，時刻 t に対して，図 2.5 のような関係になりました。

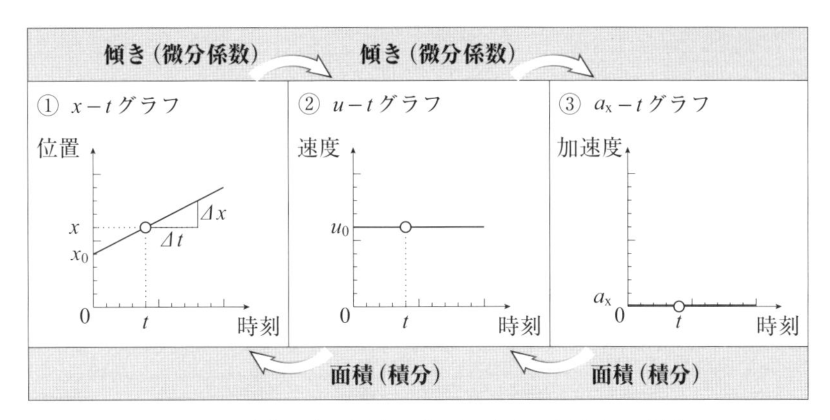

図 2.5　速度一定の場合の位置・速度・加速度の関係

グラフ①と②の関係は，式 (2.1) で表されました。

ポイント 2.5　速度一定の運動公式

速度が一定の運動で，位置 x，初期位置 x_0，変位 Δx，速度 u_0，時刻 t とすると，

$$x = x_0 + u_0 t$$

ただし，量記号は，問題にあわせてかき換えること。

加速度一定の場合

位置を表す量記号を y，初期位置を y_0，速度を v，初速度を v_0，加速度を a_y（一定）とした場合，時刻 t に対して，図 2.6 のような関係になりました。

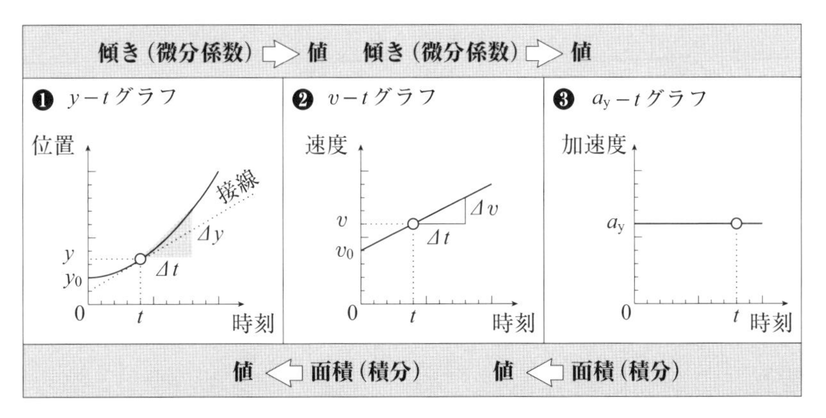

図 2.6　加速度一定の場合の位置・速度・加速度の関係

グラフ②と③の関係は，式 (2.2) を再度かくと，

$$\textcircled{v} = v_0 + a_y \boxed{t} \qquad \text{(2.2 再掲)}$$

①と②の関係は，式 (2.4) を再度かくと，

$$y = y_0 + \frac{1}{2}\,(\textcircled{v} + v_0)\,\boxed{t} \qquad (2.4\ 再掲)$$

式 (2.2) の v を式 (2.4) に代入することで，位置，加速度，時刻の関係式 (2.5) が得られました：

$$y = y_0 + v_0\,t + \frac{1}{2}\,a_{\mathrm{y}}\,t^2$$

同様に，2つの式から t を消去することで，速度，加速度，変位の関係式が得られます。
まず，式 (2.2) より，

$$t = \frac{v - v_0}{a_{\mathrm{y}}}$$

これを，式 (2.4) に代入して，

$$y = y_0 + \frac{1}{2}\,(v + v_0) \times \left(\frac{v - v_0}{a_{\mathrm{y}}}\right)$$

t 秒間で y_0 から y への変化を「変位」$\Delta y = y - y_0$ にまとめると，

$$v^2 - v_0 = 2\,a_{\mathrm{y}}\,\Delta y$$

以上について，量記号を簡略化してまとめると，

ポイント 2.6　加速度一定の運動公式

加速度が一定の運動では，位置 y，初期位置 y_0，変位 $\Delta y = y - y_0$，速度 v，初速度 v_0，一定加速度 a_0，時刻 t とすると，

A　$v = v_0 + a_0\,t$

B　$y = y_0 + v_0\,t + \frac{1}{2}\,a_0\,t^2$

C　$v^2 - {v_0}^2 = 2\,a_0\,\Delta y$

ただし，量記号は，問題にあわせてかき換えること。

この3つの公式の使い方を，次項から見てみましょう。

2.4.2　自由落下

これまで求めた式の応用として，重力のみが働く運動を考えます。重力が物体にかかる場合，生じる加速度は $g = 9.81\ \mathrm{m/s^2}$ であり，その加速度は一定です。なお，その場合，前節の基本運動方程式の一定加速度 a の大きさが g となります。では，次の自然落下の例を解いてみましょう。

ポイント 2.7　加速度一定の運動の解法

加速度が一定の運動を解く手順は,

1．座標軸の原点と方向を定める。

2．座標軸にあわせて，量記号の符号を決定する。

【注意】加速度，速度には向きがあり，座標軸にあわせて符号をつける。

3．加速度一定の運動公式 A B C から，必要なもの選び，問題を解く。

例題 2-6　次の図のように高さ h_0 で，質量 m の物体を手で支えています。時刻 $t = 0$ に静かに手を離した場合，

（1）地上に落下する時刻：t　　（2）地上での速度：v

を求めなさい。ただし，物体には重力のみが働き，一定の加速度（重力加速度）$g = 9.8\ \mathrm{m/s^2}$ で落下するとします。

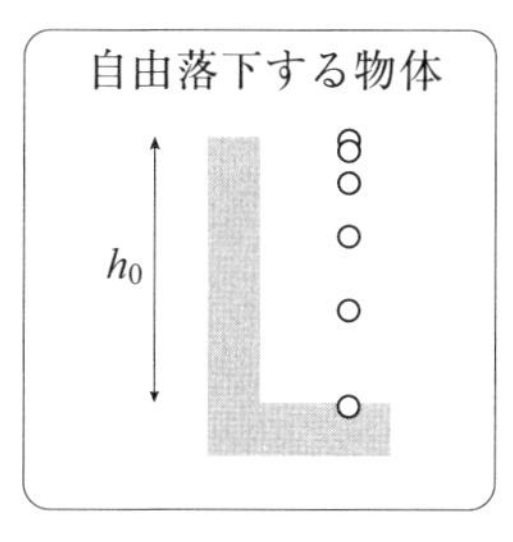

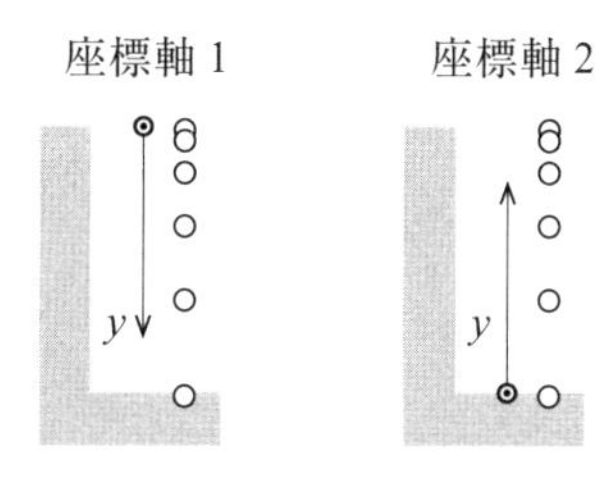

考え方　図のように，座標軸の設定方法として，［座標軸 1］や［座標軸 2］が考えられます。それぞれの場合でポイント 2.6「加速度一定の運動公式」を，

- 時刻とともに変化する，**位置・速度**の量記号
- 定数である，**初期位置**，**初速度**，**一定加速度**，**変位** Δy

に注意して，かき直さなければなりません。

［座標軸 1］の場合

初期位置は座標原点なので 0
静かに落とすので**初速度**は 0
座標軸方向（下）の向きに加速するので
一定加速度は $+g$，**変位** $\Delta y = y - 0 = 0$
となり，公式は：

A $v = 0 + (+g)t$

B $y = 0 + 0 \times t + \dfrac{1}{2}(+g)t^2$

C $v^2 - 0 = 2 \times (+g)y$

［座標軸 2］の場合

初期位置は座標原点なので h_0 の位置
静かに落とすので**初速度**は 0
座標軸方向（上）とは逆に加速するので
一定加速度は $-g$，**変位** $\Delta y = y - h_0$
となり，公式は：

A $v = 0 + (-g)t$

B $y = h_0 + 0 \cdot t \times \dfrac{1}{2}(-g)t^2$

C $v^2 - 0 = 2 \times (-g) \times (y - h_0)$

［座標軸 1］を使用することが簡易で，その解法を以下に示します：

— 解答 —

公式を整理すると，

$$\text{A}\ v = gt \qquad \text{B}\ y = \frac{g}{2}t^2 \qquad \text{C}\ v^2 = 2gy$$

(1) 位置 y と時刻 t の関係を含んでいる B を用いて，「地上に落下した」とは，$y = h_0$ となったということで，この時刻を求めると，

$$h_0 = \frac{g}{2}\cdot t^2 \quad \to \quad t = \sqrt{\frac{2h_0}{g}}$$

(2) 速度 v と位置 y の関係を含んでいる C を用いて，$y = h_0$ のときの速度を求めると，

$$v^2 = 2g\cdot h_0 \quad \to \quad v = \sqrt{2gh_0}$$

練習 2-6　例題の解答を［座標軸 2］を使った場合にかき換えなさい。

例題 2-7　雨粒は高さ 2000 m から落ちてくるといわれます。地上での速さを［m/s］，［km/h］で計算しなさい。非常に大きな数字になりますが，公式の使い方のどこに問題があるのか，検討しなさい。

— 解答 —

1 km = 1000 m なので，1 m = 1/1000 km，また，1 h = 3600 s なので，1 s = 1/3600 h

よって，速さ v は，

$$v = \sqrt{2\times 9.8\times 2000} = 198\,[\text{m/s}] = 198\times\frac{\left(\frac{1}{1000}[\text{km}]\right)}{\left(\frac{1}{3600}[\text{h}]\right)} = \frac{198\times 3600}{1000}[\text{km/h}] = 713\,[\text{km/h}]$$

もとにした公式には空気抵抗が作用が含まれていないが，2000 m から落下する雨粒の運動には空気抵抗が大きく影響するため，落下する雨粒にこの公式を使うべきではない。

2.4.3　垂直投げ上げ

例題 2-8　次の図のように高さ h_0 で，質量 m の物体を時刻 $t = 0$ に上方に初速度 v_0 で投げ上げた場合，

（1）最高点に達する時刻 t_{max} と最高点の高さ h_{max}

（2）再び目の前に落ちてくる t_0

（3）地上に達する時刻 t_g とそのときの速さ v_g

を求めなさい。ただし，物体には重力のみが働き，重力加速度は $g = 9.8\ \text{m/s}^2$ とします。

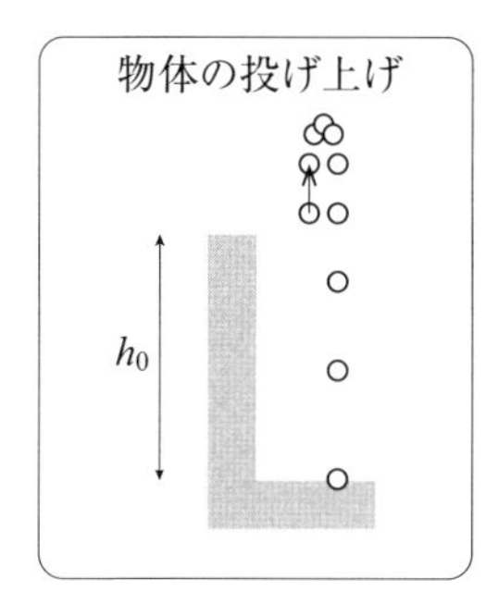

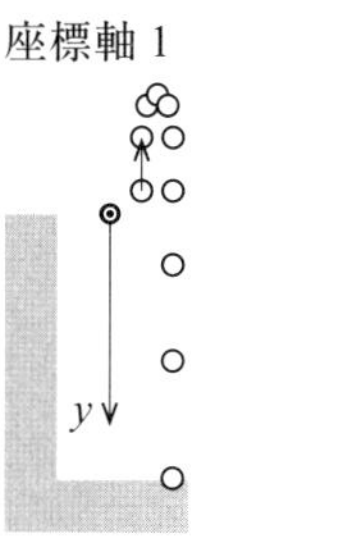

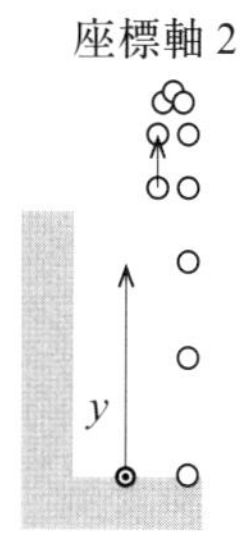

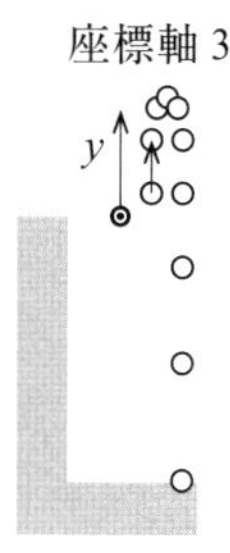

— 解答 —

座標軸の設定方法として，［座標軸 1］，［座標軸 2］，［座標軸 3］などが考えられます。

それぞれの座標軸での基礎式をかき出すと，

［座標軸 1］ 初速度 v_0 が座標軸と逆向きに注意

A $v = -v_0 + (+g)t$

B $y = 0 + (-v_0) \times t + \dfrac{1}{2}(+g) \times t^2$

C $v^2 - v_0{}^2 = 2(+g) \times y$

［座標軸 2］ 加速度が座標軸と逆向きで $-g$ とすべき点，最初の高さ y_0 が h_0，$\varDelta y = y - h_0$ である点に注意

A $v = v_0 + (-g) \times t$

B $y = h_0 + (+v_0) \times t + \dfrac{1}{2}(-g) \times t^2$

C $v^2 - v_0{}^2 = 2(-g) \times (y - h_0)$

［座標軸 3］ 加速度が座標軸と逆向きで $-g$ とすべき点，地面の高さが $-h_0$ としなければならない点に注意

A $v = v_0 + (-g) \times t$

B $y = 0 + (+v_0) \times t + \dfrac{1}{2}(-g) \times t^2$

C $v^2 - v_0{}^2 = 2(-g) \times y$

［座標軸 3］を使ってみると，

(1) 最高点では速度が 0 になることを利用すると，速さと時刻の関係を表す **A** を使って，

$$0 = v_0 - gt_{\max} \qquad \rightarrow \qquad t_{\max} = \frac{v_0}{g}$$

これを **B** に代入してもよいが，**C** を使ってみると，

$$0 - v_0^{\,2} = -2gh_{\max} \qquad \rightarrow \qquad h_{\max} = \frac{v_0^{\,2}}{2g}$$

(2) 目の高さに戻ってくるとき，高さが0になることを利用すると，高さと時刻の関係を表す式はBのみで，

$$0 = 0 + (+v_0) \times t_0 + \frac{1}{2}(-g) \times t_0^{\,2}$$

整理して，

$$t_0 \times \left(v_0 - \frac{1}{2} g t_0 \right) = 0$$

$t_0 = 0$ は最初の時刻であり，不適切なので，$t_0 = \dfrac{2v_0}{g}$

(3) 地面の高さは $-h_0$ とすれば，これをBに代入すると，

$$-h_0 = 0 + (+v_0) \times t_g + \frac{1}{2}(-g) \times t_g^{\,2}$$

$$\frac{1}{2} g t_g^{\,2} - v_0 t_g - h_0 = 0$$

$t_g > 0$ となる解は，

$$t_g = \frac{v_0 + \sqrt{v_0^{\,2} + 2gh_0}}{g}$$

次に，この解をAに代入すると，

$$v_g = v_0 - g\frac{v_0 + \sqrt{v_0^{\,2} + 2gh_0}}{g} = -v_0 + \sqrt{v_0^{\,2} + 2gh_0}$$

座標軸は上向きを正としているので，v_g の大きさは $\sqrt{v_0^{\,2} + 2gh_0}$ で，向きは下向きとわかる。（Bを使っても同じ答えを得る）

練習 2-7　例題2-8の［座標軸1］を用いた場合について，解答をかき直しなさい。

2.4.4　斜め打ち上げ

自由落下も垂直投げ上げも，上下方向のみの運動でした。この節では，斜め方向に物体を運動させる問題について考えてみましょう。

例題 2-9　図のように，船上から初速 V_0，斜角 θ_0 で，質量 m の信号弾を斜めに打ち上げた。

(1) 最高点に達する時刻 $t_{\max}$ と最高点の座標 $x_{\max}$，$y_{\max}$

(2) 水上に落下する時刻 t_g と水平距離 x_g

(3) 落下時の経路と，水面への入射角度 θ_g

を求めなさい。ただし，物体には重力のみが働き，重力加速度は $g = 9.81\ \mathrm{m/s^2}$ とする。

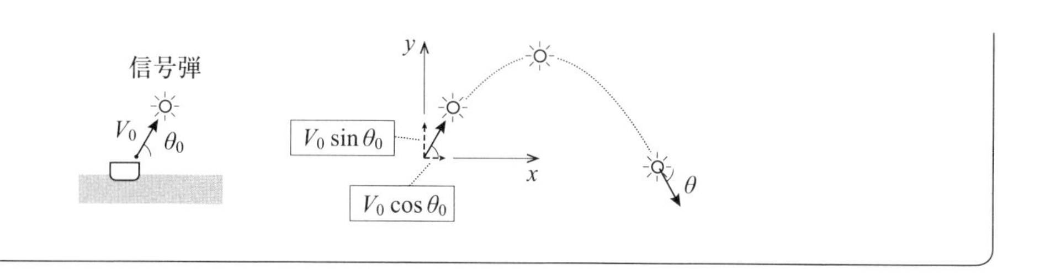

— 解答 —

水平方向と垂直方向の異なる運動が混ざっており，横方向の位置 x，縦方向の位置 y の 2 つについて，図のような座標軸を用いて基礎式をかき直すと，

(**縦方向の基礎式**：位置（高さ）y，縦方向速度 v，加速度 a について，
　初速度が $V_0 \sin\theta_0$，加速度が座標軸と逆向きで $a = -g$ とすべき点，最初の地面の高さが 0 としなければならない点に注意)

A $v = V_0 \sin\theta_0 + (-g) \times t$

B $y = 0 + (+V_0 \sin\theta_0) \times t + \dfrac{1}{2}(-g) \times t^2$

C $v^2 - (V_0 \sin\theta_0)^2 = 2(-g) \cdot y$

［**横方向の基礎式**：位置 x，横方向速度 u，加速度 0 について］
　量記号をかき換えた後，初速度 $V_0 \cos\theta_0$ で，力が加わらず，加速度 0 に注意すると，

A $u = V_0 \cos\theta_0 + 0 \times t$

B $x = 0 + V_0 \cos\theta_0 \times t + \dfrac{1}{2} \times 0 \times t^2$

C $u^2 - (V_0 \cos\theta_0)^2 = 2 \times 0 \times x$

(1) 最高点では速さが0になることを利用すると，y 座標の速さと時刻の関係を表す**縦方向の基礎式**：**A**式を使って，

$$0 = V_0 \sin\theta_0 - g t_{\max} \quad \rightarrow \quad t_{\max} = \frac{V_0 \sin\theta_0}{g}$$

　これを**縦方向の基礎式**：**B**式に代入してもよいが，：**C**式を使ってみると，

$$0 - (V_0 \sin\theta_0)^2 = -2g y_{\max} \quad \rightarrow \quad y_{\max} = \frac{(V_0 \sin\theta_0)^2}{2g}$$

　また，**横方向の基礎式**：**B**式を使って，

$$x_{\max} = V_0 \cos\theta_0 \times t_{\max} = \frac{{V_0}^2 \sin\theta_0 \cos\theta_0}{g}$$

(2) 地上に戻ってくるとき，高さが 0 になることを利用すると，y 座標の高さと時刻の関係を表す式は**縦方向の基礎式**：B式のみで，

$$0 = 0 + (+V_0 \sin\theta_0) \times t_0 + \frac{1}{2}(-g) \times {t_0}^2$$

整理して，

$$t_0 \times \left(V_0 \sin\theta_0 - \frac{1}{2} g t_0 \right) = 0$$

$t_0 = 0$ は最初の時刻であり，不適切なので，

$$t_0 = \frac{2V_0 \sin\theta_0}{g}$$

この時刻を x 座標の**横方向の基礎式**：B式に代入すると，

$$x_g = V_0 \cos\theta_0 \times \frac{2V_0 \sin\theta_0}{g} = \frac{2{V_0}^2 \sin\theta_0 \cos\theta_0}{g}$$

このグラフをかくと，原点を通り，上に凸の二次曲線（放物線）となる。その尖り具合いは初速度 V_0 が大きいほど，射角 θ_0 が大きいほど，急峻な放物線となる。

(3) 2 つのB式を連立させると，

$$y = V_0 \sin\theta_0 \times t - \frac{g}{2} t^2$$
$$x = V_0 \cos\theta_0 \times t$$

x に関する式より，

$$t = \frac{x}{V_0 \cos\theta_0}$$

を y に関する式に代入して整理すると，

$$y = V_0 \sin\theta_0 \times \left(\frac{x}{V_0 \cos\theta_0} \right) - \frac{g}{2} \times \left(\frac{x}{V_0 \cos\theta_0} \right)^2 = (\tan\theta_0)\, x - \left(\frac{g}{2{V_0}^2 \cos{\theta_0}^2} \right) x^2$$

一方，水面に着水するときの角度 θ は，落下するときの $\tan\theta = v/u$ から求めることができる。

$$\tan\theta = \frac{v}{u} = \frac{V_0 \sin\theta_0 - gt}{V_0 \cos\theta_0}$$

この t に，(2) の t_0 を代入すると，

$$\tan\theta = \frac{V_0 \sin\theta_0 - 2V_0 \sin\theta_0}{V_0 \cos\theta_0} = -\tan\theta_0$$

となり，結局 $\theta = -\theta_0$ で，下向きに打ち上げたときと同じ角度で着水することがわかる。

練習 2-8　図のようにヘリが水上 h_0 m の高度を，水平に速度 U_0 で飛行している。そのヘリから真下に静かにボールを落とした場合について，ボールを落下させた真下の水面に座標軸原点をとった x, y 軸を設定するとき，次の設問に答えなさい。なお，このボールには重力しかかからず，加速度は g とする。

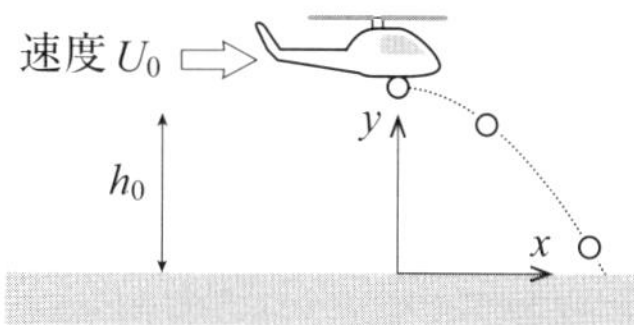

(1) 時刻 t でのボールの座標（x と y）を式に表しなさい。

(2) ボールが水上に落下したときの水平位置 x を式に表しなさい。

(3) ボールが水上に落下したときの x 方向速さ u, y 方向速さ v, 合成速度の大きさ V の式をかきなさい。

(4) 落下する経路について求め（(1) から t を消去する），経路の形を説明しなさい。

2.5 相対速度

相対速度は，船の運行や機関の動作を理解するための，基本的な知識です。

相対速度は，2 つのものの速度に注目し，どちらを基準として，どちらの相対速度を求めるのかを明確にする必要があります。

ポイント 2.8　相対速度，絶対速度

基準とするものの速度を**基準速度**と呼ぶことにすると，注目する物体の**相対速度**と**絶対速度**の関係は，

相対速度　＝　絶対速度　－　基準速度

または，

絶対速度　＝　相対速度　＋　基準速度

【注意】「基準とするもの」を選ぶ際には，「○○**に対する**△△の速度」「○○**から見た**△△の速度」「○○**を基準とした**△△の速度」などと記述の，「○○」の部分に注目する。

2.5.1　船の接近

例題 2-10　2船が衝突するかどうかは，自船**から見た**他船の相対速度をもとに判断します。他船の自船**に対する相対速度**は，自船の速度を**基準速度**として求めます。

自船の速度を $\boldsymbol{V}_\mathrm{A}$，他船の速度を $\boldsymbol{V}_\mathrm{B}$ とするとき，相対速度を作図しなさい。

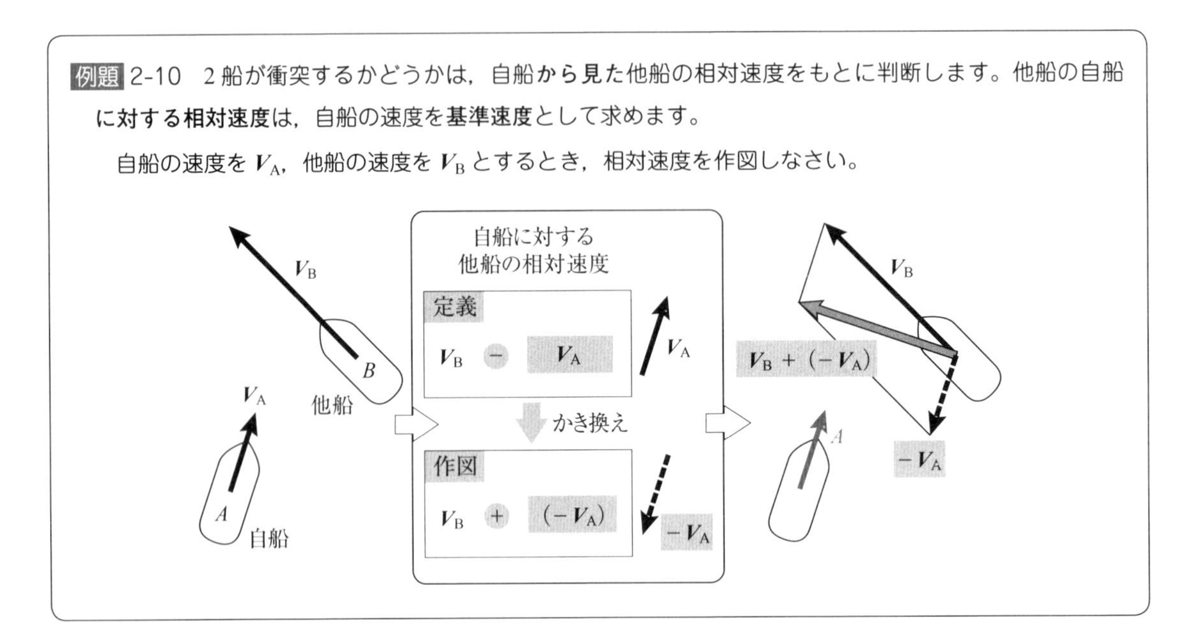

— 解答 —

基準速度を自船の速度 $\boldsymbol{V}_\mathrm{A}$ とすると，他船の相対速度は，定義により，

$$\boldsymbol{V}_\mathrm{B} - \boldsymbol{V}_\mathrm{A}$$

だが，次のように変形すると，作図しやすくなる。

$$\boldsymbol{V}_\mathrm{B} + (-\boldsymbol{V}_\mathrm{A})$$

ベクトルの規則により，ベクトル $-\boldsymbol{V}_\mathrm{A}$（破線）は，ベクトル $\boldsymbol{V}_\mathrm{B}$（実線）と大きさが等しく，向きが逆となる。

これを，ベクトルの合成方法にしたがって作図すると，$\boldsymbol{V}_\mathrm{B}$ と $-\boldsymbol{V}_\mathrm{A}$ を辺とする平行四辺形の対角線が，求める相対速度となる。

2.5.2　潮流と船の速度

潮流のある水上を進む船の**絶対速度**（地面に対する速度）は**対地速力**または**実航速力**と呼ばれます。これは，自船の針路，水に対する船の速さから求められる**対水速力**（水に**対する相対速度**）または**機関速力**と，潮流の絶対速度（流潮または流向）とによって変化します。

船の相対速度は，水の速度を基準として，定義にしたがって計算します。

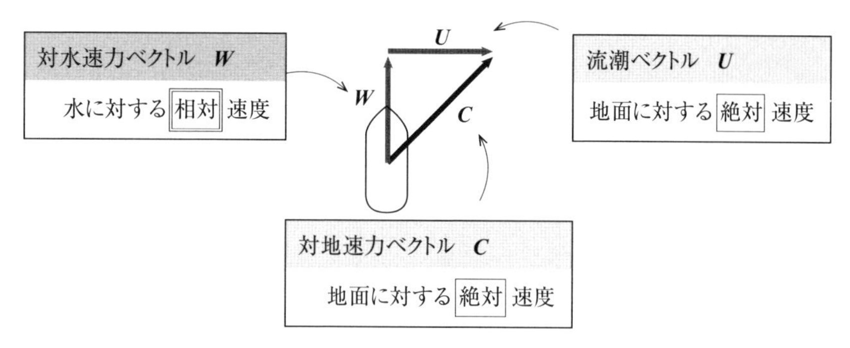

図 2.7 船のいろいろな速度の関係

> **例題** 2-11 次の設問について，それぞれの速度を作図しなさい。
> （1）対水速力 $\boldsymbol{W}$ の，対地速力 $\boldsymbol{C}$ と流潮 $\boldsymbol{U}$ との関係を，相対速度の定義にしたがって作図しなさい。
> （2）対水速力 $\boldsymbol{W}$（相対速度）と対地速力 $\boldsymbol{C}$（絶対速度）がわかっている場合に，流潮ベクトル $\boldsymbol{U}$ を求めるための作図をしなさい。
> （3）対水速力 $\boldsymbol{W}$（相対速度）と流潮ベクトル $\boldsymbol{U}$（絶対速度）がわかっている場合に，対地速力 $\boldsymbol{C}$ を求めるための作図をしなさい。

— 解答 —

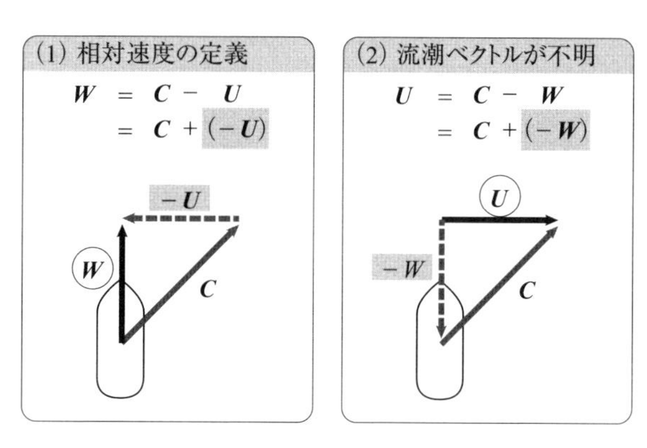

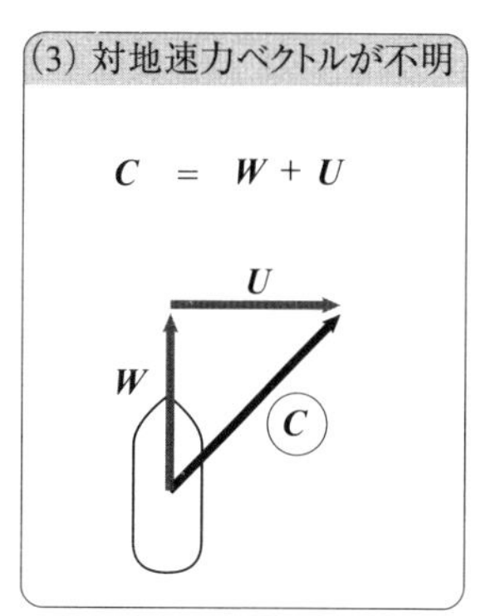

一次元の船の速度ベクトルと潮流の関係は一見簡単そうですが，順流（潮流の方向に進む）と逆流（潮流と反対向きに進む）の場合があり，定義にしたがって求めなければ間違えてしまいます。座標軸を設定し，ベクトルを成分に置き換えて計算します。

> **例題** 2-12 次の図中の矢印の長さ（下の座標を参照）は，水上を潮流の方向に並行して進む船と逆方向に進む船について，1 秒間に進んだ距離を表している。それぞれの対地速力を求めなさい。

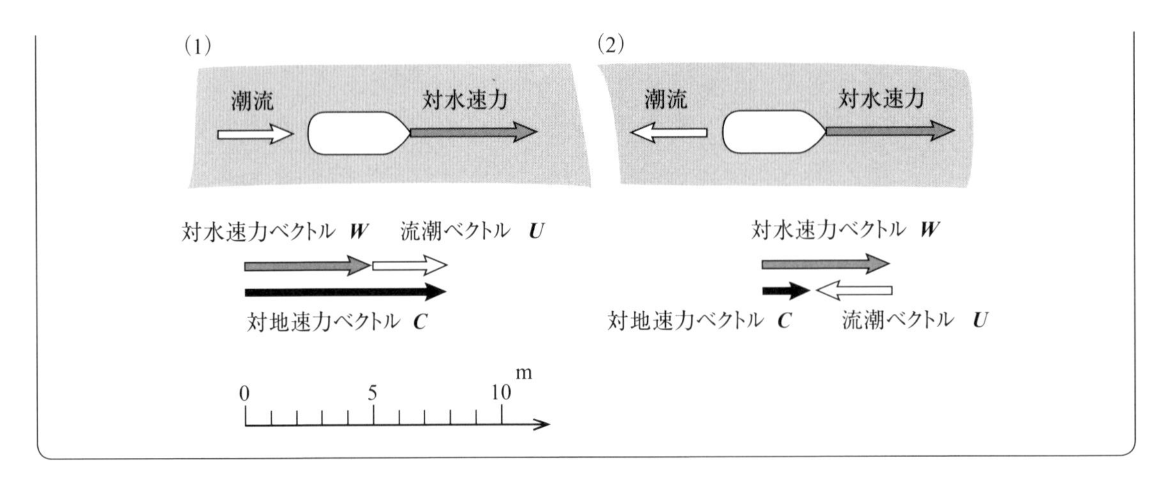

— 解答 —

対水速力（相対速度）$\boldsymbol{W}$ は，$\boldsymbol{W} = \boldsymbol{C} - \boldsymbol{U}$ とかき表せるので，$\boldsymbol{C} = \boldsymbol{W} + \boldsymbol{U}$ と変形して用いる。

(1) $\boldsymbol{W}$ ベクトルについて，船が 1 秒間に 5 m 進んだと読めるので，速度成分は座標軸に照らして，+5 m/s，$\boldsymbol{U}$ ベクトルについて，潮流は 1 秒間に 3 m 進んだと読めるので，速度成分は座標軸に照らして，+3 m/s，ゆえに，対地速力ベクトル $\boldsymbol{C}$ の成分は，

$$\boldsymbol{C} = (+5) + (+3) = +8 \text{ m/s}$$

(2) $\boldsymbol{W}$ ベクトルについて，船が 1 秒間に 5 m 進んだと読めるので，速度成分は座標軸に照らして，+5 m/s，$\boldsymbol{U}$ ベクトルについて，潮流は 1 秒間に船と逆向きに 3 m 進んだと読めるので，速度成分は座標軸に照らして，−3 m/s，ゆえに，対地速力ベクトル $\boldsymbol{C}$ の成分 C は，

$$C = (+5) + (-3) = +2 \text{ m/s}$$

練習 2-9　例題 2-12 (2) で，潮流が船の進路と逆向きに 7 m/s であったとすると，対水速力 5 m/s の船は潮流の方向に流される。対地速力ベクトルを作図し，その成分を求めなさい。

2.5.3　流体機械と速度三角形

船のスクリュー・プロペラやエンジン（ガスタービンや蒸気タービン）では，**翼**（よく）（wing）が用いられています。

複数の翼をとりつけた羽根車を回転させて，液体や気体（あわせて**流体**（fluid）といいます）を押すことで，推力を発生させたり，逆に，ガスや蒸気を流して羽根車を回転させることで動力を得る機械を総称して，**流体機械**といいます。

次の図は，船のエンジンとしても用いられるタービンです。

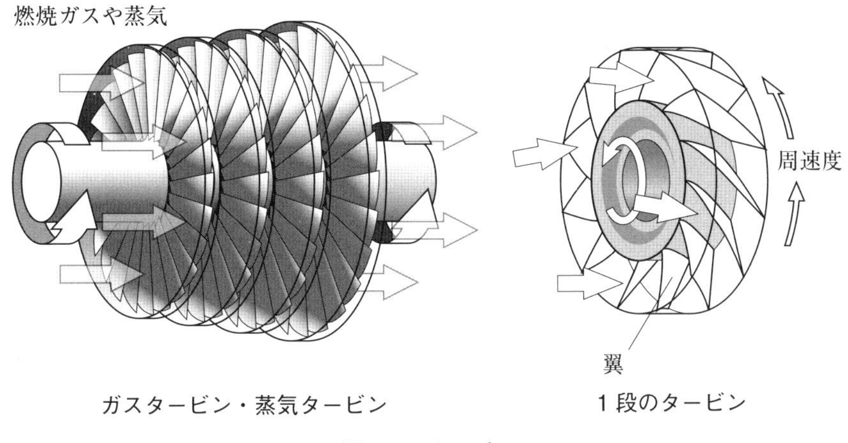

図 2.8　タービン

これらの流体機械は，回転することで機能を生み出しますが，その性能は，翼に対する流体の相対速度，翼の回転周速度，流体の絶対速度の 3 つの関係が重要となります。この関係は，**速度三角形**と呼ばれます。

例題 2-13　次の左図は，タービン翼の並びを横から見たものである。気体（燃焼ガスや蒸気）が左（速度 $\boldsymbol{W}_1$）から右（速度 $\boldsymbol{W}_2$）へ通過するときに，気体は翼の形に沿って流れるが，同時にタービンは一定の速度 $\boldsymbol{U}$ で回転する（中図）ので，気体の速度 $\boldsymbol{W}$ は相対速度となる。右図に，気体の実際の速度（絶対速度 $\boldsymbol{C}_1$ と $\boldsymbol{C}_2$）を作図しなさい。

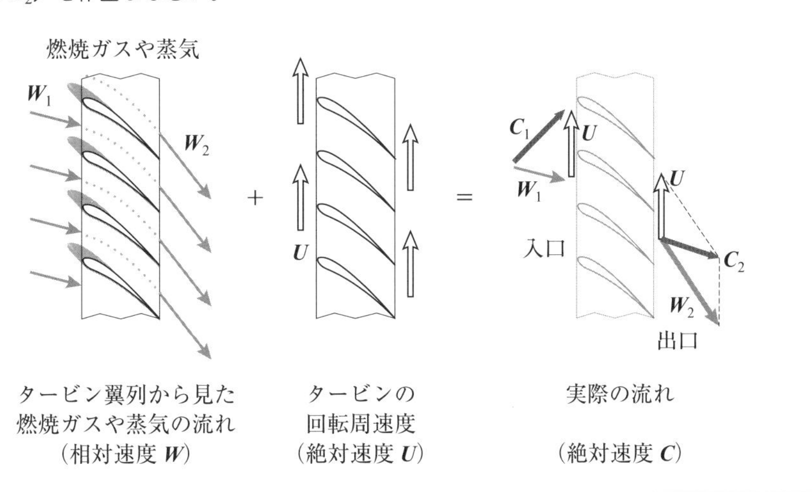

— 解答 —

相対速度と絶対速度の関係は，定義：

$$\boldsymbol{W}_1 = \boldsymbol{C}_1 - \boldsymbol{U} \qquad \boldsymbol{W}_2 = \boldsymbol{C}_2 - \boldsymbol{U}$$

から，$\boldsymbol{C}_1$，$\boldsymbol{C}_2$ を求めると，

$$\boldsymbol{C}_1 = \boldsymbol{W}_1 + \boldsymbol{U} \qquad \boldsymbol{C}_2 = \boldsymbol{W}_2 + \boldsymbol{U}$$

これらを合成しなけらばならず，これを**速度三角形**という。

［入口］ 解法1　① 2つのベクトルの終点と始点をあわせる。
② 始点から終点へ矢印を引く。

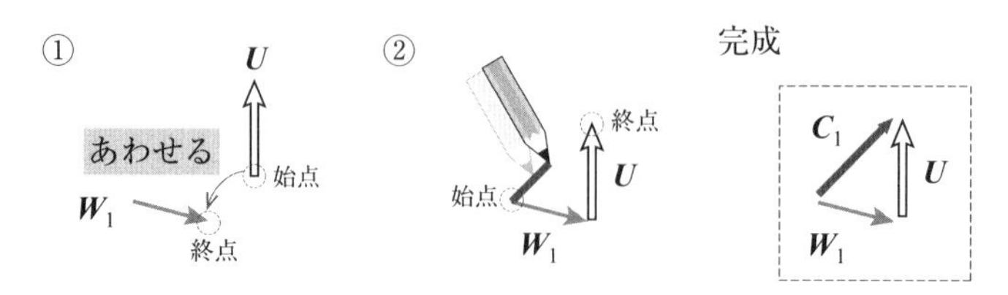

［出口］ 解法2　① 2つのベクトルの始点をあわせる。
② 2つのベクトルを辺とする平行四辺形を作図する。
③ 対角線の始点から終点へ矢印を引く。

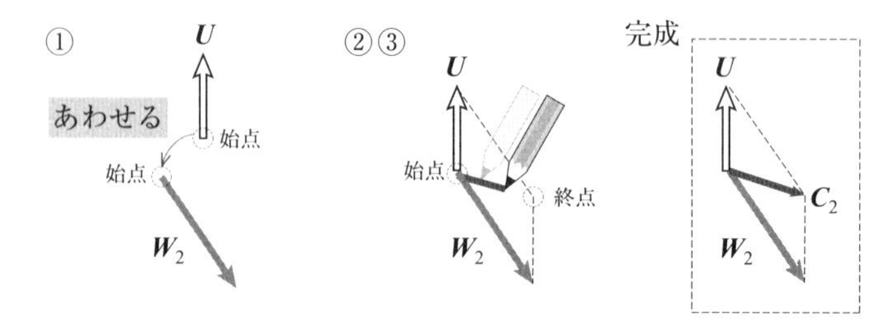

2.6　衝突とはね返り係数

2つの物体が衝突する際には，衝突する直前の**近づく相対速度の大きさ**と衝突直後の**離れる相対速度の大きさ**を使って，衝突の特性を表します。この特性を**はね返り係数**または**反発係数**といいます。

次の図では, 衝突前に速度 u_1 の物体（質量 m_1）が速度 u_2 の物体（質量 m_2）を追いかけて（$u_1 > u_2$）衝突し，衝突後に離れていく（$U_1 < U_2$）様子を表しています。

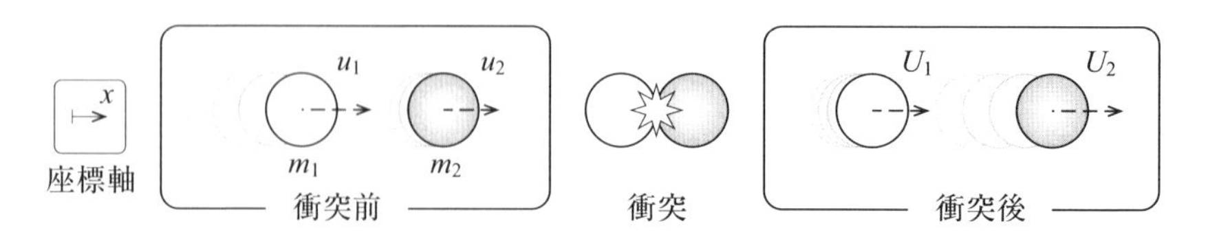

図2.9　2つの物体の衝突

この衝突前後の速度の変化の特徴は，**反発係数（はね返り係数）** e を使って表すことができます。

ポイント 2.9 反発係数（はね返り係数）

反発係数（はね返り係数） e は，相対速度の大きさ（絶対値）を用いて，

$$e = \frac{|\text{衝突後の相対速度}|}{|\text{衝突前の相対速度}|}$$

反発係数の意味

- **完全弾性衝突** $e = 1$：
  衝突の前後で，エネルギーが保存する（減らない）。
- **非完全弾性衝突** $0 < e < 1$：
  衝突によって，エネルギーの一部が失われる。
- **完全非弾性衝突** $e = 0$：
  衝突によって，2つの物体は同じ速度となる。

例題 2-14 図 2.9 の衝突で，m_2 が最初静止しており，反発係数を e とするとき，

（1）$e = 1$ （2）$e = 0$

のときの，衝突後の速度差 $U_2 - U_1$ を求めなさい。

— 解答 —

図中の座標軸をもとに，基準を m_2 の物体として，相対速度を計算すると，

$$\text{衝突前}\quad U_1 - 0 \qquad \text{衝突後}\quad U_1 - U_2$$

それぞれの相対速度の大きさ（絶対値）を求めると，

$$\text{衝突前}\quad |U_1 - 0| = U_1 \qquad \text{衝突後}\quad |U_1 - U_2| = U_2 - U_1$$

反発係数の定義にしたがって，

$$e = \frac{U_2 - U_1}{u_1} \qquad \rightarrow \qquad U_2 - U_1 = e \times u_1$$

(1) 完全弾性衝突 $e = 1$ のとき，$U_2 - U_1 = u_1$

(2) 完全非弾性衝突 $e = 0$ のとき，$U_2 - U_1 = 0 \quad \rightarrow \quad U_2 = U_1$ となり，衝突後は一体で動く。

次の図のように，ボールを地面に落とすとき，完全非弾性衝突（$e = 0$）の衝突では，1 回の衝突でボールは地面に静止します。また，完全弾性衝突（$e = 1$）の衝突では，1 回目の衝突後，最初の高さまではね戻り，何度も同じ衝突を繰り返します。

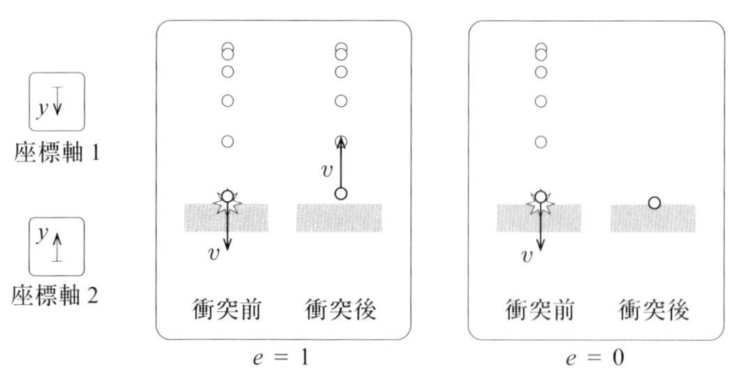

図 2.10　ボールの落下

練習 2-10　図 2.10 で,「座標軸 1」「座標軸 2」それぞれを用いて，地面の速度を 0 として，衝突前と後の相対速度，相対速度の大きさを求めなさい。

例題 2-15　図 2.10 のようにボールがはねるとき，地面との反発係数 e が $0 < e < 1$ の場合に，はね返る速度は，衝突の回数が増えるごとに衝突前の何倍になるかを求めなさい。

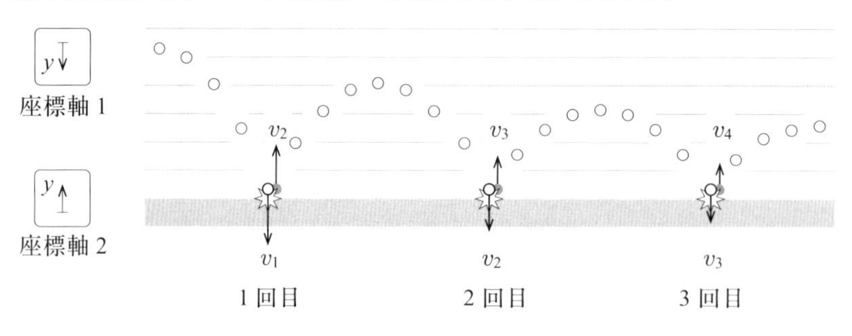

— 解答 —

1 回目の衝突のとき，衝突前の速度を v_1，衝突後の速度を v_2 とする。ボールの衝突に対して，地面はほぼ動かず，0 と考える。衝突前と後で，相対速度の大きさを求めると,「座標軸 1」の場合には,

$$\text{衝突前}\ |(+v_1) - 0| = v_1 \qquad \text{衝突後}\ |(-v_2) - 0| = v_2$$

$$e = \frac{v_2}{v_1} \qquad \rightarrow \qquad v_2 = e \times v_1$$

で，衝突後は，衝突前の速度の e 倍となる。

2 回目の衝突前の速度は，空中での抵抗がなければ 1 回目の衝突後の速度 v_2 と等しくなり，衝突後の速度を v_v とすると，1 回目と同様の計算から,

$$e = \frac{v_3}{v_2} \qquad \rightarrow \qquad v_3 = e \times v_2$$

で 1 回目と同じく，衝突前の速度の e 倍となる。

最初の速度 v_1 に対して，

$$v_3 = e\,v_2 = e^2\,v_1$$

となり，衝突ごとに徐々にはね返り速度は小さくなる。

衝突回数を n 回とすると，n 回目の衝突時のはね返り速度は $v_{\mathrm{n}+1}$ と表され，

$$v_{\mathrm{n}+1} = e\,v_{\mathrm{n}} = \cdots = e^{\mathrm{n}}\,v_1$$

物体の衝突の問題は，**運動量の保存則**と**エネルギー保存則**を連立させて解くことが基本なのですが，エネルギー保存則に速度の二乗が含まれるため，計算が難しくなります。このため，エネルギー保存則の代わりに，速度の一乗を用いて表される**はね返り係数**（**反発係数**）が用いられます。

2.7　等速円運動

2.7.1　等速円運動の特徴

船が一定の速さで円軌道上を移動したり，エンジンが定速で回転する様子は，**等速円運動**で表すことができます。

等速円運動の特徴は，次の図の2点です。

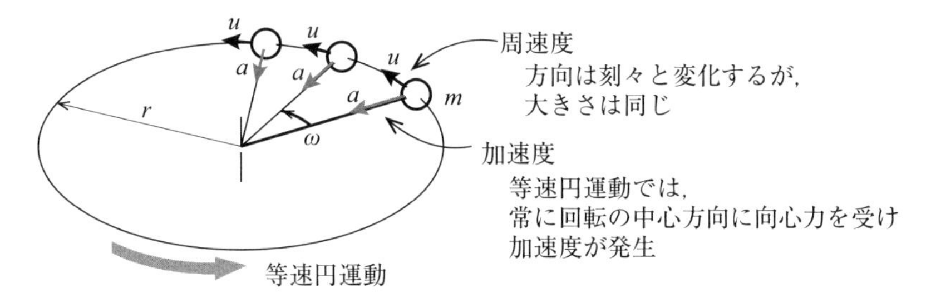

図 2.11　等速円運動

等速円運動に限らず，円運動する際には，円の中心方向への**向心力**が必要になります。

2.7.2　等速円運動の周速度

半径 r の円軌道上を，物体が角速度 ω［rad/s］で等速円運動するときの周速度を u とします。

このとき，角速度 ω と周速度 u の関係を求めておきます。

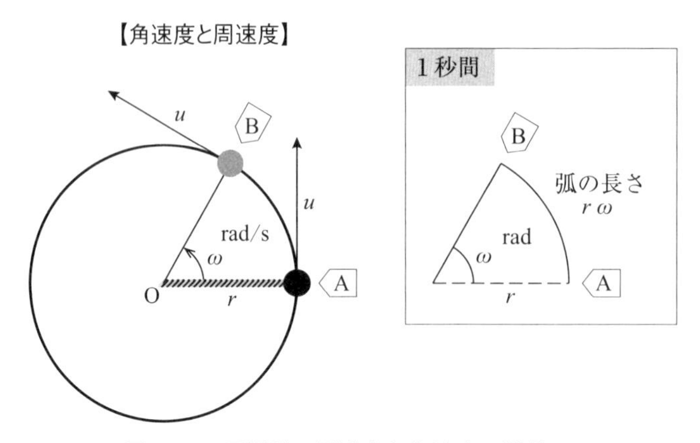

図 2.12　円運動の周速度と角速度の関係

速度と角速度の関係を調べるときには，最初に A にいた物体が，1 秒間で B に移動したと考えます。すると，1 秒間に回転した角度は ω [rad] となり，A から B までの弧の長さは $r\omega$ で表されます。ところが，これは物体が「1 秒間に円軌道上を動いた距離」，すなわち周速度の大きさとなります。

$$u = r\omega$$

2.7.3　加速度

等速円運動の**加速度**は，前節と同様に，「1 秒間の速度の変化」を調べると簡単に求まります。

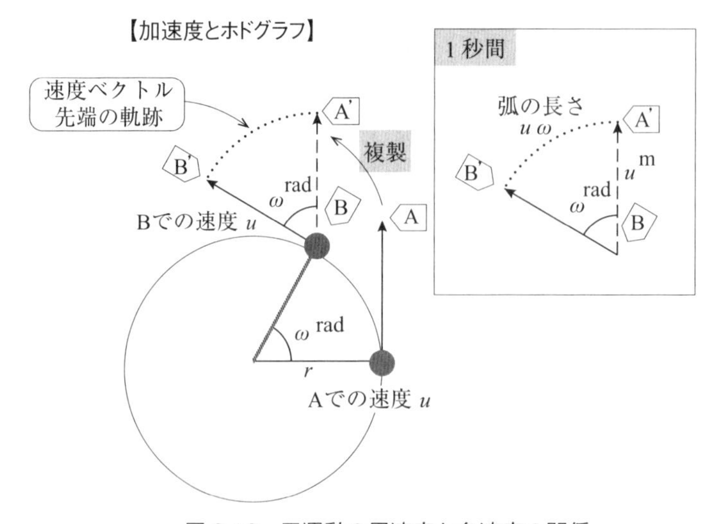

図 2.13　円運動の周速度と角速度の関係

最初 A にいた物体が，1 秒後に B に移動します。加速度は，速度の変化なので，A と B の速度の差を調べます。このためには，A の速度の複製を B に移動し，A や B の 2 つの速度ベクトルの原点を一致させます。このときの，2 つのベクトルのなす角は ω [rad] です。

右上図のように1秒間の変化に注目した図（**ホドグラフ**）を見ると，1秒間に動く距離は u [m] で，その先端は，A' から B' までの円弧をかき，この距離が1秒間の速度変化，すなわち**加速度**となります。

円弧の半径が u，弧の中心角が ω なので，円弧の長さは $u\omega$ で，これが加速度 a の大きさとなります。

$$a = u\omega$$

この A' から B' への変化の方向は，瞬間的には常に円運動の中心方向となります。

2.7.4 等速円運動の公式

等速円運動について，周速度と加速度を求めてきましたが，まとめると次のようになります。

ポイント 2.10 等速円運動の周速度，加速度

- **周速度が一定**

物体が円軌道上を動く速度を**周速度**といいます。周速度 u ベクトルの方向は，常に円軌道の接線方向で，時間とともに方向を変えます。しかし，その**大きさは一定**です。

（周速度） = （半径） × （角速度）

- **加速度が一定**

周速度の方向は時間とともに変化します。これは円軌道の**中心方向に一定の加速度**があるからです。

（加速度） = （周速度） × （角速度）

例題 2-16 等速円運動の回転半径を r，角速度を ω とするとき，周速度 u は $u = r\omega$，加速度 a は $a = u\omega$ と表される。

加速度 a は，u と ω で表されているが，これを，

(1) r と ω　　(2) r と u

で表しなさい。

— 解答 —

(1) r と ω で表すためには，$a = u\omega$ の式から，u を消去する必要がある。周速度の式を代入すると，

$$a = u\omega = (r\omega)\,\omega = r\omega^2$$

(2) r と u で表すためには，$a = u\omega$ の式から，ω を消去する必要がある。周速度の式から $\omega = u/r$ を代入すると，

$$a = u \times \left(\frac{u}{r}\right) = \frac{u^2}{r}$$

練習問題の解答

解 2-1

$$\frac{\Delta u}{\Delta t} = \frac{u_0 - u_0}{t - 0} = 0$$

解 2-2

（1）$t = 1.9\,\mathrm{s}$ のとき，$x = 0.74\,\mathrm{m}$

$t = 2.1\,\mathrm{s}$ のとき，$x = 0.86\,\mathrm{m}$

$$v_2 = \frac{0.84 - 0.74}{2.1 - 1.9} = 0.60\ \mathrm{m/s}$$

$t = 2.9\,\mathrm{s}$ のとき，$x = 1.42\,\mathrm{m}$

$t = 3.1\,\mathrm{s}$ のとき，$x = 1.58\,\mathrm{m}$

$$v_3 = \frac{1.58 - 1.42}{3.1 - 2.9} = 0.80\ \mathrm{m/s}$$

（2）結果を表にまとめると，

時刻 t［s］	速度 v［m/s］
0	
1	$v_1 = 0.40$
2	$v_2 = 0.60$
3	$v_3 = 0.80$

表から，$v_2 = 0.60\ \mathrm{m/s}$ と推測できる。

解 2-3

$$a = \frac{du}{dt} = 0.2$$

解 2-4

（1）$u = \dfrac{dx}{dt} = 6t + 5$

（2）$u = \dfrac{dx}{dt} = 10t$

（3）$u = 0.2 \times \cos(5t) \times 5 + 0.7 = 1.0\cos(5t)$

（4）$u = 10 \times (-\sin\theta(t)) \times \left(\dfrac{d\theta}{dt}\right) = -10\sin\theta \cdot \dfrac{d\theta}{dt}$

解 2-5

$$\Delta v = a_y \times t$$

$$v = v_0 + a_y t$$

解 2-6　座標軸2を使うとき，$y = 0$ を3つの式に代入すると，

$$\text{A}\ v = -gt \qquad \text{B}\ 0 = h_0 - \frac{1}{2}gt^2 \qquad \text{C}\ v^2 = -2g(0 - h_0)$$

(1) 式の中で g，h_0 が定数，v と t が未知の量である。未知量のうち，求めたい t のみを含む式は式 B なので，これを変形し，

$$0 = h_0 - \frac{1}{2}gt^2 \quad \cdots \quad t = \sqrt{\frac{2h_0}{g}}$$

(2) 未知量のうち，求めたい v のみを含む式は式 C なので，

$$v = \sqrt{2gh_0}$$

となり，座標1を使った結果と同じになる。

解 2-7　座標軸1を使うとき，例題2-8の基礎式より，

$$\text{A}\ v = -v_0 + gt \qquad \text{B}\ 0 = -v_0 t + \frac{1}{2}gt^2 \qquad \text{C}\ v^2 - v_0^2 = 2gy$$

(1) 最高点 h_{max} で速度が0になるとき，時刻 $t = t_{max}$，座標にあわせて最高点の符号は負なので，$y = -h_{max}$，これらを3つの基礎式に代入すると，

$$\text{A}\ 0 = -v_0 + gt_{max} \qquad \text{B}\ -h_{max} = -v_0 t_{max} + \frac{1}{2}gt_{max}^2 \qquad \text{C}\ 0 - v_0^2 = 2gh_{max}$$

式の中で v_0 と g が定数，t_{max} と h_{max} が未知の量である。未知量のうち，求めたい t_{max} のみを含む式は式 A なので，これを変形し，

$$0 = -v_0 + gt_{max} \quad \cdots \quad t_{max} = \frac{v_0}{g}$$

また，求めたい h_{max} のみを含む式は式 C なので，これを変形し，

$$-v_0^2 = 2gh_{max} \quad \cdots \quad h_{max} = \frac{v_0^2}{2g}$$

(2) 目の前の高さは $y = 0$ で，時刻は $t = t_0$ を3つの基礎式に代入すると，

$$\text{A}\ v = -v_0 + gt_0 \qquad \text{B}\ 0 = -v_0 t_0 + \frac{1}{2}gt_0^2 \qquad \text{C}\ v^2 - v_0^2 = 0$$

式の中で，v_0 と g が定数，t_0 と v が未知の量である。未知量のうち，求めたい t_0 のみを含む式は式 B となり，整理すると，

$$t_0 \times \left(v_0 - \frac{1}{2}gt_0\right) = 0 \quad \cdots \quad 0\text{でない解は，}\ t_0 = \frac{2v_0}{g}$$

(3) 地面の高さ $y = h_0$ で，時刻 $t = t_g$，速さ $v = v_g$ を3つの基礎式に代入すると，

$$\text{A}\ v_g = -v_0 + gt_g \qquad \text{B}\ h_0 = -v_0 t_g + \frac{1}{2}gt_g^2 \qquad \text{C}\ v_g^2 - v_0^2 = 2gh_0$$

式の中で，v_0 と g が定数，t_g と v_g が未知の量である。未知量のうち，求めたい t_g のみを含む式は式 B となり，整理すると，

$$gt_g^2 - 2v_0 t_g - 2h_0 = 0 \quad \cdots \quad t_g = \frac{v_0 + \sqrt{v_0^2 + 2gh_0}}{g}$$

これらの結果は，座標軸3を使った結果と同じになる。

解 2-8

（1）縦方向については，初期位置 h_0，初速度 0，加速度 $-g$ として，

$$y = h_0 - \frac{1}{2}gt^2$$

横方向については，初期位置 0，初速度 U_0（ボールはヘリとともに移動していたから），加速度として，

$$x = U_0 t$$

（2）ボールが地上に落下するときの時刻 t は，縦方向の式に $y = 0$ を代入して求める：

$$0 = h_0 - \frac{1}{2}gt^2 \quad \cdots \quad t = \sqrt{\frac{2h_0}{g}}$$

よって，このときの x は，

$$x = U_0\sqrt{\frac{2h_0}{g}}$$

（3）縦方向の速さは v は，$v = -gt$，横方向に速さ u は，$u = U_0$（一定）なので，

$$V\sqrt{u^2 + v^2} = \sqrt{U_0^2 + (gt)^2} = \sqrt{U_0^2 + g^2\frac{2h_0}{g}} = \sqrt{U_0^2 + 2gh_0}$$

（4）（1）の x の式から t を求めると，$t = x/U_0$ である。これを y の式に入れると，

$$y = h_0 - \frac{1}{2}gt^2 = h_0 - \frac{1}{2}g\left(\frac{x}{U_0^2}\right)^2 = -\left(\frac{g}{2U_0^2}\right)x^2 + h_0$$

よって，y は x の二乗のグラフであるが，x^2 の項の符号が負なので，上向きに凸で，$(x,\ y) = (0,\ h_0)$ を頂点とする放物線となる。

解 2-9　（対水速力ベクトル）＝（対地速力ベクトル）－（潮流ベクトル）なので，

（対地速力ベクトル）＝（対水速力ベクトル）＋（潮流ベクトル）

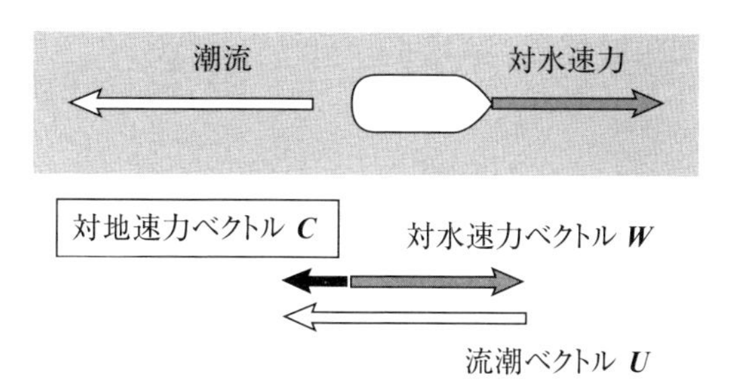

船の進行方向を正とする座標を使うと，対水速力ベクトルの成分は +5 m/s，潮流ベクトルの成分は −7 m/s で，よって，対地速力ベクトルの成分は，

（対地速力）＝（+5）＋（−7）＝ −2 m/s

解 2-10

「座標 1」を用いた場合：

衝突前の相対速度　$v - 0 = v$　　衝突後の相対速度　$-v - 0 = -v$

衝突前の相対速度の絶対値　$|v| = v$　　衝突後の相対速度の絶対値　$|-v| = v$

「座標 2」を用いた場合：

衝突前の相対速度　$(-v) - 0 = -v$　　衝突後の相対速度　$v - 0 = v$

衝突前の相対速度の絶対値　$|-v| = v$　　衝突後の相対速度の絶対値　$|v| = v$

第3章

並進運動

3.1 並進運動と運動の法則

船の方向や傾斜を考えるときには，船の大きさを無視することができなくなります。

このような場合，船の大きさは考慮に入れても，変形をしない物体：**剛体**（rigid body）として考えると，船の挙動を把握することが容易です。第3章から第5章までは剛体の取り扱いについて学びます。

大きさを持つ物体の運動では，代表点を1つ決めると考えやすくなります。物体のどの点を代表点に選んで運動を調べてもよいのですが，一般には**重心**を代表点として考えます。

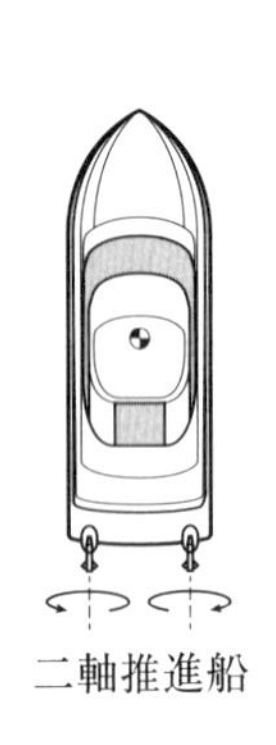

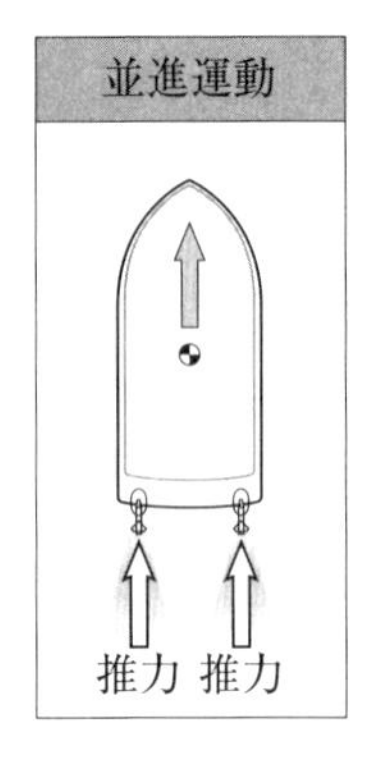

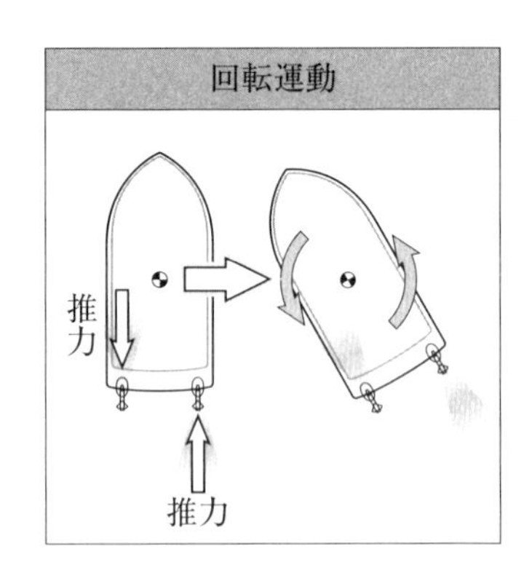

図3.1　並進運動と回転運動

図3.1は二軸推進の小型船です。二軸両方を同じ回転数で回すと，左右均等な推進力を得て，船の各点は真っすぐ前方に移動します。すべての点が同じ方向に平行移動する運動を**並進運動**と呼びます。一方で，二軸を反対方向に回し，大きさが等しいけれども方向が逆の推進力が発生した場合，船の各点は**重心**を中心として船首を回頭します。これを重心まわりの**回転運動**と呼びます。

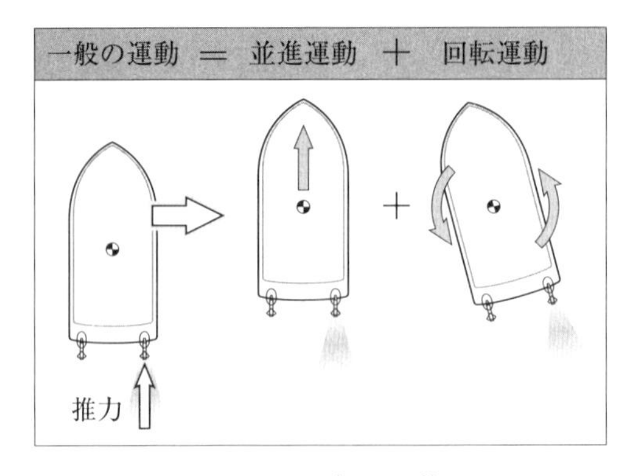

図3.2　一般の運動

一般の船の運動は，これらの2つの組み合わせと考えることができます。図3.2のように，2つの軸に発生する推進力が異なるとき，運動を重心の**並進運動**と重心まわりの**回転運動**とに分解するとわかりやすいことが多いのです。

ポイント 3.1　重心の並進運動と回転運動

原　　則：大きさを持つ物体の運動は，重心について考える。

並進運動：物体のすべての点が重心と同じ方向に平行移動する運動

回転運動：物体のすべての点が重心のまわりに回転移動する運動

この章では並進運動の調べ方を詳しく学び，第4章では回転運動の取り扱い方を学んでいきます。さらに，第5章では並進運動と回転運動の組み合わせとなる複雑な場合について解説します。

なお，物体が静止あるいは等速直線運動している場合には，どこを代表点としてもかまいません。また，複雑な問題では重心以外の物体の一部が固定されている場合がありますが，そのような場合の取り扱いについては第5章で紹介します。

ところで，重心の位置を具体的に求めるためには回転運動に関する知識が必要ですが，次の第4章で解説することにしますので，ここでは重心の概略のみを紹介します。

重心の位置は，1点で支えることができる場所を探すことで特定することができます。図3.3のような箱型の物体では，2つの方向それぞれについてバランスの取れる位置を探し，それらをあわせることで平面上の重心の位置が求まります。

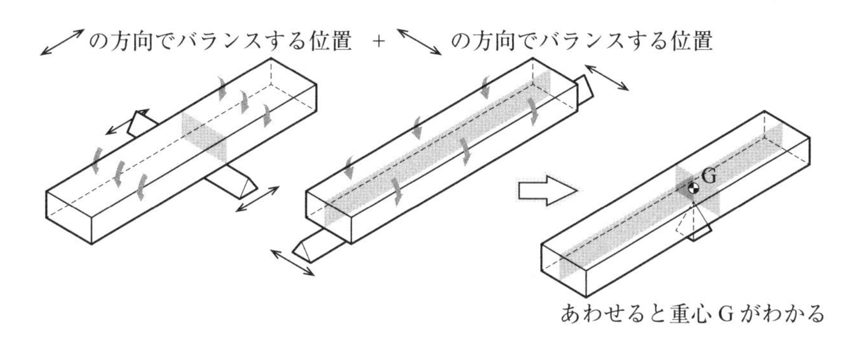

図3.3　平面上の重心の求め方

基礎的な物理で勉強するニュートン力学では，通常，物体を「大きさを持たない質点」として扱います。質点は運動に関する3つの法則にしたがいますが，大きさを持つ物体も同じ法則にしたがいます。

ポイント 3.2　運動の法則

(1) 第1法則：**慣性の法則**（物体に加わる合力がゼロのとき，物体は**静止**または**等速直線運動**）

(2) 第2法則：**運動方程式**

（力の和）＝（質量）×（加速度）

(3) 第3法則：**作用・反作用の法則**

それぞれの法則を，次節以降で詳しく説明します。

3.2 慣性の法則

物体に働く力の和（**合力**）の大きさがゼロとなるとき，物体は**静止**または**等速直線運動**を行います。等速直線運動とは，物体が方向と速さが変わらない運動です。

ポイント 3.3　慣性の法則

物体に働く合力がゼロのとき，物体は静止または等速直線運動を続ける。

例題 3-1　図のようなボートに，水平方向の推力 F_T（水をプロペラで後ろに押すことで，ボートを前方に推す力）と抗力 F_D（水からの抵抗力）が同じ大きさで反対向きに働いているとき，ボートの水平方向の運動を説明しなさい。また，ボートの垂直方向に，重力 F_W と水からの浮力 F_B（「いろいろな力」の項で詳しく説明）が同じ大きさで反対向きに働いているとき，ボートの垂直方向の運動を説明しなさい。

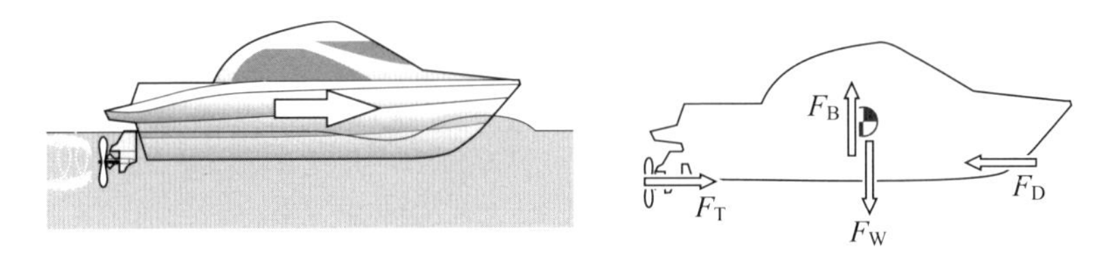

— 解答 —

水平方向の合力を計算すると，$F_T + (-F_D) = 0$。よって，ボートは水平方向に静止または等速直線運動することになる。また，垂直方向の合力を計算すると，$F_B + (-F_W) = 0$。よって，ボートは垂直方向にも静止または等速直線運動することになる。

例題 3-2　図のような物体が斜面で静止または等速で滑っているとき，物体には重力 F_W，垂直抗力 F_N，摩擦力 F_f が働いている。この3つの力の合力を図に表しなさい。

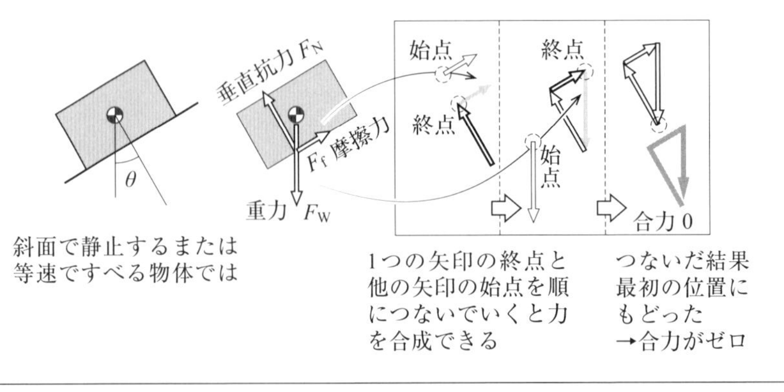

— 解答 —

力のベクトルの合力がゼロになるときには，3つの力のベクトルの始点と終点をつないでいくと，最初のベクトルの始点と最後のベクトルの終点が一致する（3つの矢印は「閉じる」)。このとき，物体は静止または等速直線運動する。

（発展）もし3つの力のベクトルが「閉じない」とき，物体は合成したベクトルの方向に加速することになります。

最初の始点と最後の終点がずれていると合力は非ゼロ

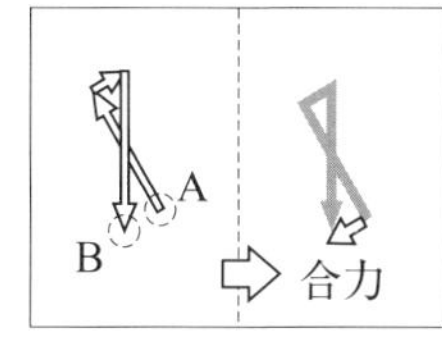

始点Aから終点Bに引いた矢印が合力。物体は合力の方向に物体は加速する。

図 3.4 閉じたベクトルの和と閉じないベクトルの和

3.3 運動方程式

ニュートン力学の第2法則は**運動方程式**と呼ばれ，力と直線的な運動の関係を表します。質点の運動だけでなく，並進運動の場合でもこの運動方程式は成り立ちます。

運動方程式を立てるには，「物体に作用する力を明らかにする」ことや「加速度」を明確にすることが必要です。特に，運動方程式を立てたい物体にどのような力が働いているのかを明らかにするために，**自由物体線図**（Free Body Diagram）を使います。自由物体線図をかくと，運動方程式を正確に立てることができ，複雑な問題でも解けるようになります。

並進運動の特徴は，自由物体線図をもとに重心の運動方程式を立て，第2章の運動学的な知識を使って理解することができます。

ポイント 3.4 自由物体線図と運動方程式

(1) 着目する物体を選び，おおまかな形をかく。

(2) 物体に作用する力（矢印と量）をすべて記入する。

(3) 座標軸をかきこむ。

(4) 運動方程式を立てる。

ポイント 3.4(3) の座標軸について，物体の運動を測定するには，縦・横・上下の3つの方向に位置を測るための「ものさし」である**座標**を設定しますが，位置の値が必要なことはあまりなく，座標の方向がわかればよいことがほとんどです。このため，自由物体線図をかくときには座標の原点を示すことなく，座標の方向を示す**座標軸**をかきこみます。図3.5のように，三次元の運動を調べるときは3つの座標軸をかきこみますが，平面内の運動を調べるときには2つの座標軸をかきこみます。

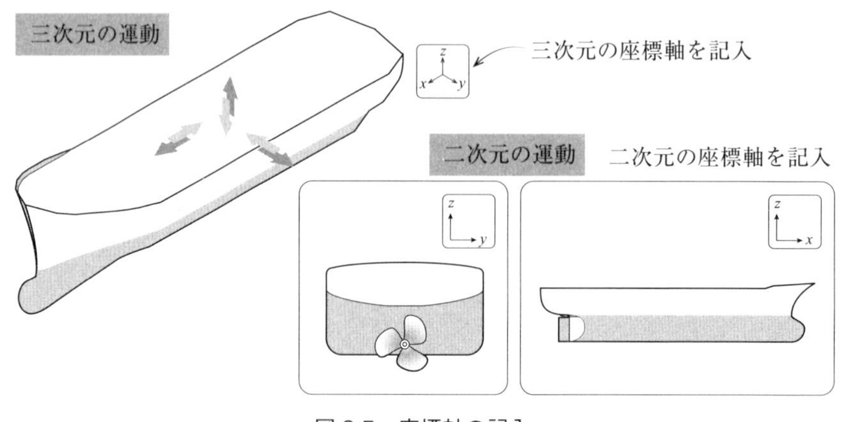

図3.5　座標軸の記入

ポイント3.4(4)の運動方程式を立てる際には，(2)でかきこんだ力の矢印の方向と(3)の座標軸の方向を比較し，同じ方向であれば正の力として＋の符号，異なる方向であれば負の力として－の符号をつけて，力の和を求めます。

ポイント3.5　運動方程式

座標軸の方向ごとに，運動方程式を立てる。

（力の和）＝（質量）×（加速度）

力の和を記入するときには，力の符号を決める。

座標軸と力の矢印が同じ　…　符号は＋

座標軸と力の矢印が異なる　…　符号は－

例題 3-3　図のような質量 m のボートがクレーンでつり下げられている状態について，自由物体線図をかき，運動方程式を立てなさい。ただし，量記号として以下のものを使うこと。

ボートにかかる重力 F_{W}，ワイヤーによる張力 F_{T}

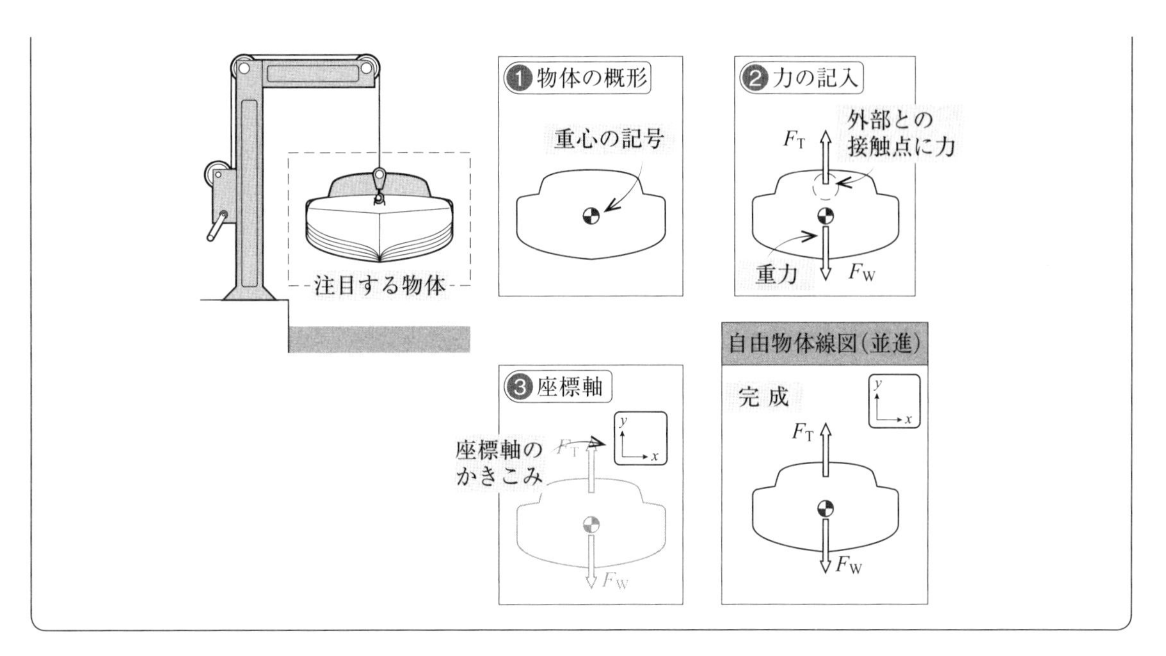

— 解答 —

ポイントの手順にしたがって，並進運動を解くための自由物体線図をかく。

① ボートのみに注目して，その概略をかく。

② 外部から作用している 2 つの力を矢印で表し，量記号（または数値）を記入する。

③ 座標軸をかきこむ（例題では，横と縦の正の方向を決め，それぞれに x と y という座標名をつけた）。

④ 完成した自由物体線図（並進）をもとに，運動方程式を立てる。力は垂直方向にしか働かないので，水平方向の運動方程式は立てないことにする。

運動方程式の要素は，力の和，質量，加速度であるが，このうち力の和については，座標軸の方向にしたがって量記号に ± をつけて，足し算する。また，今静止しているので加速度はゼロとする。

$$（垂直方向の運動方程式）\quad F_T + (-F_W) = m \times 0$$

（補足）例題のように位置変化がない場合や等速で運動している場合には，加速度はゼロとなります。他の書籍では，加速度がゼロの運動方程式を**力のつり合い式**と呼んで区別しますが，本書では，必ず運動方程式を立てた後に，加速度をゼロとかきこむことにします。

例題 3-4 ボートの質量を m，プロペラによる推力（船を前に推す力）を F_T，水の抗力（船にかかる抵抗力）を F_D，浮力を B，重力の係数（重力加速度）を g とする。このときの自由物体線図は，右図のようになる。図中の座標をもとに，

(1) 水平方向の運動方程式

(2) 垂直方向の運動方程式

を立てなさい。

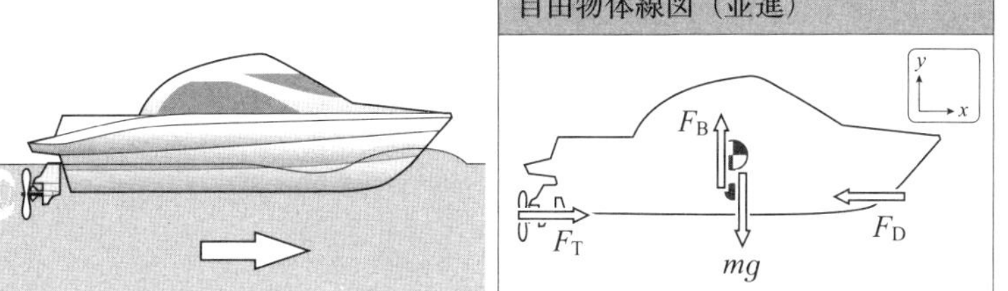

— 解答 —

x 方向について：$(-D) + (+T) = ma$

y 方向について，高さが変化しないから，垂直方向の加速度は0なので，

$$(+B) + (-mg) = m \times 0 = 0$$

（浮力 B と重力 mg は，同じ大きさでつり合っている）

船の運動の名称

大きさを持つ船では，並進運動の移動方向や「ゆれ」それぞれに名称があります。

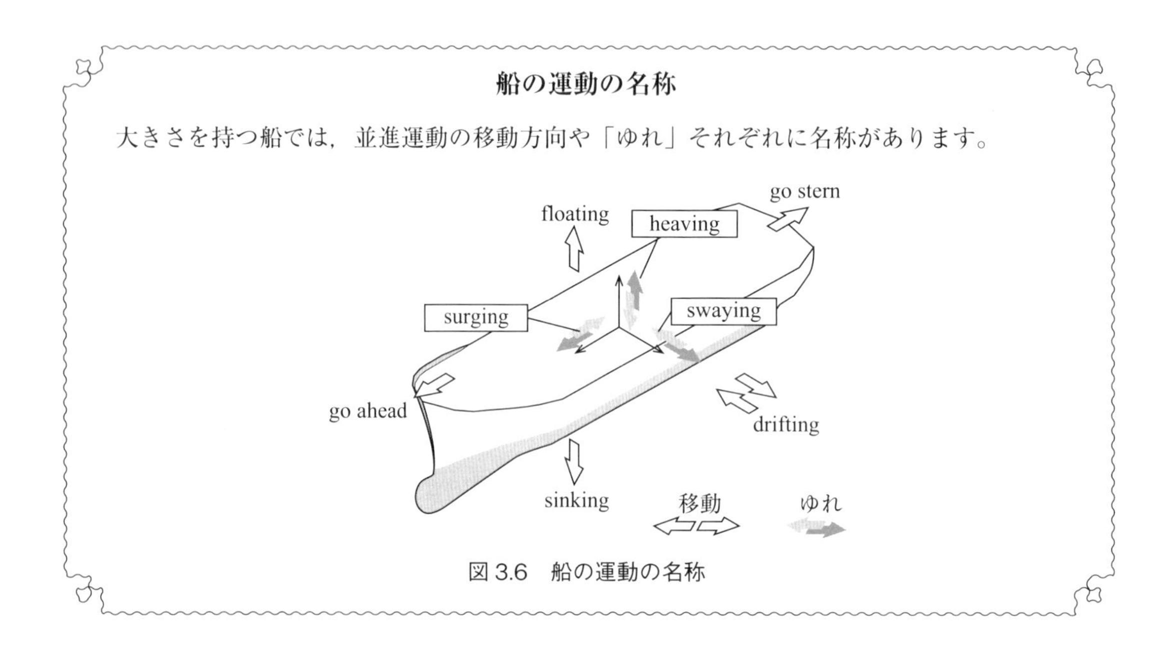

図3.6　船の運動の名称

3.4　作用・反作用の法則

物体が他の物体を押す（**作用**）と，必ず押した向きと反対方向に，押したのと同じ大きさの力で押し返されます（**反作用**）。ここで重要なのは，2つの力がそれぞれ異なるものに作用することで，考えるときには「何がどのような力を受けている」などのように，主語をつけると考えやすくなります。また，作用と反作用の量記号ですが，異なる力であることを強調するために異なる量記号をあててもよいのですが，同じ大きさなので同じ記号をあてた方が変数が一つ減って問題が解きやすくなります。

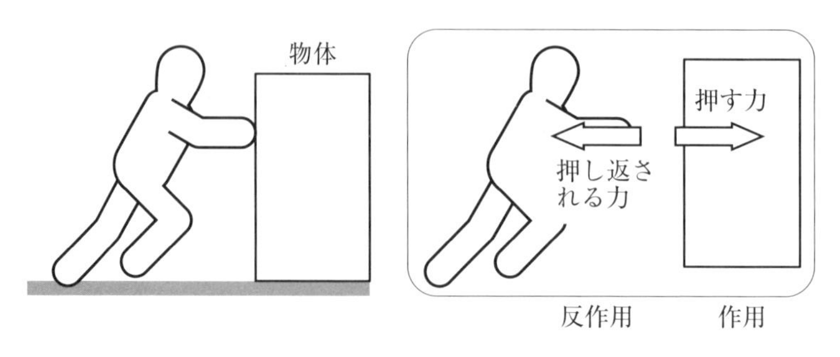

図3.7　作用と反作用

ポイント 3.6　作用・反作用の法則

物体が他の物体に力を及ぼす（作用）とき，必ず物体は，他の物体から同じ大きさで反対向きの力（反作用）を受ける。

人や乗り物に働く推進力（推力）は，作用・反作用を用いています。

例題 3-5　自動車を動かす「駆動力」，船のスクリュープロペラによる「推力」，船のオールによる「推進力」が発生する理由を説明しなさい。

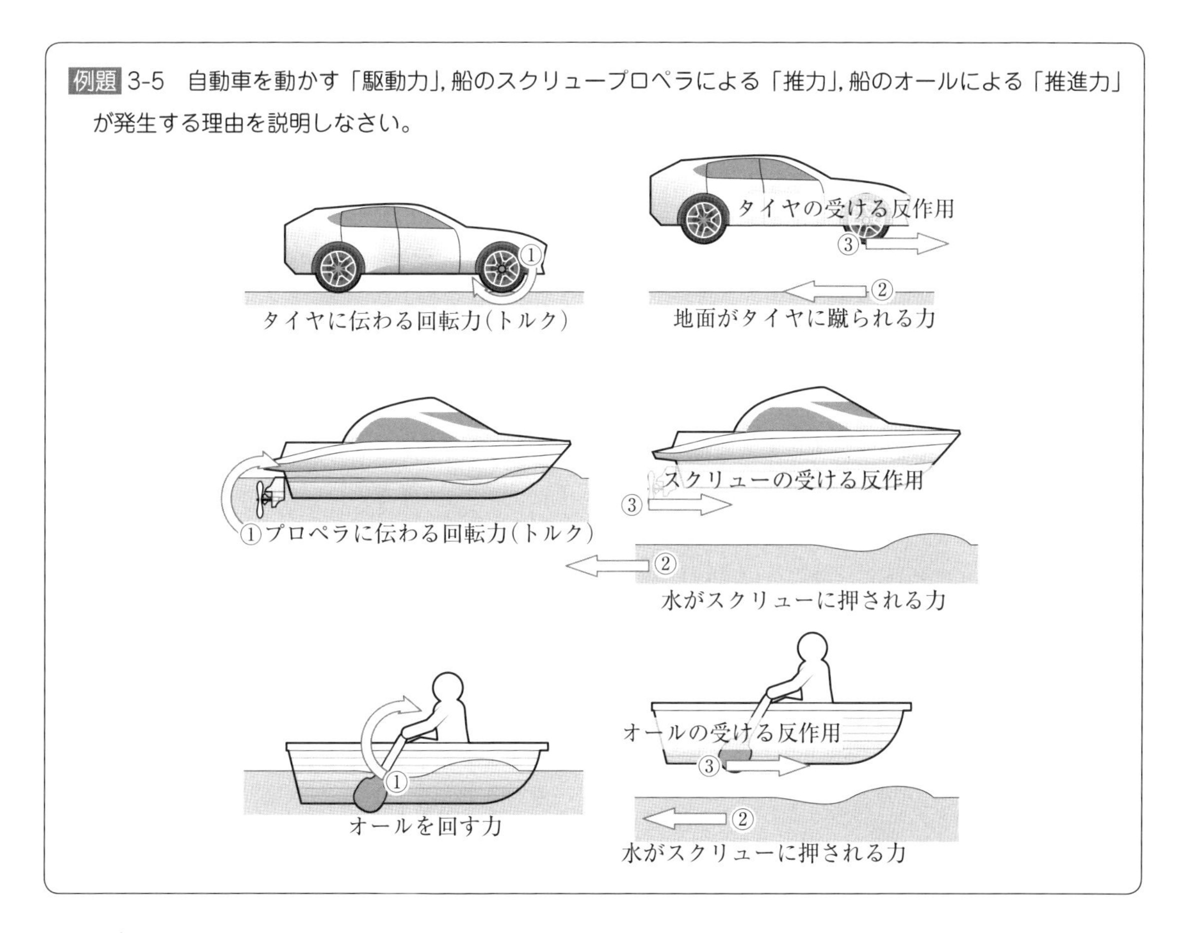

— 解答 —

自動車は，駆動輪を回転させることでタイヤが地面を蹴り（作用），その反作用（摩擦力）を駆動力として前へ進む。

スクリュープロペラを持つ船は，スクリューにより水を後方へかき出した（作用）反作用を推力として前へ進む。

オールによる手漕ぎの船は，オールにより水を後方へ押し出し（作用）た反作用を推進力として前へ進む。

3.5 いろいろな力

物体の運動を調べるためには，物体に作用するいろいろな力を明らかにしなければなりません。最初に，力には大きく２種類があります。物体に直接接触しなくても働く力か，接触してはじめて伝わる力かです。本書では，接触しなくても働く力を**物体力**，接触によって働く力を**接触力**と呼ぶことにします。さらに接触力は，物体が固体との接触で発生する場合と，**流体**との接触で発生する場合にわけて考えます。ここで，流体とは液体と気体とをあわせた分類です。

ポイント 3.7　物体力と接触力

(1) 物体力（Body Force）：物体に接触しなくても働く力（非接触力）

(2) 接触力（Contact Force）：物体に接触することによって働く力

　① 固体との接触

　② 流体との接触

(1) 物体力（非接触力）

物体力は，物体に接触しなくても働く非接触力です。代表的なのは**重力**（Gravity, Gravitational Force）で，最も基本的な力です。

これ以外にも，電磁気力（電荷，磁荷に比例する力）があります。

ポイント 3.8　物体力（非接触力）の代表：重力

接触しなくても作用する力，質量に比例する。

- 地球表面での重力は，質量 × 重力加速度（重力を計算するための定数）
- 質量を m，重力加速度（重力を計算する定数）を g とすると，$m \times g$

物体に作用する重力は，地球表面では物体の質量に比例するのですが，このときの比例係数には「重力加速度」という名前がついています。重力は力の一種ですから，後述の「運動方程式」では「力」の部分に代入しなければなりません。しかし，この「重力加速度」という言葉に惑わされて，「運動方程式」の加速度に代入する人が多く見られます。

重力を図にかきこむ際には，物体の中心に重心の記号をかき，そこから鉛直下向きにベクトル（矢印）をかきこみます。また，矢印のそばには重力の大きさを表す数値や量記号をかきます。本書では，重力の量記号として，F_W や質量 × 重力加速度（mg，Mg など）を用います。

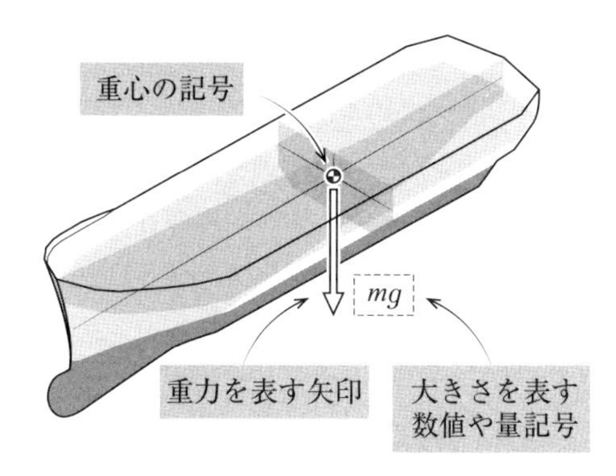

図 3.8　重力の記入

練習 3-1　例題 3-3 のボートの質量を $m = 2400$ kg，重力加速度を $g = 9.80$ m/s^2 として，重力を mg とかくと，自由物体線図は次のようになる。図をもとにボートが静止しているときの運動方程式を立て，ロープの張力 F_T を求めなさい。

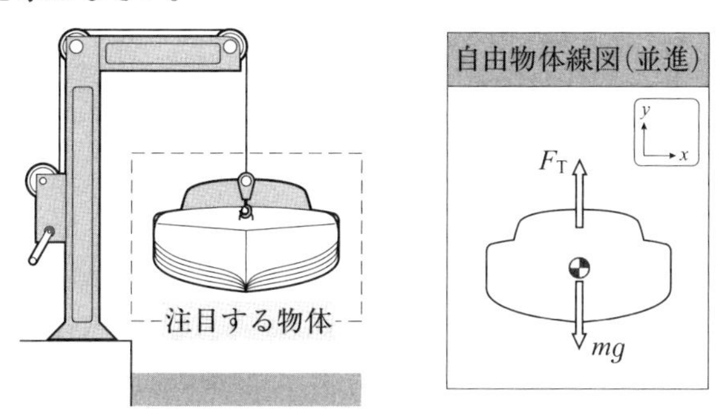

(2) 接触力

① 固体との接触

（ア）　垂直抗力と接線力

物体に接触するものから物体が受ける力で，物体の表面に垂直な方向と接線方向にわけて考えることが多くあります。**垂直抗力**（Normal Force）は，物体が他の物体と接触するとき，接触面に垂直に働く力です。また，接線力（Tangential Force）は，接触面に平行に働く力で，代表例は摩擦力（次の項で説明）です。

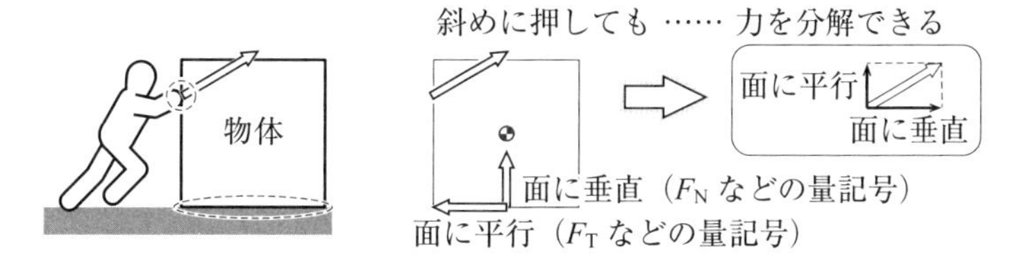

図 3.9　力の分解

垂直抗力の量記号には，一般に Normal Force の頭文字をとって，N とかくことが多いのですが，単位の N（ニュートン）と混同する人が多く見られます。そこで本書では，垂直抗力として F_N（力

の F に, Normal の N を添え字とする）を用い, 対する接線力を F_T（Tangential の T を添え字とする）のように記載することがあります。

次の図 3.10 は, 錨（アンカー）を上げ下げするウインチとそのブレーキです。錨が落下するとき, ブレーキレバーを押してウインチのブレーキホイールに押しつけると, ブレーキレバーは, ブレーキホイールの曲面から垂直な方向と曲面の接線方向に力を受けます。

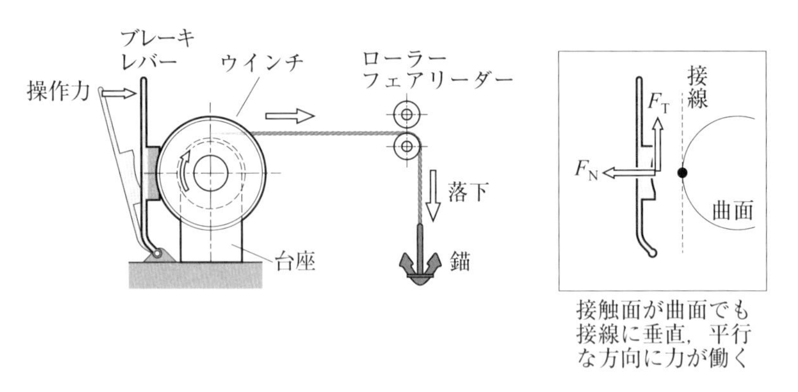

図 3.10　ドラムブレーキとブレーキレバー

（イ）　張力

物体がロープや鎖などと接触するときには, ロープなどに引かれる方向にしか力が働きません。図 3.11 の左図はロープで水平に物体を引いていますが, 右図は斜め上方に引いています。それぞれの張力（Tension）の方向は, 下図の矢印の方向になります。本書では, 張力の量記号に Tension の T や, 力を表す F に T の字を添えた F_T などを使います。

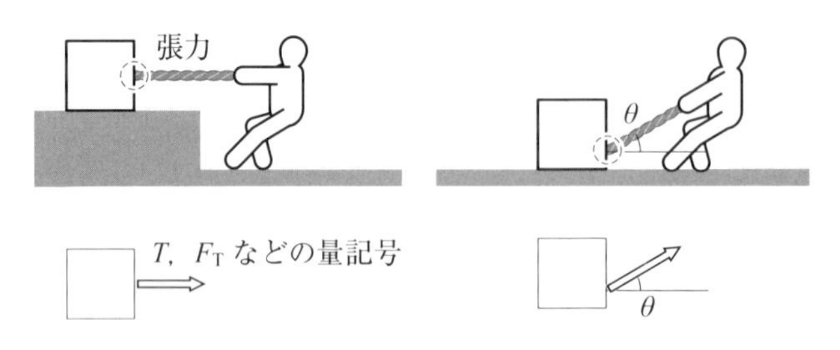

図 3.11　張力の記入

船の荷役(にやく)では, 滑車がよく使われます。滑車とロープを別々に考えると, 図3.12の中央図のように, ロープから受ける力は複雑です。そこで, 右図のように滑車と接触しているロープの一部のみは滑車の一部と考えると, 非常に簡単になります。縦方向では, ロープの「滑車と接している部分」と「接していない部分」の境目に張力をかきこみます。図では, 左右の張力が異なっていて, それぞれを T_1, T_2 とした場合をかいています。

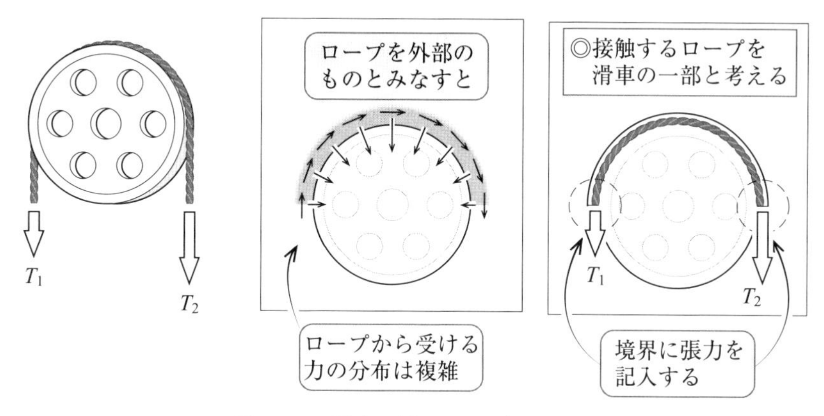

図 3.12　滑車に働くロープによる力

（ウ）　弾性力

弾性力は，ばねや金属，ゴムなどの弾性体が，外部との接触により伸び縮みするときに発生する力です。ばねや金属などでは，弾性力が弾性体の「伸び」に比例する「フックの法則」にしたがいます。

図 3.13 では，自然長のばねに物体をつなぎ，ばねに「伸び」を与えるよう物体を移動させると，物体はばねに引かれ，左向きの弾性力が作用します。逆に，ばねに「縮み」を与えるよう物体を移動させると，物体はばねに押され，右向きの弾性力が作用します。このときの力の大きさは，フックの法則の法則によって表されます。

ポイント 3.9　フックの法則（ばねの場合）

ばねの発生する力 = ばね定数 × 伸び（縮み）

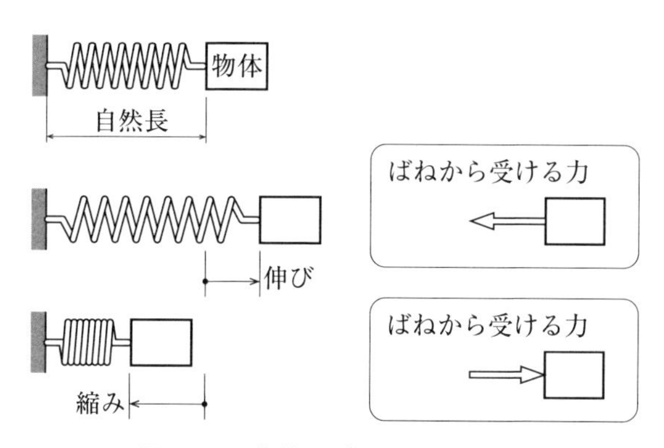

図 3.13　物体がばねから受ける力

（エ）　摩擦力

固体同士が接触するときに発生する摩擦力（Friction，Frictional Resistance など）は，接触面の接線方向に発生する力です。

ポイント 3.10　摩擦力の特徴

① 摩擦力は，見かけの接触面積に依存しない。

② 摩擦力は，垂直抗力に比例する。

③ 静止摩擦係数，動摩擦係数は一定である（特に動摩擦係数は速度に依存しない）。

④ 静止摩擦係数 > 動摩擦係数である。

静止摩擦力は，物体と外部との接触点の間に滑り（相対的な運動）がないときの摩擦力で，他の力の合力と同じ大きさで，反対方向に働きます。しかし，静止摩擦力には限界があり，最大静止摩擦力（静止摩擦係数と垂直抗力の積）までしか大きくなることができません。

これに対して，動摩擦力は，物体と外部との接触点の間に滑りがあるときの摩擦力で，動摩擦力の大きさは一定（動摩擦係数と垂直抗力の積）で，物体の運動の反対方向に働きます。

ポイント 3.11　静止摩擦力と動摩擦力

摩擦力 f が静止摩擦力のとき，

- 他の力の合力と「同じ大きさ」「反対方向」
- 最大静止摩擦力 $f_{\max}$ は，(静止摩擦力 μ_s) × (垂直抗力 F_N)

$$f \leqq \mu_s \times F_N$$

摩擦力 f が動摩擦力のとき，

- 物体の運動と逆方向
- 一定の力：(動摩擦力 μ_d) × (垂直抗力 F_N)

例題 3-6　物体をロープの張力 T で引く。T を最初ゼロから徐々に大きくしていったところ，直方体は動き出した。このときの摩擦力 f の大きさを，図に表しなさい。ただし，直方体に作用する垂直抗力を F_N，重力の係数（重力加速度）を g，直方体と床との間の静止摩擦係数を μ_s，動摩擦係数を μ_d とする。

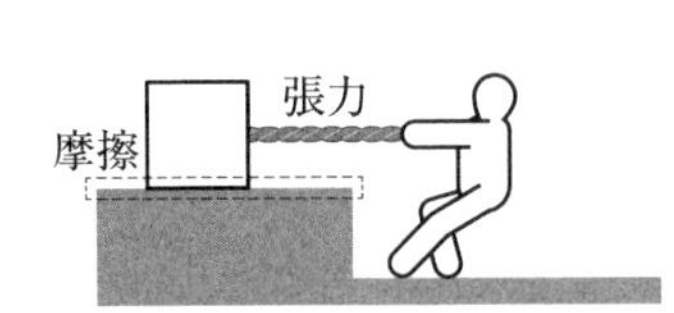

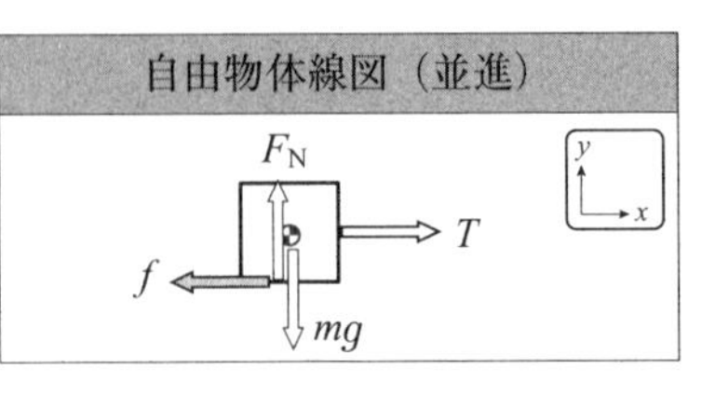

— 解答 —

ロープの張力 T をゼロから徐々に大きくしていく。T が小さいとき（左図），静止摩擦力 f も同じ大きさで逆向きの力を発生する。

静止摩擦力の最大値 f_{max} は $\mu_s F_N$ であり，T が同じ値になるまで，摩擦力が大きくなる（中央図）。

$$f \leqq f_{max} = \mu_s F_N$$

T が f_{max} を超えると，直方体は動き出し，摩擦力 f は動摩擦となる。右図のように動摩擦力は $\mu_d F_N$ で一定である。

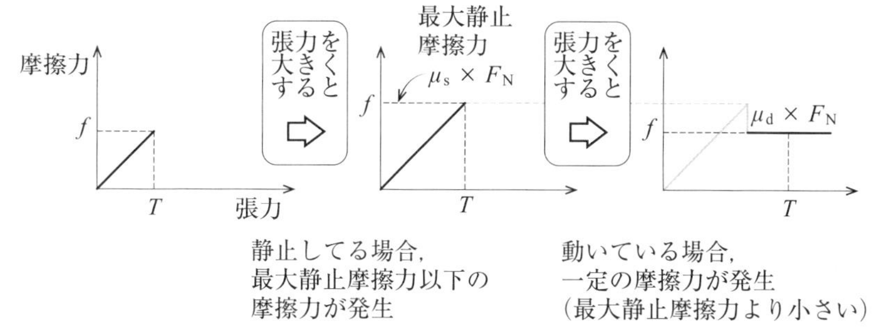

例題 3-7　物体を 2 人で引く。A はロープの張力 T_A で引き，B は張力 T_B で引く。$T_A > T_B$ のとき，

(1) 最初物体は静止していた。このときの摩擦力 f の方向と大きさを，図に表しなさい。

(2) T_A を大きくしていくと，やがて物体は動き出した。物体が動いているときの摩擦力 f の大きさを求めなさい。

ただし，物体に作用する垂直抗力を F_N，重力加速度を g，物体と床との間の静止摩擦係数を μ_s，動摩擦係数を μ_d とする。

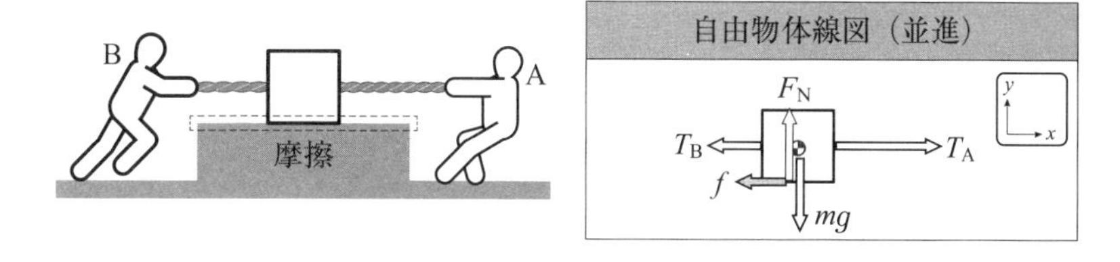

— 解答 —

(1) 水平方向の摩擦力以外の力の合力を求めると，右方向を正として $T_A - T_B$（> 0）となり，右向きの力となる。よって，摩擦力 f は，$(T_A - T_B)$ と反対向きの力である。

運動方程式は，$T_A - T_B - f = m \times 0$ となり，$f = T_A - T_B$

(2) 動いているときの摩擦力は，一定の大きさの動摩擦力となり，その大きさは $f = \mu_s F_N = \mu_s mg$ で，方向は動いている方向の反対方向となる。

② 流体との接触

船体の外部は水や空気に接しており，船体の内部でも，エンジン内は燃焼ガスや油や水に接しています。流体と接触する物体には，表面に垂直な方向の**圧力**と表面な方向の**せん断応力**（流体と物体の摩擦）

とが加わりますが，これらはいずれも Pa = N/m^2 を単位とする**単位面積あたりの力**として表されており，直接扱うことはあまりありません。実際には，圧力やせん断応力に面積をかけて力とし，それを分類し，**流体力**として扱います。

（ア）　圧力および圧力による力

流体から物体表面に垂直に働く力を圧力（Pressure）といい，流体が静止していても流れていても働きます。圧力は，流体が接触する部分にかかる力を，接触面積で割って求めます。

ポイント 3.12　圧力と圧力による力

圧力は，流体から物体に作用する単位面積あたりの力で，物体の表面に垂直に作用する。

圧力 [Pa] = 力 [N] ÷ 面積 [m^2]　↔　圧力による力 [N] = 圧力 [Pa] × 面積 [m^2]

圧力によって，面全体に働く力を圧力による力と呼びます。ピストンシリンダの内部にある流体は，ピストンに対して力を発生します。たとえば，図 3.14 のように，エンジン内の燃焼ガスがピストンを垂直に押したり，舵などを操作する油圧ピストン内で，外部から供給された油や空気がピストンを垂直に押すことで，大きな力を発生します。また，自動車のサスペンションなどで衝撃を吸収したり振動を抑えたりする部品をダンパーといいますが，基本的な構造としてピストンに微小孔が開いており，油が孔を通過する際に圧力が下がる仕組みになっています。

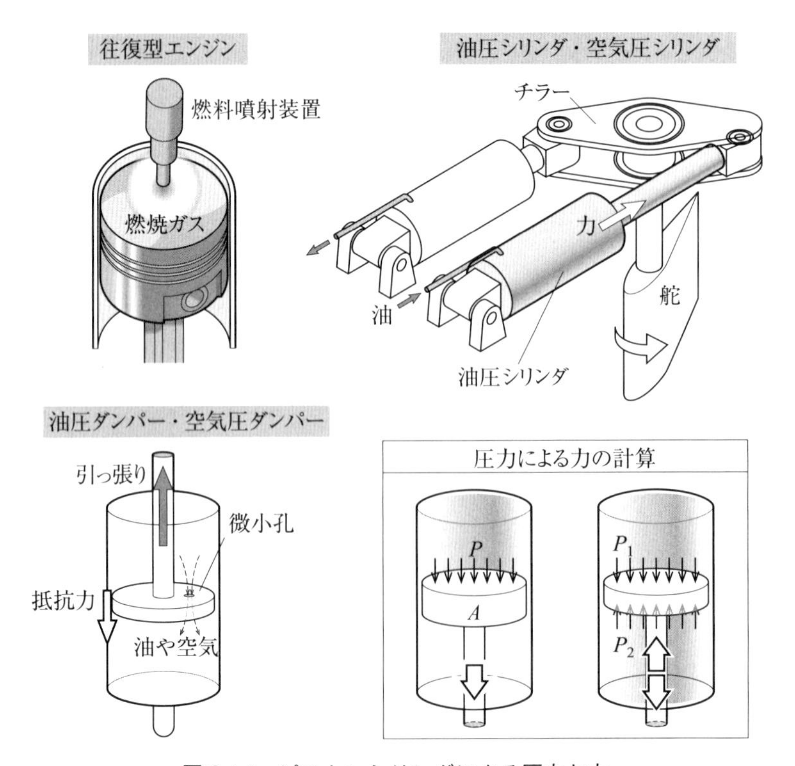

図 3.14　ピストンシリンダによる圧力と力

圧力による力は，ピストンの片側の圧力がもう一方を無視できるほど十分大きいときは，

$$(\text{圧力による力}) = (\text{圧力 } P\ [\mathrm{Pa}]) \times (\text{断面積 } A\ [\mathrm{m}^2])$$

ピストンの両側の圧力を考慮する場合は，

$$(\text{圧力による力}) = (\text{圧力差}(P_1 - P_2)) \times (\text{断面積 } A)$$

練習 3-2　ガソリンエンジンの燃焼圧力が 3 MPa のとき，直径 85 mm のピストンにかかる圧力による力を求めなさい。

練習 3-3　図 3.14 の左下図の油圧ダンパーで，ダンパーのピストンを上に押すと，シリンダ上部の圧力 P_1 が上昇し，下部の圧力 P_2 が減少する。このとき，ピストンに発生する圧力による力は，上下どちら向きに働くか，また，直径 40 mm のピストンで，圧力が $P_1 = 2.5$ MPa，$P_2 = 0.5$ MPa のとき，抵抗力を計算しなさい。

（イ）　せん断応力およびせん断力

平面の板の上を流体が流れるとき，流体の**粘性**という性質（流体で発生する摩擦）によって，平板に力が発生します。このときの力は，圧力の考え方と同じように，単位面積（1 m^2 など）あたりに発生する面に平行な力と考え，**せん断応力**と呼びます。

せん断応力から面全体に発生する力を**せん断力**と呼んで，次のように計算します。

ポイント 3.13　せん断応力とせん断力

せん断応力は，流れている流体から物体に作用する単位面積あたりの力で，物体の表面に平行に作用する。

せん断応力 [Pa] = 力 [N] ÷ 面積 [m^2]　⟷　せん断力 [N] = せん断応力 [Pa] × 面積 [m^2]

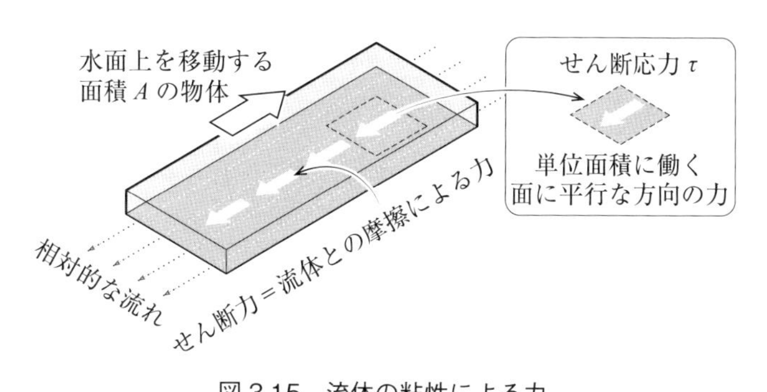

図 3.15　流体の粘性による力

（ウ）　流体力

図 3.16 のように先端が丸く，後端が尖った形状の断面を**翼型**と呼び，船の舵やジェットフォイルの水中翼，飛行機の翼の形に用います。静水（流れが止まっていること）と流動場（流れの中にあること）での，圧力とせん断応力の分布例を示します。

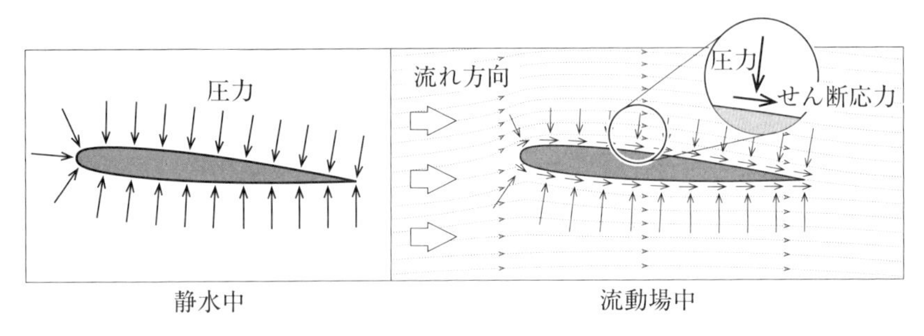

図 3.16　翼に働く圧力とせん断応力

流れがなければ，せん断応力は発生せず，圧力のみが加わります。流れがあれば，せん断応力が発生すると同時に，圧力の分布も変化します。

このような圧力やせん断応力などの単位面積あたりの力は，必要がない限り求めることはなく，通常は圧力，応力が作用した結果を，次に紹介する**浮力**，**揚力**，**抗力**などの流体力とまとめ直して考えます。

ポイント 3.14　船などにかかる圧力とせん断応力

流体力の源は，単位面積に作用する力で表される：

① 圧力

- 物体の表面に垂直に作用
- 流体が静止していても，流れていても作用する

② せん断応力

- 物体の表面に平行に作用
- 流体が流れているときのみ発生する

必要がない場合は，圧力やせん断応力を直接用いず，これらを物体の表面全体に足し合わせた，次のような力で表現する：

浮力，揚力，抗力など

(a) 浮力

浮力（Buoyancy）は，古代ギリシャの科学者アルキメデスによって発見されました。船にとっては非常に重要な力です。

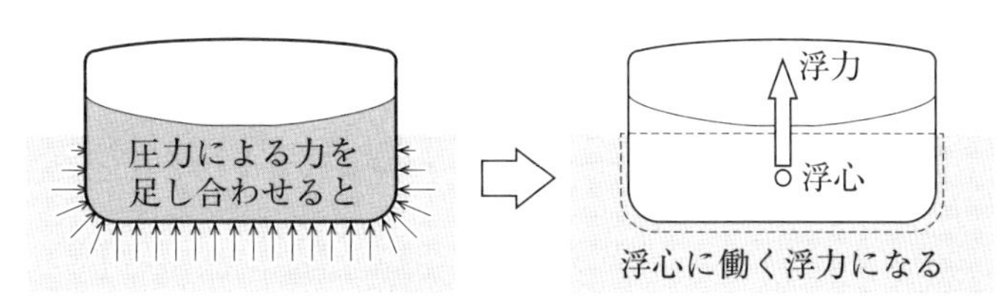

図 3.17　浮力

ポイント 3.15　浮力（アルキメデスの原理）

流体にひたされている物体に働く浮力は，以下のように計算できる。

（浮力の大きさ）＝（排除した流体の重量）

＝（排除した流体の密度 ρ）×（排除した体積 V）×（重力加速度 g）

浮力の方向：重力と逆方向

例題 3-8　図のような直方体の船（質量 M，長さ L，幅 W，高さ H）が密度 ρ の水に浮かんで静止している。喫水（船底から水面までの距離）d とするとき，浮心（浮力が作用する中心）の概略位置をかきこみ，自由物体線図を完成させ，垂直方向の運動方程式を立てなさい。ただし，重力加速度を g とする。

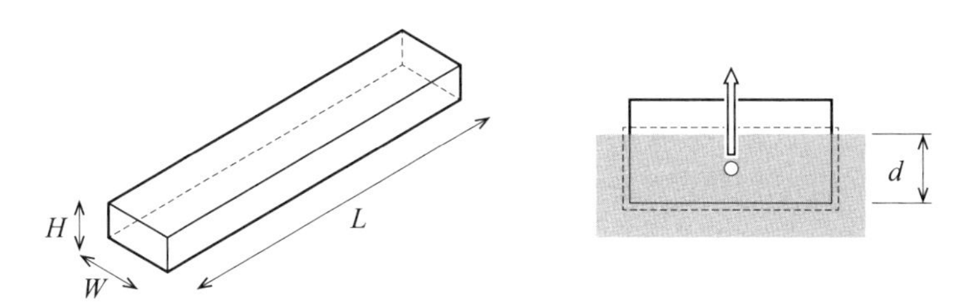

— 解答 —

図のように，浮心は水没している排除体積の中心付近にかく。また，浮力は，

$$(\text{浮力}) = (\text{水の密度}) \times (\text{排除体積}) \times (\text{重力加速度}) = \rho(LWd)g$$

よって，運動方程式は，

$$\rho(LWd)g - Mg = M \times 0$$

練習 3-4　質量 $m = 2400$ kg のボートをクレーンでつり下げていくと，一部が水に浸かった。ロープの張力を $F_{\mathrm{T}} = 10000$ N，重力加速度を $g = 9.80$ m/s^2 としたとき，自由物体線図は次のようになる。図をもとに運動方程式を立て，浮力 B を求めなさい。

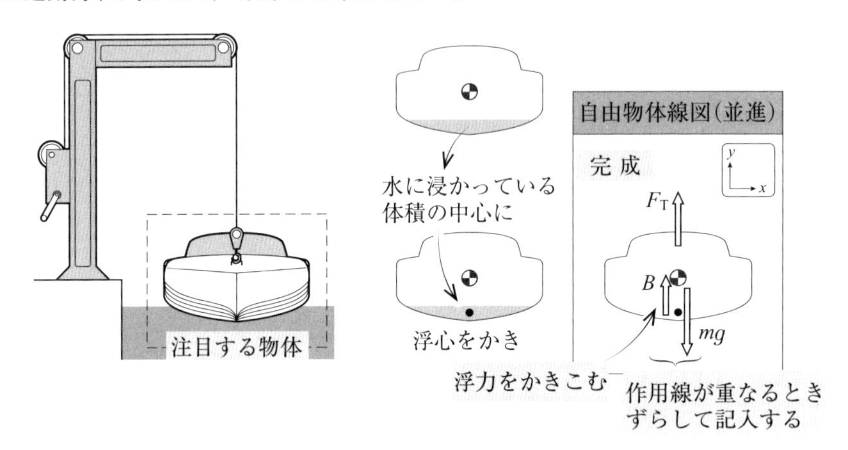

(b) 揚力と抗力

船体や舵，帆船やヨットの帆，蒸気タービン，ガスタービン内の翼などが，水や空気（流体）の流れの中におかれると，流体からの力が作用します。

流体からの力は，流れの方向と流れに垂直な方向に分けられ，それぞれに名前がついています。

ポイント 3.16　揚力と抗力

- 揚力（lift）

  流れの中におかれた物体が，流れに垂直な方向に受ける流体力。

- 抗力（drag）

  流れの中におかれた物体が，流れの方向に受ける流体力。

前出の図 3.16 の圧力とせん断応力は，全体にかかる「揚力」と「抗力」にまとめ直して使います。たとえば，ジェットフォルの下部に取り付けられている水中翼に働く圧力とせん断応力は，揚力と抗力にまとめられます。

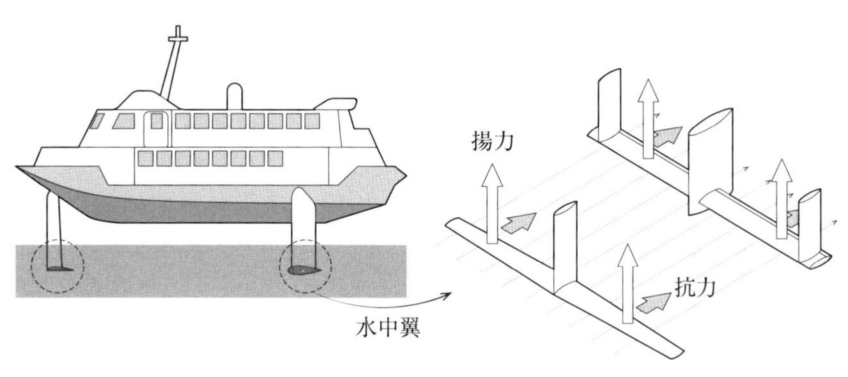

図 3.18　翼に働く揚力と抗力

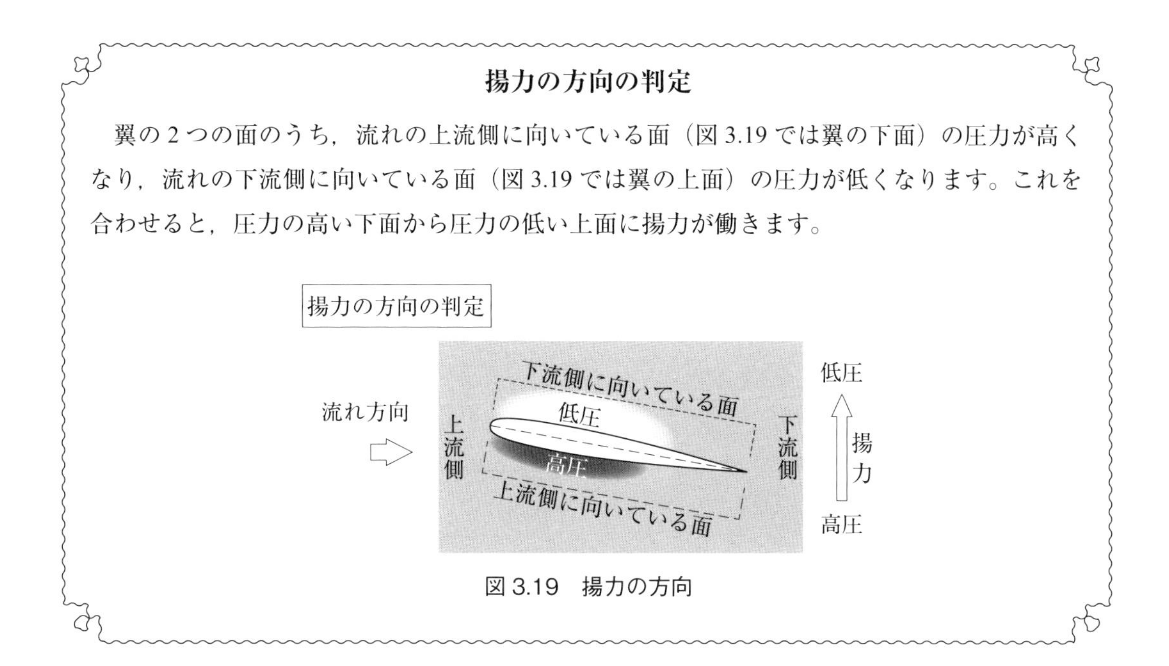

揚力の方向の判定

翼の 2 つの面のうち，流れの上流側に向いている面（図 3.19 では翼の下面）の圧力が高くなり，流れの下流側に向いている面（図 3.19 では翼の上面）の圧力が低くなります。これを合わせると，圧力の高い下面から圧力の低い上面に揚力が働きます。

図 3.19　揚力の方向

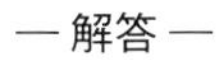
例題 3-9　ヨットの帆が風を受けているとき，帆に発生する揚力と抗力の概略を記入しなさい。

— 解答 —

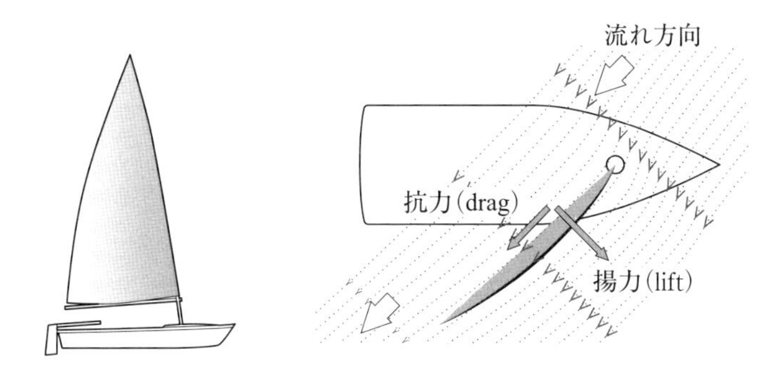

船に働くいろいろな力

船には，いろいろな力（流体力）が働きますが，重力以外は基本的に流体力の仲間です。

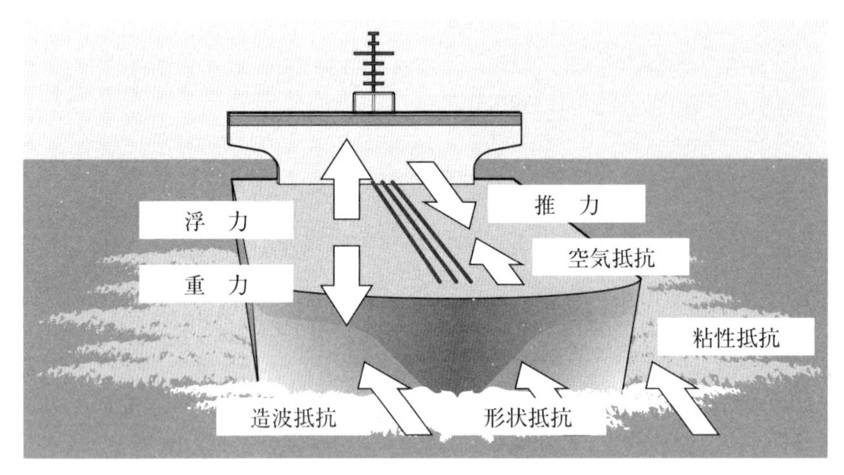

図 3.20　船に働く流体力

3.6　系

系（system）とは，物が集まって秩序をなすことです。たとえば，太陽「系」（Solar System）では，太陽のまわりを惑星が秩序を持って動いています。

荷物を積んだ船の運動を解析するときなどに，船と荷物で別々の運動方程式を立てることもありますが，通常は，船と荷物の「集まり」と考えて1つの運動方程式を立てると，簡潔に船の運動を考察できます。

船と荷物を1つの系と考えても，別々の物と考えても間違いではありません。必要に応じて便利な物を対象として，運動方程式をつくります。何について調べたいのかを考えて，系を設定します。

例題 3-10　クレーンによるコンテナの積み下ろしでは，ワイヤの先の「スプレッダ」と呼ばれる機械でクレーンをつかみ，上げ下げする。

コンテナの質量を $M = 3000$ kg，スプレッダの質量を $m = 500$ kg，ワイヤの張力を F_{T}，スプレッダがコンテナを持ち上げる力を F_{N}，コンテナとスプレッダの加速度を a，重力加速度を $g = 9.80$ m/s^2 とするとき，

(1) コンテナ，スプレッダそれぞれの運動方程式を立てなさい。

(2) コンテナとスプレッダを 1 つの系として，運動方程式を立てなさい。

(3) コンテナを上方向に $a = g/20$ で持ち上げるときの F_T と F_N を求めなさい。

(4) コンテナを上方向に $a = g/20$ で下ろすときの F_T と F_N を求めなさい。

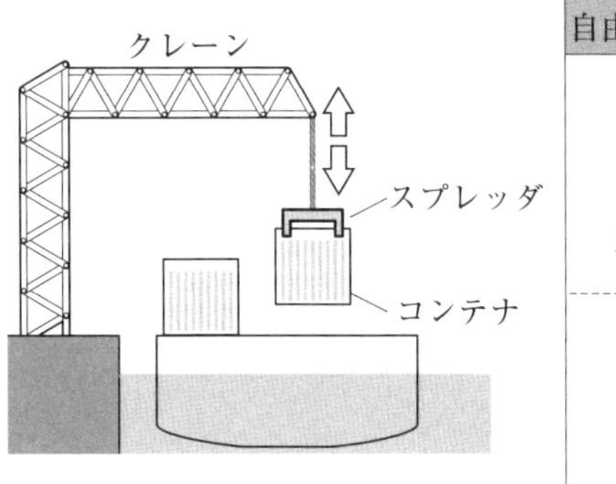

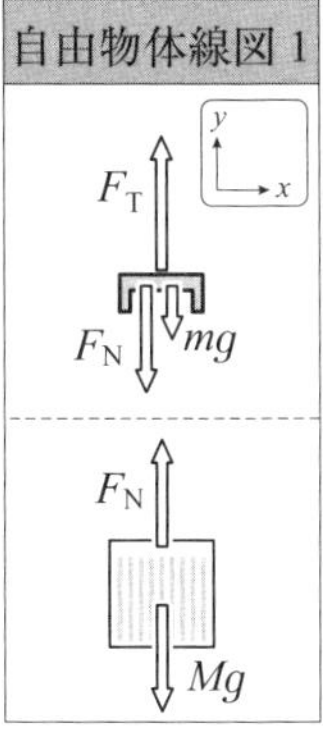

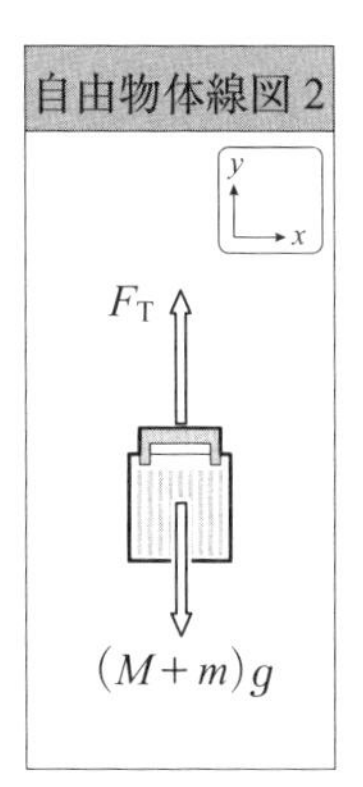

— 解答 —

(1) コンテナ：$F_N - Mg = Ma$　　スプレッダ：$F_T - F_N - mg = ma$

(2) $F_T - (M + m)g = (M + m)a$

(3) $F_T = (M + m) \times (a + g) = (M + m) \times (g/20 + g) = (M + m) \times \left(\dfrac{21}{20}\right)g$

$F_N - Mg = Ma \qquad F_N = M(a + g) = \dfrac{21}{20}Mg$

(4) $F_T = (M + m)(a + g) = (M + m)(-g/20 + g) = \dfrac{19}{20}(M + m)g$

$F_N - Mg = Ma \qquad F_N = M(a + g) = -\dfrac{19}{20}Mg$

例題 3-10 のように，2 つ以上の物体が一体で動く場合には，一つ一つの物体について，別々に運動方程式を立てるよりも，まとめた「系」として考えると問題が簡単になります。この際，別々に立てた運動方程式で現れる相互作用（例題 3-10 では F_N）は，「内力」（系の内部で働く力）となり，「系」の運動方程式には現れなくなります。

例題 3-11　質量 M の船に，質量 m の荷物が載っているとき，船に働く浮力を F_B，船と荷物の間に働く垂直抗力を F_N（垂直：normal），船と荷物の間に働く摩擦力を F_f（摩擦：friction），重力加速度を g，プロペラによる船の推進力を F_T（推力：thrust），水による抵抗力を F_D（抗力：drag），船と荷物の加速度を a とする。

(1)「船」，「荷物」それぞれの自由物体線図から運動方程式を求めなさい。

(2)「船と荷物の系」についての自由物体線図から運動方程式を求めなさい。

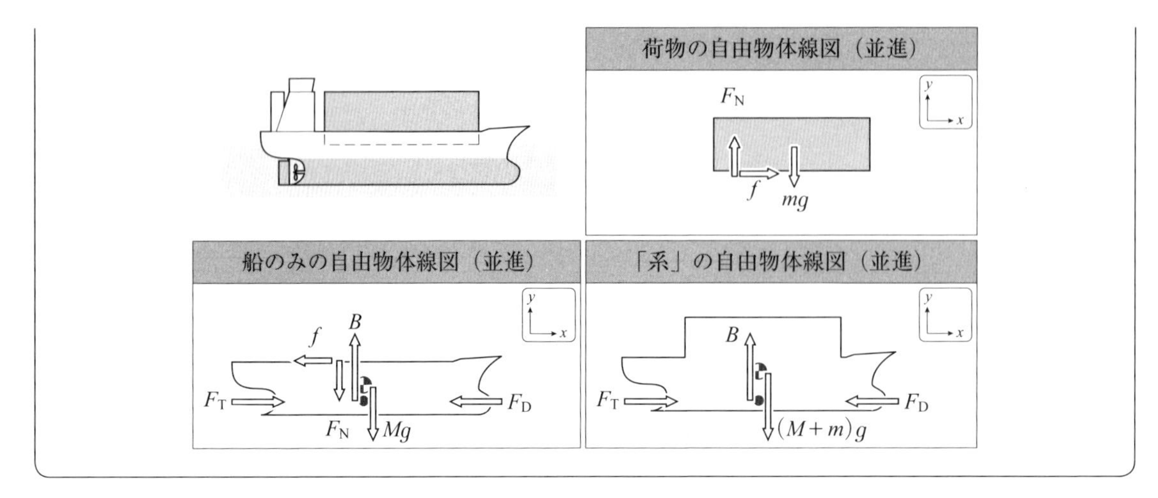

— 解答 —

(1) まず,「荷物」「船」それぞれの自由物体線図を作図すると右上図と左下図になる。完成した自由物体線図をもとに,それぞれの座標軸方向の運動方程式を立てる。「船と荷物」(船と荷物の系)は一体で動くとすると，水平方向加速度は両方とも a となるが，垂直方向には動かないので垂直方向加速度は0となる。

「荷物」

(x 方向)　$F_f = m \times a$

(y 方向)　$F_N - mg = m \times 0$

「船」

(x 方向)　$F_T - F_D - F_f = M \times a$

(y 方向)　$B - Mg - mg - F_N = M \times 0$

(2)「荷物と船の系」についての自由物体線図を作図すると右下図のようになる。運動方程式を，荷物と船（質量が $m + M$）の系について考えると,

(x 方向)　$F_T - F_D = (m + M) \times a$

(y 方向)　$B - (m + M)g = (m + M) \times 0$

3.7　応用

3.7.1　摩擦力

ここでは摩擦力に関する，少し高度な例題を紹介します。

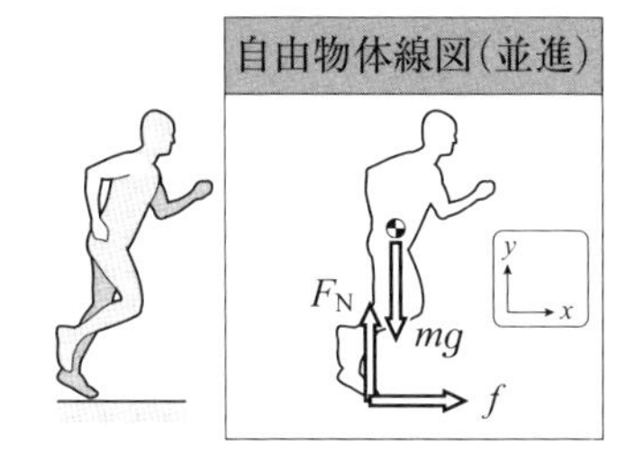

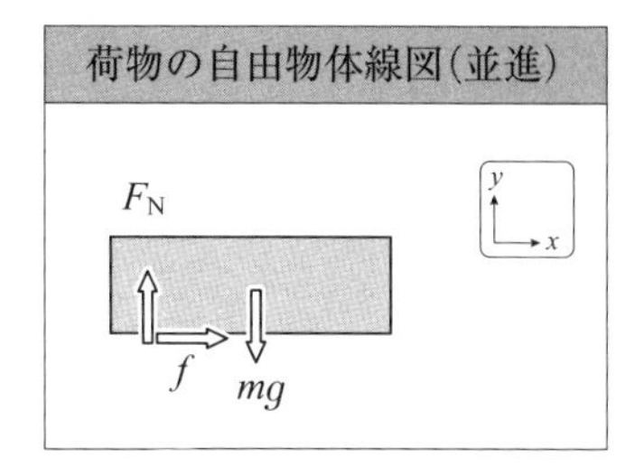

図 3.21　摩擦力による加速

例題 3-12　摩擦力 f によって，人（図 3.21 の左図）や例題 3-11 の荷物（図 3.20 の右上図）が加速する。人や荷物の質量をそれぞれ m，重力加速度を g，垂直抗力を F_N，人地面，荷物と船の間の静止摩擦係数を μ_s として，次の設問に答えなさい。

（1）人が地面を蹴った反作用（摩擦力 f）で，重心を前方に加速度 a で加速させる。人の足と地面が滑らないで出せる最大の加速度を求めなさい。

（2）例題 3-11 で，船と荷物の間の静止摩擦係数を μ とするとき，荷物が滑らない最大の加速度を求めなさい。

― 解答 ―

(1) 人の運動方程式は

$$(x\ \text{方向})\quad f = m \times a$$

$$(y\ \text{方向})\quad F_N - mg = m \times 0$$

人の足が地面に滑らずに接地して，重心を前方に加速させるとき，人の足との間の摩擦力 f は静止摩擦力で，その最大値は最大静止摩擦力である。運動方程式（y 方向）から，$F_N = mg$ なので，最大静止摩擦力は $\mu_s F_N = \mu_s mg$。x 方向の運動方程式に代入して，最大の加速度 a は

$$\mu_s mg = ma \qquad a = \mu_s g$$

(2) 船が加速すると，荷物も船との接触部の摩擦力 f によって「滑らずに」加速することができる。「滑らずに」働く摩擦力は静止摩擦力で，その最大値は最大静止摩擦力である。運動方程式(y 方向)から，$F_N = mg$ なので，最大静止摩擦力は $\mu_s F_N = \mu_s mg$。これを例題 3-11 (1) の x 方向の運動方程式の f に代入すると

$$\mu_s mg = ma \qquad a = \mu_s g$$

このように，静止摩擦力を使って加速するとき，最大静止摩擦力を超えると，物体は外部と滑り始めてしまい，動摩擦力に変化します。滑っても前進することはできますが，動摩擦力（一定）は最大静止摩擦力よりも小さいので，前進の加速は小さくなってしまいます。

（発展）2つ以上の物体が一体で動く際には，例題 3-11 のように「系」全体の運動方程式を立てると簡単になりますが，一体で動くかどうかを調べるには，例題 3-12（2）のように個別に運動方程式を立てて調べる必要があります。

次の例題 3-13 は，斜面の物体が受ける摩擦力についてです。一般的には，自由物体線図 A のような「水平－垂直」の座標を使い，水平方向の運動方程式と垂直方向の運動方程式を立てます。このとき，重力 mg は y 軸と平行なので分解する必要はありませんが，F_{N} と f は x 軸，y 軸と異なる向きを向いているので，それぞれの方向を分解する必要があります。また，荷物が動くとき，水平方向 x と垂直方向 y，それぞれに加速度が生じる可能性があり，複雑になります。

自由物体線図 B のように，運動の可能性のある「斜面方向－斜面に垂直な方向」にあわせて座標を設定すると，重力 mg のみをそれぞれの方向に分解するだけでよく，また，加速度も斜面方向のみで，斜面に垂直な方向の加速度はゼロとなり，方程式が簡素化されます。

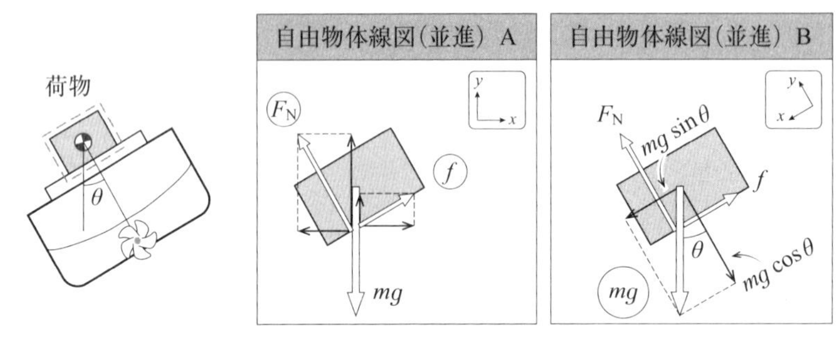

図 3.22　傾いた甲板上の荷物に作用する力

例題 3-13　図 3.22 のように，船の上に質量 m の荷物が置かれている。船の傾斜角 θ が 0 から徐々に大きくなると，やがて荷物が滑り落ちる。荷物と船の間の静止摩擦係数を μ_{s} とするとき，自由物体線図 B を用いて，

（1）荷物の静止状態での運動方程式を立てなさい。

（2）傾斜角 θ が徐々に大きくなるとき，滑らない最大の角度 θ_{max} を求めよ。

ただし，荷物の受ける垂直抗力を F_{N}，摩擦力を f，重力加速度を g とする。

— 解答 —

（1）x 方向の加速度を a として，

$$(x\text{ 方向})\quad mg\sin\theta - f = m \times a \tag{1}$$

$$(y\text{ 方向})\quad F_{\mathrm{N}} - mg\cos\theta = 0 \tag{2}$$

静止状態なので $a = 0$ として，x 方向は $mg\sin\theta - f = 0$。

（2）静止摩擦力の最大値は $\mu_{\mathrm{s}} F_{\mathrm{N}}$ なので，不等式：

$$f \leqq \mu_{\mathrm{s}} F_{\mathrm{N}} \tag{3}$$

が成り立つ。

式中で，未定の f，F_N を消去し，θ について整理すればよいが，式(3)が不等式なので，取り扱いが難しい。そこで，式(1)から f，式(2)から F_N を得て，式(3)へ代入すると，

$$mg\sin\theta \leqq \mu_s mg\cos\theta$$

整理すると，

$$\tan\theta \leqq \mu_s$$

$\tan\theta$ は θ の増加関数なので，θ の最大値を θ_{max} とすると，

$$\theta_{max} = \tan^{-1}\mu_s$$

ボルトとナットの力学

船内でも多くのボルトとナットが用いられていますが，接触するネジ山の斜面に摩擦力が働きます。

もともとネジ山は，三角形を円筒に巻きつけた「弦巻線」をかきます。

図 3.23 は「四角ネジ」と呼ばれるネジ山を持つボルトとナットですが，荷重 W がかかると，ボルトのネジ山の斜面に，ナットのネジ山が荷重 W で押しつけられることになります。一般のネジは，静的な荷重に対してゆるまないように，摩擦力を効果的に利用するように設計されています。

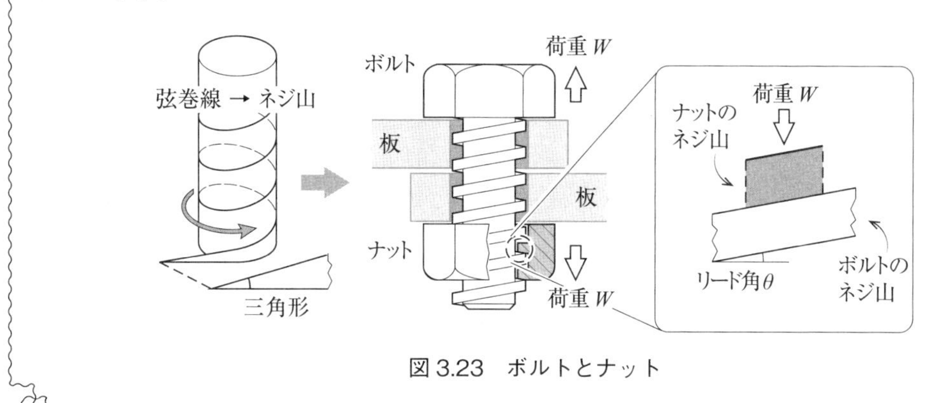

図 3.23 ボルトとナット

3.7.2 滑車

滑車（pully）は，船の荷役でも用いられる器具ですが，取り扱いには注意が必要ですので，ここで取り上げます。滑車は大きく**定滑車**と**動滑車**の 2 種類に分けられます。定滑車はロープを引く張力の方向を変えるために用いられ，動滑車は荷物を引く力を半分にするために用いられます。両者とも，ロープと滑車の接触点の取り扱い方が特殊です。

例題 3-14　次の上図のように左右に質量 m_1, m_2 ($m_1 < m_2$) のおもりをぶら下げた**定滑車**（質量 M）について，一般的には左右の張力 T_1 と T_2 は異なるが，質量を無視する（正確には慣性モーメントを無視する）とき，次の下図のように滑車の左右の張力は同じとなり，これを T とする。静かに手を放したときの加速度の大きさ a を求めなさい。ただし，重力の係数（重力加速度）を g とする。

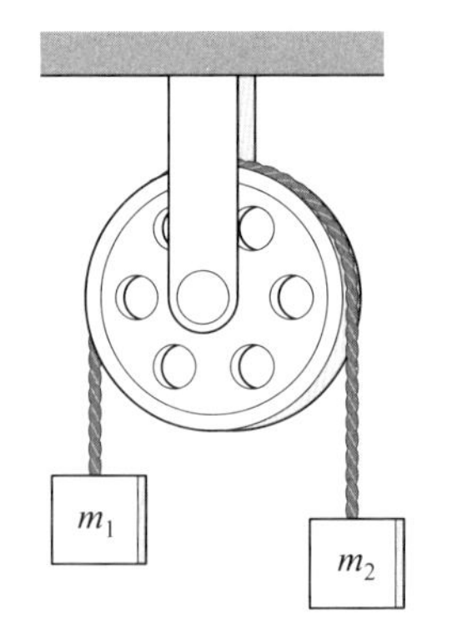

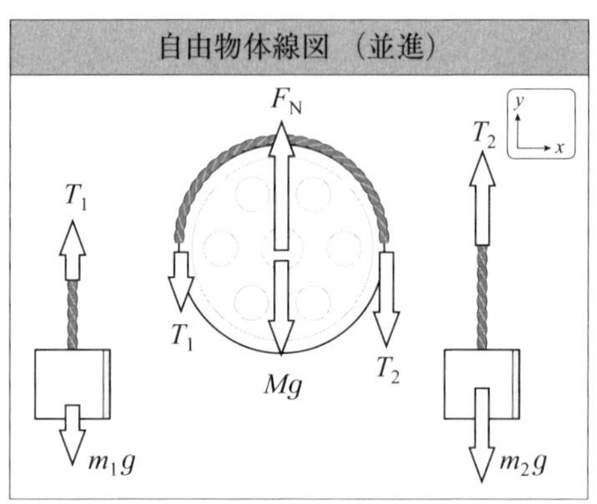

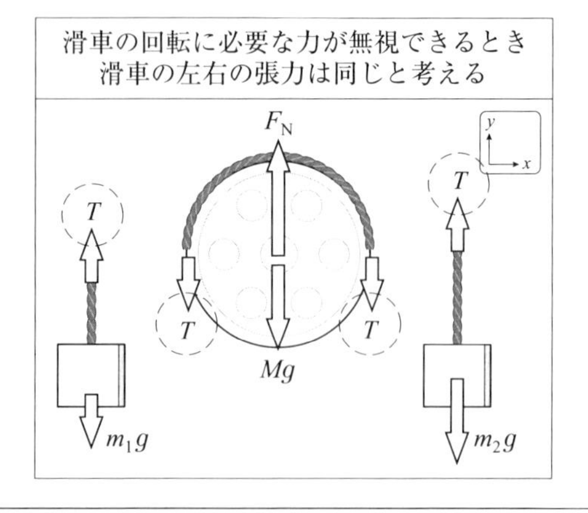

— 解答 —

図で，滑車を支える力を F_N としたとき，

$$（滑車の縦方向の運動方程式）: F_N - 2T = 0$$

おもり1とおもり2は同じ加速度で動くと考えるが，おもり1は上向きに加速するので，加速度の大きさ a に，座標の方向を加味して，加速度を $+a$ と表すと，

$$（おもり1の縦方向の運動方程式）: T - m_1 g = m_1 \times a \tag{1}$$

おもり2は下向きに加速するので，加速度の大きさ a に，座標の方向を加味して，加速度を $-a$ と表すと，

$$（おもり2の縦方向の運動方程式）: T - m_2 g = m_2 \times (-a) \tag{2}$$

式(1)から式(2)の辺々を引くと，

$$(m_2 - m_1)g = (m_2 + m_1)a \quad \rightarrow \quad a = \frac{m_2 - m_1}{m_2 + m_1}g$$

例題 3-15　図のように，荷重 W のおもりを取り付けた質量 M の**動滑車**について，張力 T_1 と T_2 で引き上げる（自由物体線図は次の中央の図）。滑車の質量と慣性モーメントを無視するときには，左右の張力は等しく，T と表すと，自由物体線図は右図のようになる。この動滑車について，

（1）上昇加速度を a とした場合の滑車の運動方程式を立てよ。

（2）定速で上昇した場合の張力 T を求めよ。

ただし，重力加速度を g とする。

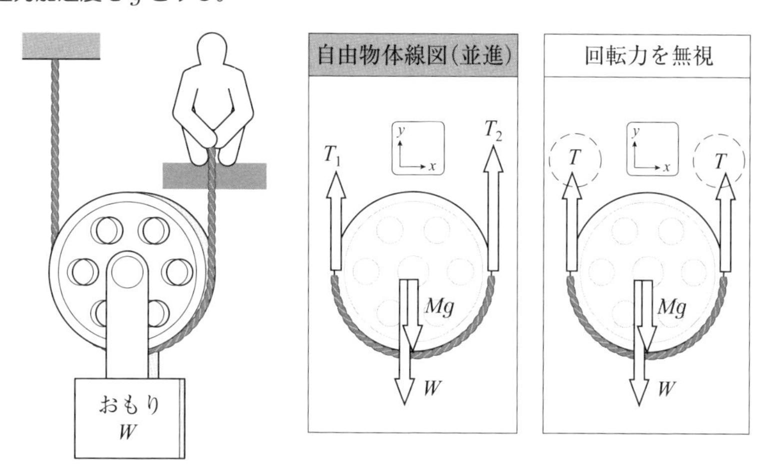

— 解答 —

(1) 滑車の運動方程式：$2T - Mg - W = Ma$

(2) 定速の場合，加速度はゼロとなるので，$2T - Mg - W = 0$

$$T = (Mg + W)/2$$

3.7.3　サスペンション

自動車の車体とタイヤの間には，サスペンションと呼ばれる部品が取り付けられています。サスペンションは，ばねとダッシュポット（ダンパー）を並列に接続します。舶用エンジンを船体に取り付ける場合にも，振動を抑えるためにダンパーを間に入れます。

例題 3-16　車体がサスペンションの上で振動するときの様子をモデル化すると，車体を1つの質量とみなす。質量 m の車体が，ばねから力 f_s，ダッシュポットから力 f_c を受けるとき，質量の加速度を a として，運動方程式を立てよ。

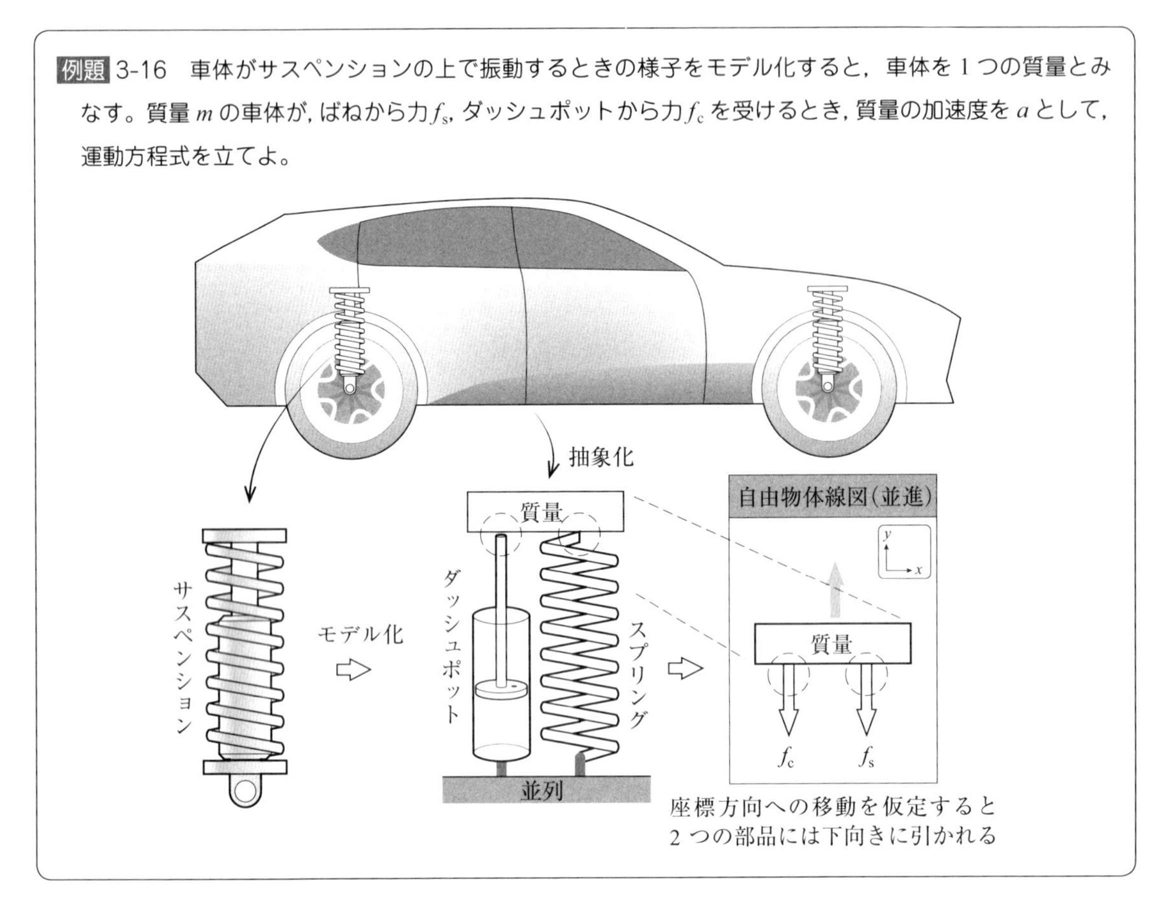

— 解答 —

ばねもダッシュポットも，質量が座標 y の方向へ移動すると，質量を y と逆方向へ引っ張る特性を反映して f_s，f_c の向きを y と逆と考えます。

$$(y\text{ 方向の運動方程式}):(-f_s)+(-f_c)=ma$$

（発展）サスペンションに取り付けられた質量の運動を解析するときには，次のような微分を用いた表現を用います。

ばねによる f_s：座標 y に比例して，$f_s = ky$（k はばね定数）

ダッシュポットによる f_c：y 方向の速度 dy/dt に比例して，$f_c = c\,dy/dt$（c は粘性係数）

質量の加速度 $a = d^2y/dt^2$ と表されるので，

$$-ky - c\frac{dy}{dt} = m\frac{d^2y}{dt^2}$$

3.7.4 トラス

トラスとは，棒状の部材をピンで固定するなど，回転の自由度を保ったまま，端点（接点という）を接合することで構成される構造です。面構造にするよりも軽量であり，また，解析も比較的容易です。トラスよりも強い構造にするには，溶接などで接点を固定し，各接点が力のモーメントも負担できるようにする方法があります。この構造をラーメン構造といいます。

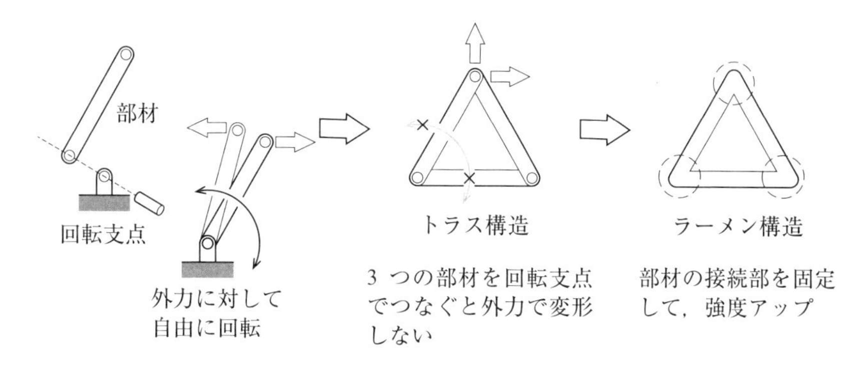

図 3.24 トラス構造とラーメン構造

トラス・ラーメン構造は，社会の至るところで利用されています。たとえば，鉄橋やクレーンなどが代表例です。

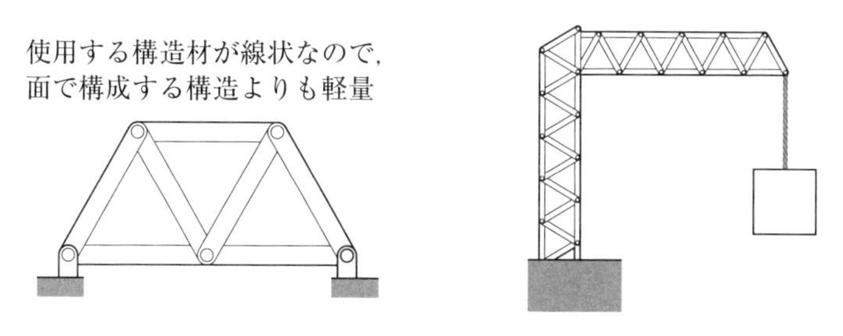

図 3.25 トラス構造による構造物

トラスの解析には,「接点法」と「切断法」の 2 種類が用いられます。ここでは，考え方の簡単な「接点法」を紹介します。

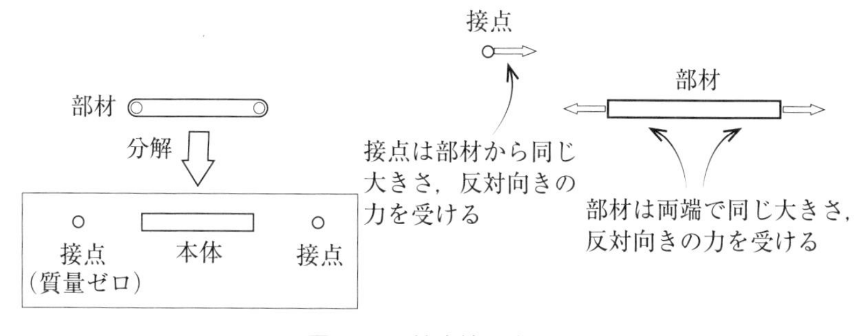

図 3.26 接点法の考え方

接点法は，部材をつなぐ接点に注目し，質量ゼロの物体と考えます。部材は，接点から引っ張られることを仮定します。各接点について，縦・横の運動方程式（つり合い式）を立てて，解きます。

例題 3-17　長さ L の3つの同じ長さの部材を，接点AからCまででピン接合した後，接点Aに外力 F を加えた。接点Aの自由物体線図を使って，部材ABおよび部材ACにかかる力 F_{AB}，F_{AC} を求めよ。

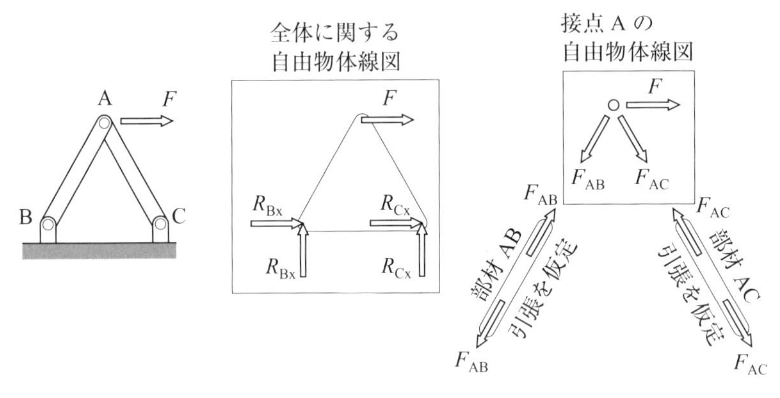

— 解答 —

3つの部材の長さは同じで，部材の端を接続すると，正三角形となり，角はすべて60°である。

接点Aについて自由物体線図をかくと，右図のようになる。

縦方向の運動方程式は，

$$-F_{AB}\cos 30° - F_{AC}\cos 30° = 0$$

よって，$F_{AC} = -F_{AB}$。

横方向の運動方程式は，

$$F - F_{AB}\sin 30° + F_{AC}\sin 30° = 0$$

$$F - 2 \times F_{AB}\sin 30° = 0$$

$$F_{AB} = 1/2\sin 30°\ F = F \quad \rightarrow \quad F_{AC} = -F$$

練習問題の解答

解 3-1

$$F_\mathrm{T} + (-mg) = m \times 0$$

$$F_\mathrm{T} = mg = 2400 \times 9.80 = 2.35 \times 10^4\,\mathrm{N} = 23.5\,\mathrm{kN}$$

解 3-2　圧力を P，ピストン直径を d，ピストン面積を A，圧力による力を F とすると，

$$F = PA$$

ピストン面積は $A = \pi d^2/4$ なので，

$$F = P \times \left(\frac{\pi d^2}{4}\right) = (3 \times 10^6) \times \left\{\frac{\pi(85 \times 10^{-3})^2}{4}\right\} = \frac{3 \times 10^6 \times \pi \times 85^2 \times 10^{-6}}{4}$$

$$= 6.81 \times 10^4\,\mathrm{N} = 68.1\,\mathrm{kN}$$

解 3-3　ピストンの上部の圧力のほうが下部の圧力を高いので，圧力による力はピストン下向きに働く。このときの圧力による力 F は，ピストン直径を d，ピストン面積を A とすると，

$$F = (P_1 - P_2)A = (P_1 - P_2) \times \left(\frac{\pi d^2}{4}\right) = (2.5 \times 10^6 - 0.5 \times 10^6) \times \left\{\frac{\pi(40 \times 10^{-3})^2}{4}\right\}$$

$$= \frac{(2.5 - 0.5) \times 10^6 \times \pi \times 40^2 \times 10^{-6}}{4} = 2.51 \times 10^3\,\mathrm{N} = 2.51\,\mathrm{kN}$$

解 3-4　（練習問題 3-1 に比べて，張力は浮力の分だけ小さくなっている）

$$F_\mathrm{T} + B + (-mg) = m \times 0$$

$$B = mg - F_\mathrm{T} = 2400 \times 9.8 - 10000 = 1.35 \times 10^4\,\mathrm{N} = 13.5\,\mathrm{kN}$$

第4章

回転運動の基礎

4.1 回転運動と運動の法則

第3章のポイント3.1で紹介したように，大きさを持つ物体に力が働くと，並進運動と回転運動に変化が起きますが，このときに，重心の並進運動と重心まわりの回転運動とにわけて考えると簡単になることを学びましたが，この章では回転運動の基本的な法則や回転運動の調べ方について，学びます。

地球が太陽のまわりを回転するとき，地球の重心が太陽のまわりを運動することを**公転**といい，地球が自分の重心のまわりを回転運動することは**自転**といいます。地球の運動を式で表すときには，公転に関する運動方程式または回転の運動方程式を立て，自転に関する角運動方程式を立てた方が，式が簡単になります。

一方，船の回転運動では，公転，自転のように呼ばず，公転に相当する運動を一般に**旋回**といいますが，自転に相当する運動を表す言葉ははっきりと決まっていないので，本書では**回頭**と呼ぶことにします。これ以外に船首方向が変わることを転針ということが多いのですが，一般の物体では回旋などと表現することもあります。

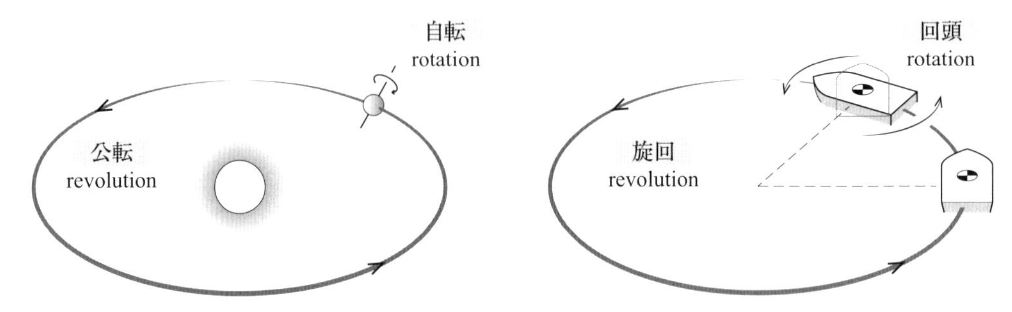

図4.1　重心まわりの回転運動

旋回運動は，第2章で学んだ質点の回転運動を用いて理解することができます。一方，回頭運動を始めとする重心のまわりの回転運動は，次の節の**回転運動の運動の法則**から理解する必要があります。

質点の運動，並進運動について，ニュートン力学の運動の3つの法則があったように，回転運動についても同様な法則が成り立ちます。

ポイント4.1　運動の法則（回転）

(1) 慣性の法則：力のモーメントの和がゼロの場合，静止または等速の回転運動を続ける

(2) 角運動方程式：

（力のモーメントの和）＝（慣性モーメント）×（角加速度）

(3) 力のモーメントの作用・反作用

4.1.1 慣性の法則

質点の運動，並進運動において，力が加わっていないか，合力がゼロの場合には，物体は静止または等速直線運動を行うものでした。

回転運動においても同様の法則が成り立ちます。力のモーメント（後述）が加わっていないか，その和がゼロの場合に，物体は，静止または等角速度の回転運動を続けます。

自動車や船のエンジンにおけるフライホイール（はずみ車）等はそれを応用したものです。内燃機関の出力軸には，フライホイールが取りつけられています。往復型の内燃機関では，機関が1回転または2回転に一度，間欠的に燃焼を行います。このため，エンジンから出力されるトルク（後述）は，燃焼中の強くなる瞬間と燃焼していない弱い瞬間が交互に発生します。これによって，エンジンは大きな振動が発生しますが，フライホイールが持つ回転の慣性によって，回転をなめらかにし，振動をおさえます。このように，慣性力によって回転が保たれる効果をはずみ車効果と呼び，GD2として示されます。

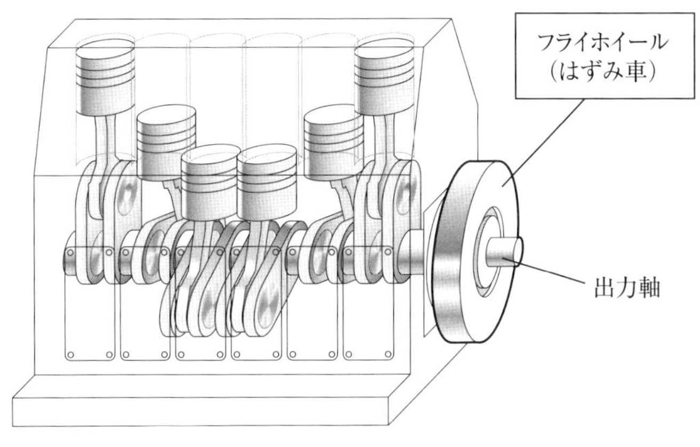

図4.2 フライホイール

4.1.2 角運動方程式の概要

物体に力が加わると，重心のまわりに回転運動の変化が起こります。この変化を表す式を，本書では**角運動方程式**（Angular equation of motion）と呼ぶことにします。

角運動方程式：(**力のモーメント**の和) = (**慣性モーメント**) × (**角加速度**)

回転運動を変化させるのは，**力のモーメント**（単位はN·m）ですが，他に**トルク**といういい方もあります。また，回転の加速度である**角加速度**は，rad/s^{2}の単位を使って表します。これら2つの量を結びつけるのが，物体のまわりにくさを表す**慣性モーメント**（単位はkg·m^2）です。

角運動方程式については，次の節で詳しく説明します。

4.1.3　作用・反作用

質点の運動，並進運動に，作用と反作用があったように，回転運動にも，作用・反作用があります。

図4.3のように，船では，回転軸でエンジンに接続されたスクリュープロペラがトルクを受け，水を後方にかき出します。このとき，船は，スクリューからの反作用のトルクを受けます。このトルクを受けて，船はスクリューの回転方向と逆向きに回転して，若干傾斜します。

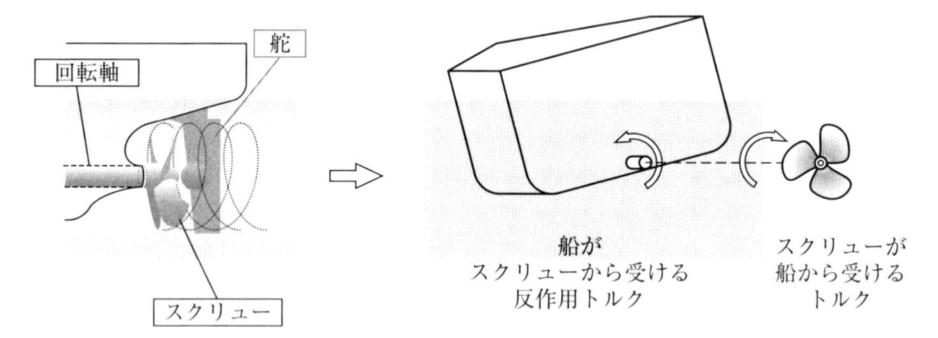

図4.3　回転の作用と反作用

4.2　角運動方程式

第3章で，大きさを持つ物体の運動は，並進運動と回転運動に分解できることを学びました。回転運動は，基本的に「回転の基準点」を重心として考えることにします。角運動方程式は，運動方程式から派生したもので，同じ形をしていることに注意しましょう。

運動方程式：(力の和) = (質量) × (加速度)

ポイント4.2　角運動方程式と回転運動の3要素

回転運動には，次の3つの要素が関係する。

① 力のモーメント：回転運動を起こす作用

② 慣性モーメント：物体の回転のしにくさ

③ 角加速度：物体の回転の速度変化

これらは，次の角運動方程式で結びつけられる。

(力のモーメントの和) = (慣性モーメント) × (角加速度)

角運動方程式は，教科書によって呼び方が異なります。

「回転の運動方程式」などがありますが，本書では「角運動方程式」と呼びます。

角運動方程式の各要素の詳細については次節以降に説明しますが，各要素の大まかな考え方と，角運動方程式の導き方を簡単に紹介します。

4.2.1 力のモーメントの概略

力のモーメントとは，物体を基準点のまわりに回転させる作用のことで，物体に力を加えることで発生させることができます。回転の基準点は，通常，重心を選びますが，回転の中心が明らかな場合には，その点を基準点に選ぶ方が簡単になる場合もあります。回転運動を知るためには，**力のモーメント**を計算する必要があります。

次の図のような「天びん」を考えてみましょう。天びんの 1 目盛りの長さを L とし，受け皿のおもさを無視します。左側，中心から距離が $4L$ におもり 1 個をつり下げると，力が加わり，天びんは左まわりに回転を始めます。力には，天びんを回転させる作用があることがわかります。天びんをつり合わせるには，右側の $4L$ の部分におもりを 1 個つけるとよいのですが，中心からの距離を半分（$2L$）にした点におもりを 2 個のせても天びんはつり合います。

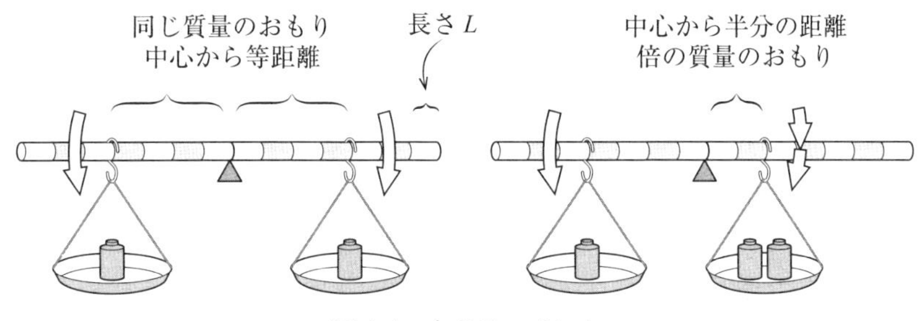

図 4.4 力のモーメント

これらのことから，天びんに加わる回転作用は，加えた力と支点からの距離の積が同じになればよいことが理解できます。同じ回転作用は，中心からの距離を L，おもりを 4 個にするなど，力と距離の組み合わせを変えれば，いくらでもつくることができて，これらの回転作用を**力のモーメント**と呼びます。

力のモーメントの単位は N•m ですが，これは仕事の単位 J（ジュール）= N•m と同じ形をしていますが，J（ジュール）とはかきません。仕事の単位の m は，移動距離を表していますが，力のモーメントの m は単に腕の長さを表しており，移動した量を表しているわけではありません。力のモーメントに回転させた角度 rad をかけると，はじめて仕事量となり，単位も J（ジュール）とかきます。

4.2.2 慣性モーメントの概略

大きさのあるバットでスイングの練習をするとき，バットウェイトリングと呼ばれるおもりをつけることがあります（図 4.5）。バットの根本に一定の力のモーメントを加え，左図のようにバットの中心あたりにリングをつけてスイングすると，リングをつけないときよりも，バットが振りにくくなります。また，リングをバットの先端につけると，同じ重さのリングですが，さらにバットが振りにくくなります。このように，物体に力のモーメントを加えたときの回転量は，物体の質量と質量をつける位置によって変わります。物体のまわりにくさは，**慣性モーメント**（Inertia of moment）と呼ばれ，単位は［kg･m^2］となります。詳細な定義やいろいろな形状の慣性モーメントの値は，以降の節で求めます。

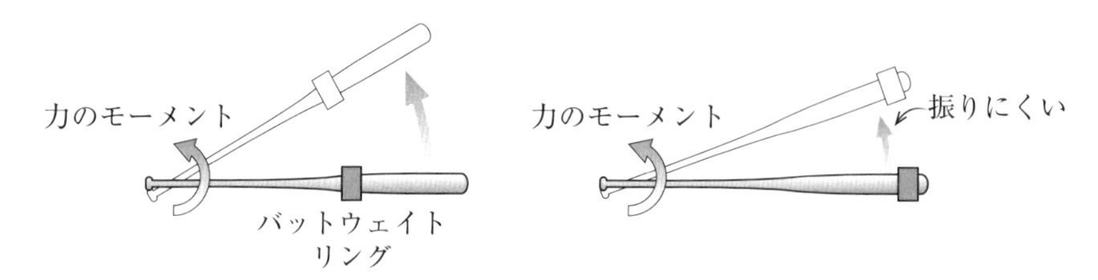

図 4.5　重心まわりの回転運動

慣性モーメントの代表的なものを図 4.6 に示します。

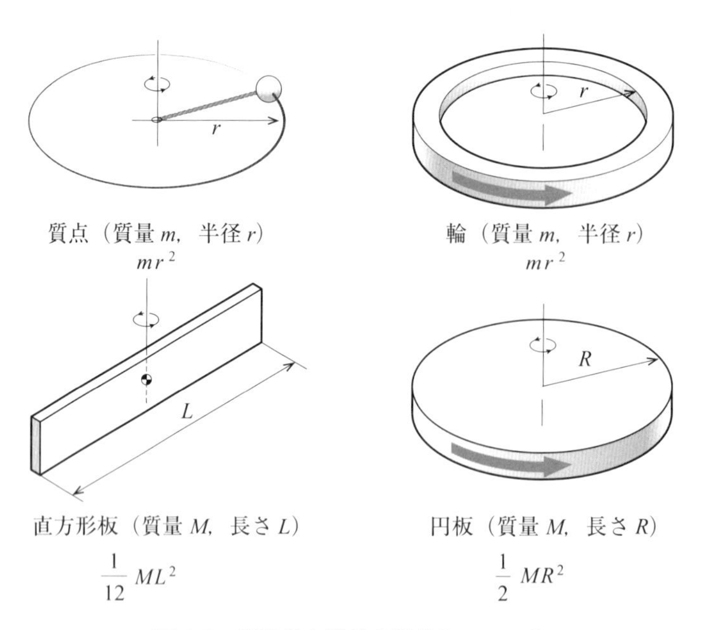

図 4.6　代表的な形状の慣性モーメント

4.2.3　角加速度の概略

角加速度は，加速度の変化を表します。角速度を表すための量記号として，α や β を使いますが，角速度 ω や角度 θ を使っても表すことができます。

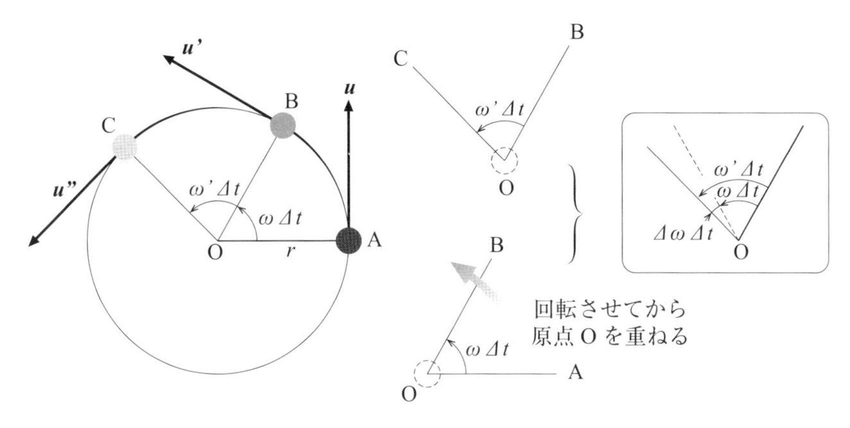

図 4.7　角速度

図 4.7 の左図で，物体が時間 Δt の間に，点 A から B へ角速度 ω で移動し，さらに時間 Δt の間に，点 B から C へ角速度 ω' で移動したとします。回転角度は，それぞれ，角速度に時間をかけて，$\omega \times \Delta t$ と $\omega' \times \Delta t$ となります。円弧 AOB を点 A が B に重なるまで回転させて，円弧 BOC と重ねると，右図のようになります。点 A から B と点 B から C までの回転角度の差は，

$$\omega' \times \Delta t - \omega \times \Delta t = \Delta\omega \times \Delta t$$

と表せます。角加速度を求めるには，これを Δt で割って，Δt を限りになく 0 に近づけます。これは数学で微分と呼ばれ，$d\omega/dt$ または，$\dot{\omega}$ と表すことがあります。

$$\lim_{\Delta t \to 0} \frac{\Delta\omega}{\Delta t} = \frac{d\omega}{dt} = \dot{\omega}$$

4.2.4　自由物体線図と角運動方程式

角運動方程式を導くときには，運動方程式のように自由物体線図を用いると，複雑な問題にも対応できます。一般的には，並進運動の自由物体線図の上に，力のモーメントも重ねてかくことが多いのですが，力と力のモーメントを混同することが多いため，この教科書では，並進の自由物体線図と回転の自由物体線図を並べてかくことを推奨します。

ポイント 4.3　回転に関する自由物体線図

① 着目する物体を決める。

② 自由物体線図（並進）を作図する。

③ 自由物体線図（回転）を作図する。

④ 運動方程式と角運動方程式を立てる。

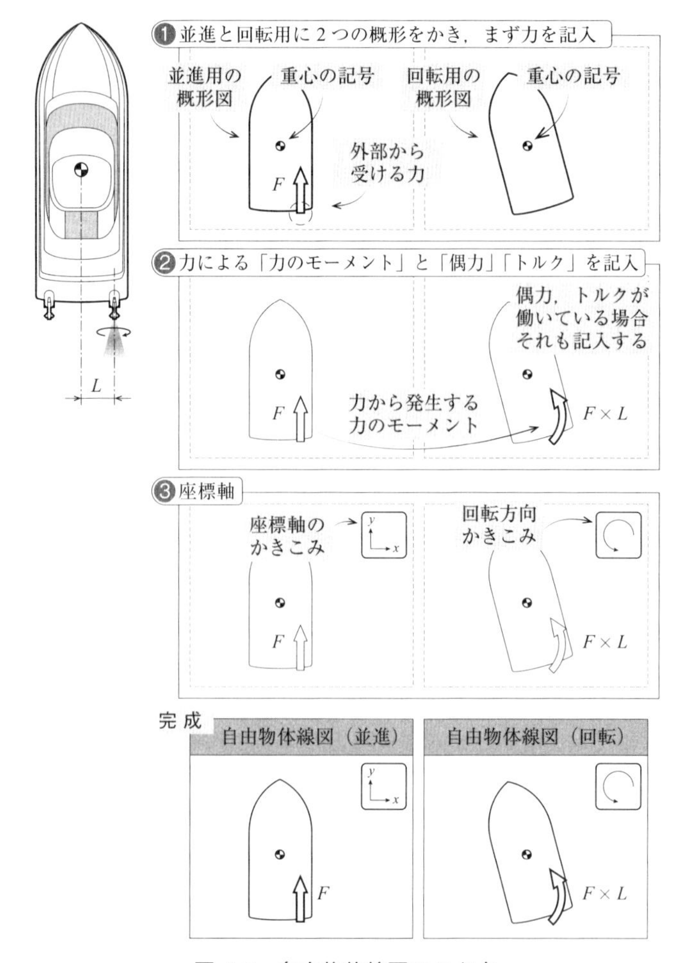

図 4.8　自由物体線図のかき方

例題 4-1　次の図の天びん（質量 M）がつり合っている場合について，自由物体線図をかき，運動方程式，角運動方程式を導きなさい。ただし，全体の慣性モーメントを I，回転の角加速度を β，重力加速度を g，おもりの質量を m，おもりの皿の質量を無視するとする。

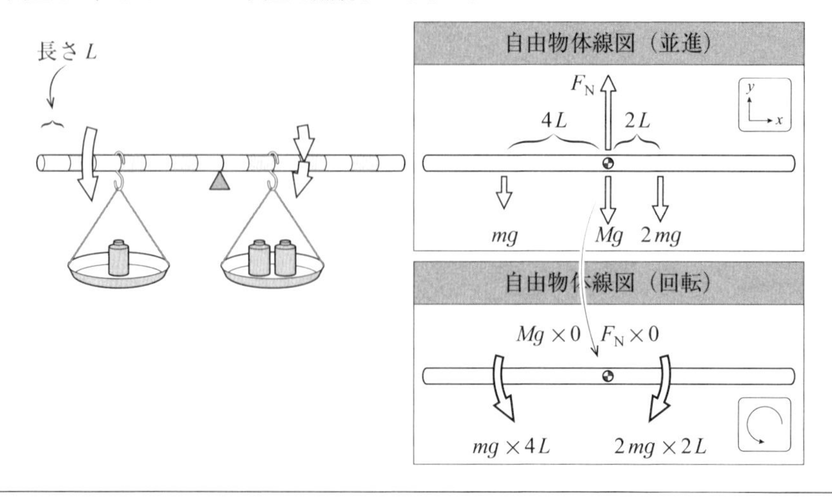

— 解答 —

自由物体線図（並進）をかくと，図のようになる。まず，重力 Mg をかき，支点からの反力 F_N をかきこむ。また，支点から左へ $4L$ の位置におもりの重力 mg，右へ $2L$ の位置におもりの重力 $2mg$ をかきこむ。

次に，自由物体線図（回転）をかくと，図のようになる。回転の基準点として，今回は，重心と回転の中心（支点）が一致しているので，中央を基準点とする。まず，Mg と F_N の作用線は，基準点を通過するため，力のモーメントがゼロとなる。左右のおもりによる力のモーメントは，それぞれ $mg \times 4L$（基準点に対し反時計まわり），$2mg \times 2L$（基準点に対し時計まわり）となる。

2つの自由物体線図をもとに，運動方程式，角運動方程式を立てるが，x 方向には力が働いていないため，y 方向のみを立てる：

$$(y\text{ 方向の運動方程式})\quad F_N - Mg - mg - 2mg = (M + 3m) \times 0$$

$$(\text{角運動方程式})\quad mg \times 4L - 2mg \times 2L = I \times \beta$$

角運動方程式の左辺を計算するとゼロとなるので，この天びんの角加速度 $\beta = 0$ となる。

4.3　力のモーメント

4.3.1　力のモーメントの計算

力はベクトルで表され，力ベクトルを延長した線を**作用線**と呼びます。回転運動に重要なのは，作用線の位置ではなく，作用線が**回転の基準点**（重心や回転の中心）からどれだけ離れているかで，これを**モーメントの腕**と呼びます。モーメントの腕は「回転の基準点から作用線におろした垂線」で，その長さは，数学で習う「点と線との**距離**」です。

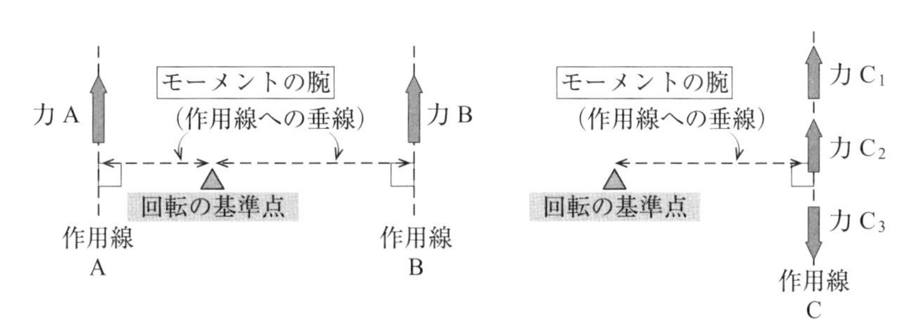

図 4.9　モーメントの腕

作用線上のどこに力を加えても力のモーメントの大きさは同じです。図 4.9 の左図のように，力 A，B は大きさが同じですが，作用線が異なりますから，力のモーメントは異なります。ところが作用線 C 上に 3 つの力が作用していますから，力のモーメントの大きさは同じです。ただし，力 C_1 と C_2 は，回転の基準点のまわりに反時計まわり（左まわり，CCW：Counter ClockWise とも表現）の回転作用を持ち，力 C_3 は他の力と異なる向きを向いているので，回転作用は回転の基準点のまわりに時計まわり（右まわり，CW：ClockWise とも表現）となります。なお，力のモーメントの回転方向の正負は，一般的に CCW を正，CW を負として定義されています。

ポイント 4.4　モーメントの定義

モーメントの腕：回転の基準点（重心や回転の中心）と，力の作用線の距離。

モーメントの腕の求め方：

① 力の方向を延長し，作用線を作図する。

② 回転の基準点から作用線へ垂線を作図する。

回転の基準点と作用線との距離：モーメントの腕を求める。

回転の基準点には，一般的に重心を選びます。重心を回転の基準点に選ぶとき，慣性モーメントは最小となります。

図 4.10 の左図では，重心を回転の基準点としています。右図では，スパナでボルトを回しています。スパナはボルトの中心のまわりに回転しますが，このとき回転の基準点として重心またはボルトの中心のどちらかを回転の基準点として選べます。スパナが静止または定速で回転するときには，ボルトの中心を回転の基準点として選ぶと，角運動方程式が簡単になることがあります。

回転の基準点を変えると，力のモーメントだけではなく，慣性モーメントの値も変わります（後述する**平行軸の定理**を参照）ので，注意してください。

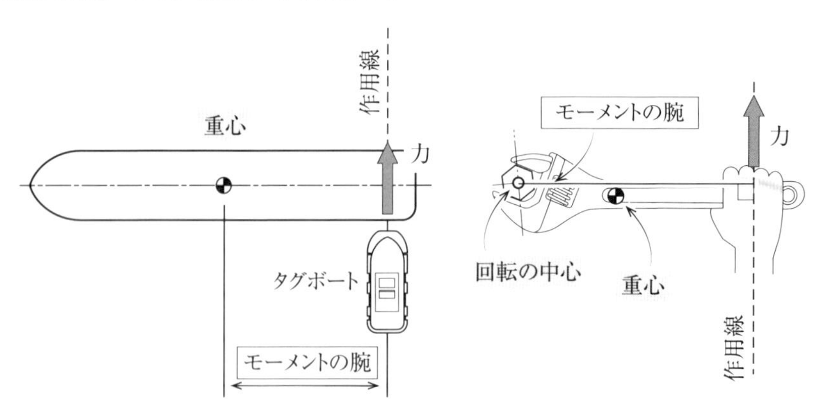

図 4.10　回転の基準点の選び方

ポイント 4.5　力のモーメントの定義

力のモーメント［N・m］＝ 力［N］× モーメントの腕［m］

例題 4-2　図のように，スパナの点Aに力Fを加えるとボルトを時計まわりに締めることができます。重心Gを回転の基準点とした場合と，ボルトの中心Oを基準点とした場合について，$F = 50$ N，$L_G = 15$ cm，$L_A = 20$ cmとしたときの，力のモーメントを計算しなさい。

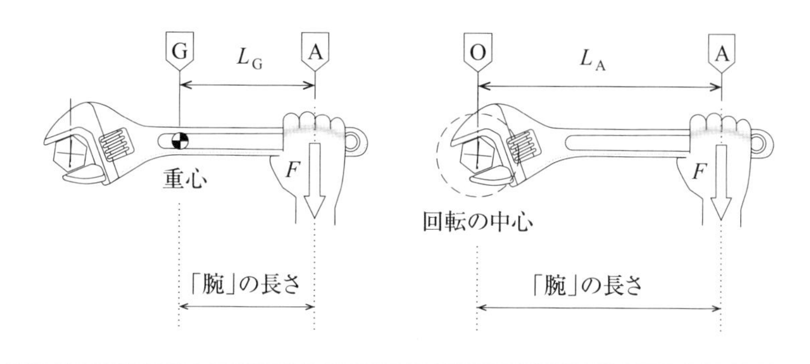

— 解答 —

重心を回転の基準点とすると，モーメントの腕の長さはL_Gとなる。また，ボルトの中心を基準点とすると，モーメントの腕の長さはL_Aとなる。

$$F \times L_A = 50 \times 0.20 = 10 \text{ N·m}$$

$$F \times L_G = 50 \times 0.15 = 7.5 \text{ N·m}$$

例題 4-3　スパナに力Fを加えると，しかし，スパナを持つ点を，A点，B点と変化させた場合，締めるための力のモーメントは変化します。ボルトの中心を回転の基準点として，$F = 50$ N，$L_A = 20$ cm，$L_C = 2$ cmとしたときの，力のモーメントを計算しなさい。

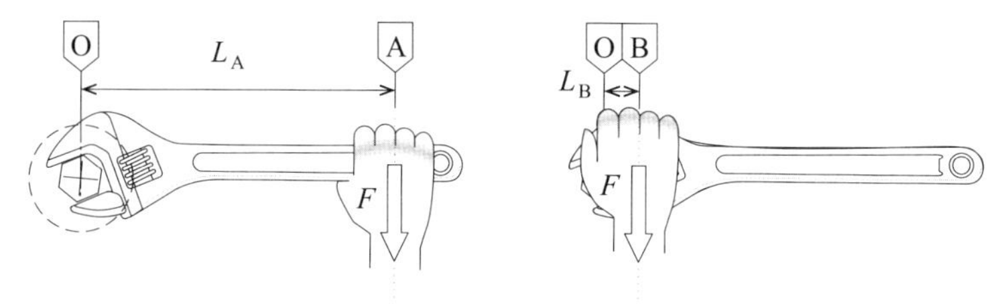

— 解答 —

ボルトの中心を回転の基準点とすると，力の作用線は，いずれもスパナの軸線と垂直であるので，モーメントの腕の長さは，それぞれL_A，L_Bとなる。

$$F \times L_A = 50 \times 0.20 = 10 \text{ N·m}$$

$$F \times L_B = 50 \times 0.02 = 1 \text{ N·m}$$

となり，力の作用点がボルトの中心に近づくほど，力のモーメントは小さくなる。「モーメントの腕」の長さがゼロになると，力のモーメントもゼロとなり，回転作用はなくなる。

例題のように，力の作用線が，重心や回転の中心を通るときの力のモーメントについて，整理しておきます。

ポイント 4.6　作用線が回転の基準点を通る力のモーメント

力の作用線が，回転の基準点を通るとき，「モーメントの腕」の長さ（作用線と基準点との距離）はゼロなので，力のモーメントはゼロ。

工学系では，軸のまわりに発生する力のモーメントのことを，**トルク**（Torque）と呼びます（日本語では，「ねじりモーメント」ということもあります）。トルクは，力のモーメントの一種です。

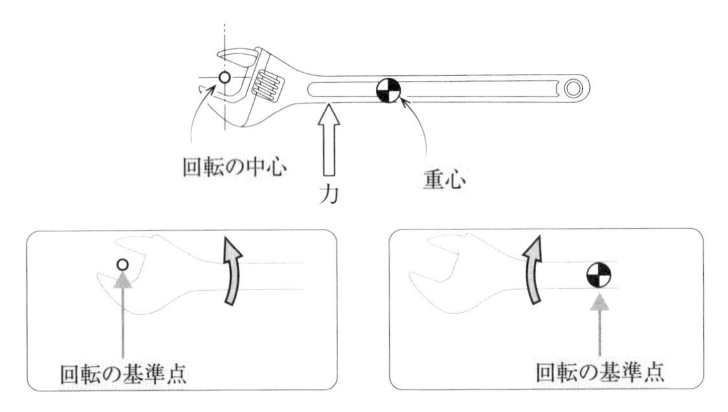

図 4.11　基準点の違いによる回転作用の変化

力のモーメントは，回転作用の方向を持ちます。平面内であれば，時計まわりか反時計まわりの2種類です。この回転作用の方向は，同じ力を加えても，回転の基準点の取り方によって変わります。図 4.11 のように，回転の基準点に「回転の中心」を選ぶと（左下図）力は反時計まわりの回転作用となりますが，回転の基準点に「重心」を選ぶと（右下図）力は時計まわりの回転作用となります。

例題 4-4　船の船首が岸壁の係船柱に係船索（ロープ）で係留されているとき，係船索の張力を F として，F による重心まわりの力のモーメントを求めなさい。

岸壁
係船柱
30°
係船索
x

— 解答 —

【考え方 1】

「モーメントの腕」の定義にしたがうと，モーメントの腕の長さは，$x\sin 30°$。これに力 F をかけて，力のモーメントは，

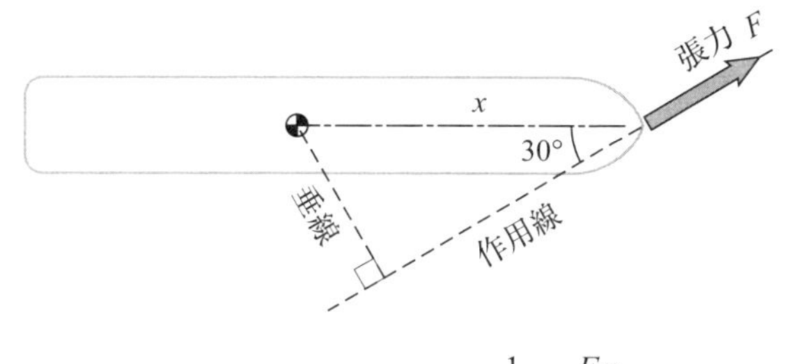

$$F \times x\sin 30° = Fx \times \frac{1}{2} = \frac{Fx}{2}$$

【考え方 2】

力を

重心と作用点を結ぶ線の方向の分力 F_x

重心と作用点を結ぶ線に垂直な方向の分力 F_y

に分解すると，F_x の作用線は，重心を通るため，力のモーメントはゼロとなります。

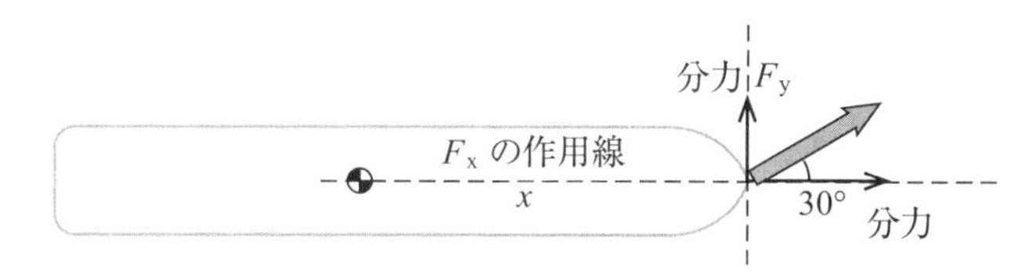

分力 F_y は，

$$F_y = F\sin 30° = \frac{F}{2}$$

これに，モーメントの腕の長さ x をかけて，

$$\frac{F}{2} \times x = \frac{Fx}{2}$$

練習 4-1　次の図は，ユニフロー型ディーゼルエンジンについて，連接棒（コンロッド）に接続されたクランクにかかる力を表している。連接棒の質量が無視できるとき，連接棒から加わる力 F は，連接棒の方向となる。クランクの 2 つの軸間の長さが r で，ピストン下端からクランク回転中心までの距離が x，クランクが水平で，ピストン・クランクの軸線と連接棒とがなす角を φ とするとき，クランクに加わる力のモーメントを，【考え方 1】【考え方 2】を使って求めなさい。

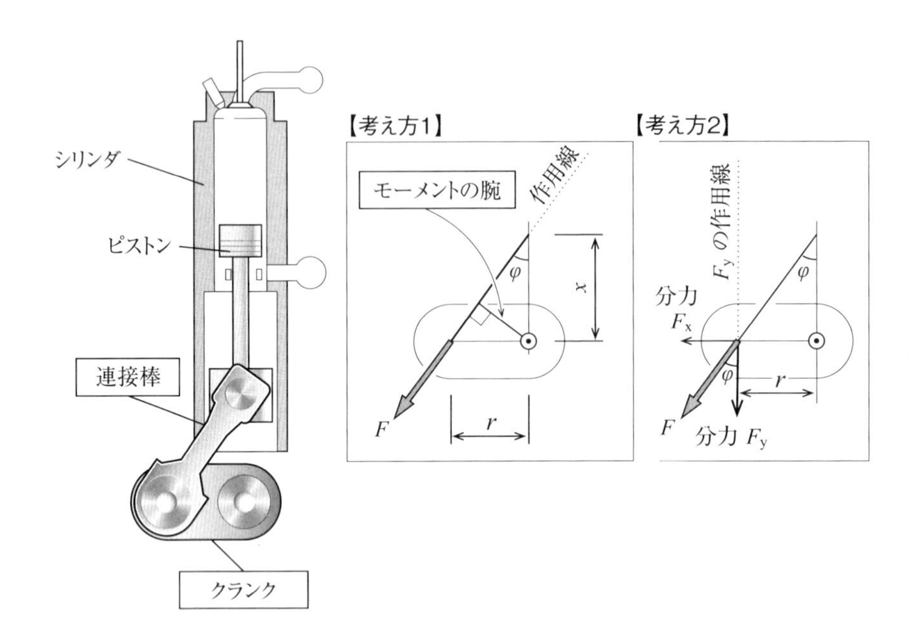

4.3.2　力のモーメントの符号と合成

同じ回転平面内であっても，力のモーメントの回転作用の方向は 2 通りあります。力のモーメントによる回転方向の呼び方として，**時計まわり**（clockwise）あるいは**右まわり**，また，**反時計まわり**（counter clockwise）あるいは**左まわり**と表現することが多くあります。

反対の回転作用が同時に作用する場合には，どちらか一方を正，他方を負として，力のモーメントの和を求めます。

力のモーメントを合成する方法としては，①それぞれの力のモーメントを求めてから力のモーメントの和を求める方法と，②力の合力を求め，合力のモーメントを求める方法とがありますが，一般的には①の方が簡単に求まります。次の 2 つの例題では，2 つの方法を比較します。

例題 4-5　岸壁に係留されている船が，船首と船尾を係船索（ロープ）で係留されている。船首の張力は F，船尾の張力を $\sqrt{3}F$ と考えて，重心まわり（重心を回転の基準点としたとき）の力のモーメントの和を求めなさい。ただし

(1) それぞれの力のモーメントを求めてから力のモーメントの和を計算する

(2) 2 つの力を合成してから，合力のモーメントを求める

2 つの方法で考えなさい。

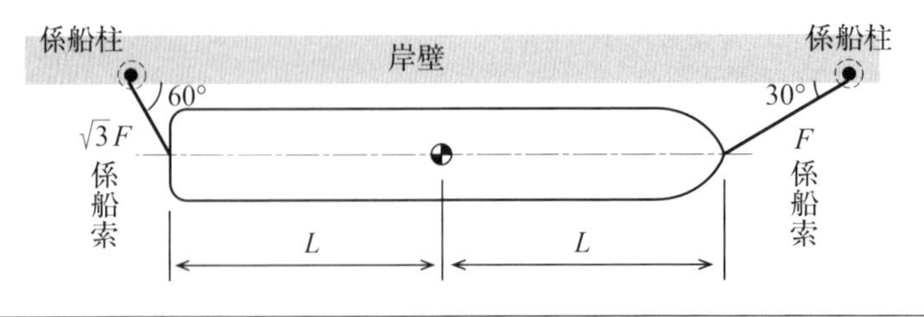

— 解答 —

(1) 重心を回転の基準と考えると，船首の係船索による力の垂直方向成分は $F\sin 30°$，船尾の係船索による力の垂直方向成分は $(\sqrt{3}F)\cos 30°$ である。2つの力によるモーメントを，反時計まわりを正と考えて，足し合わせると，

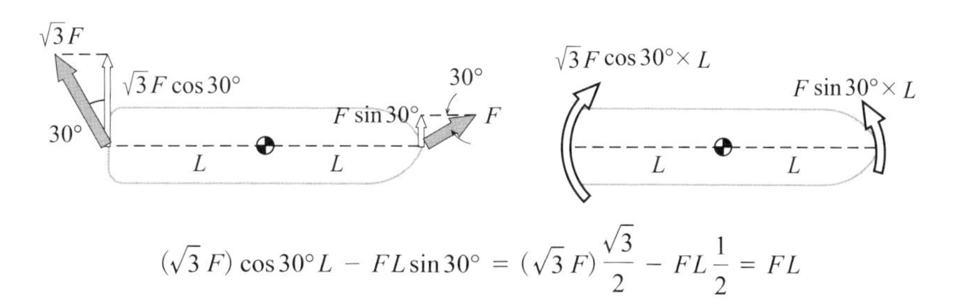

$$(\sqrt{3}\,F)\cos 30° L - FL\sin 30° = (\sqrt{3}\,F)\frac{\sqrt{3}}{2} - FL\frac{1}{2} = FL$$

(2) 2つの力の作用線を考える。作用線上で力の作用点を移動しても力のモーメントは変化しないので，2つの力を作用線の交点に移動すると，次の図のようになる。2つの力のなす角はちょうど垂直となる。

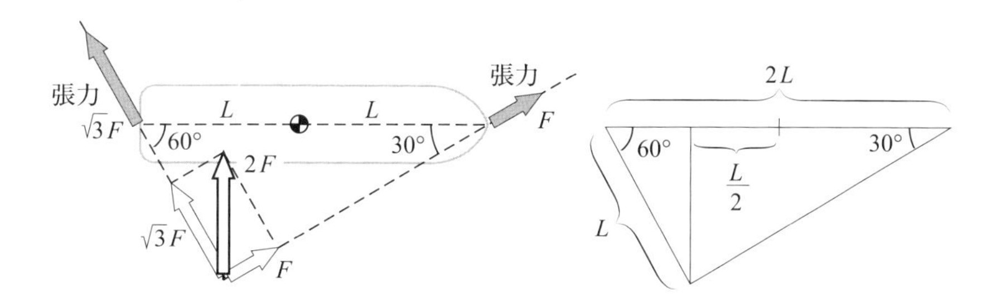

2つの力を合成した合力は，垂直方向を向き，大きさ（対角線の長さ）は $2F$ となる。また，この合力の作用線は，直角三角形の関係より，船尾から $L\cos 60° = L/2$ の位置を通るので，重心からの距離は，$L - L/2 = L/2$。

よって，

$$2F \times \frac{L}{2} = FL$$

例題 4-5 で比較すると，一般的には (1) のように個別の力のモーメントを計算したほうが，計算が容易です。たとえば，次の図 4.12 のように 2 隻のタグボートで平行に船を押すとき，力の作用線が平行なので，作用線がなく，単純に (2) の方法では力の合成ができません（特殊な方法で合成が可能です）。しかし (1) の方法によって力のモーメントの和がゼロであることが計算でき，回転運動は変化せずに，並進運動のみが変化することがわかります。

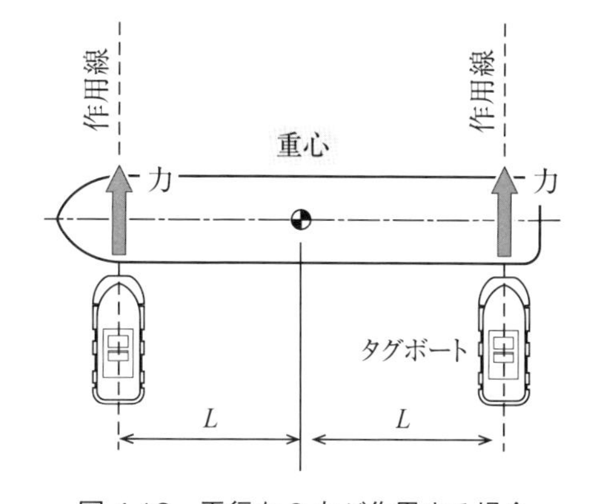

図 4.12　平行な 2 力が作用する場合

練習 4-2　図4.12のように，船体を2隻のタグボート（それぞれの力をFとする）によって押すとき，重心から同じ距離L離れた場所を押す場合の合力と力のモーメントの和を求めなさい。ただし，力のモーメントは，それぞれの力のモーメントを求め，その和を計算すること。

練習 4-3　岸壁に係留されている船が，船首と船尾を係船索（ロープ）で係留されている。張力はいずれもFと考えて，重心まわり（重心を回転の基準点としたとき）の力のモーメントの和を求めなさい。ただし，
(1) それぞれの力のモーメントを求めてから力のモーメントの和を計算する
(2) 2つの力を合成してから，合力のモーメントを求める方法
で考えなさい。

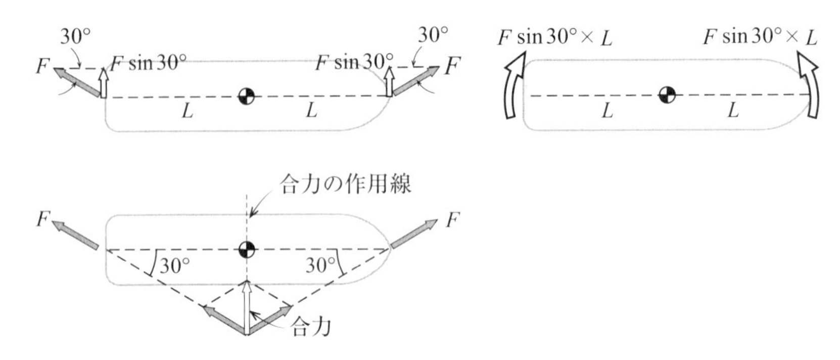

ここまで複数の力を合成して，合力（並進作用）とモーメントの和（回転作用）にまとめる方法を学びました。次の例題のように，複数の力は，合力とモーメントの和をもとに，1つの力に置き換えることができます。

例題 4-6　左図のように，2隻のタグボートで大型船の重心から距離wの位置を押している。左のタグボートAの推力をf，タグボートBの推力を$3f$とするとき，大型船は並進運動と同時に反時計まわりに回転する。これと同じ効果を，右図のように1隻のタグボートCで実現するには、まずタグボートCの推力を$F = f + 3f$とすることが必要であるが，押す位置Lをどこにすればよいか。

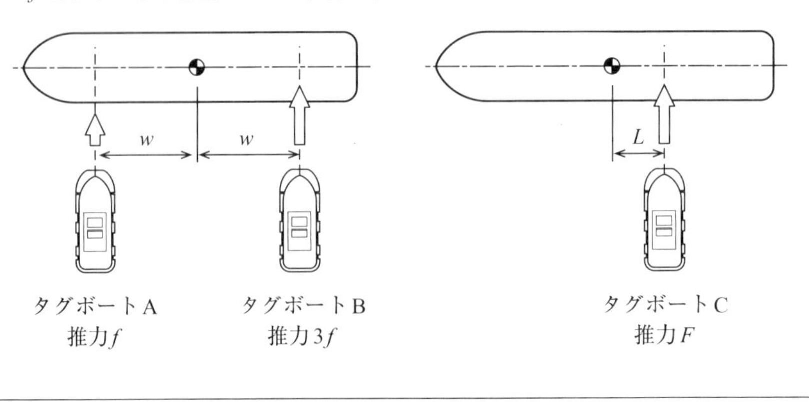

— 解答 —

左右の状態について，自由物体線図（回転）をかくと，次のようになる。それぞれのタグボートのつくる力のモーメントの大きさは，A：$f \times w$，B：$3f \times w$，C：$F \times L$である。

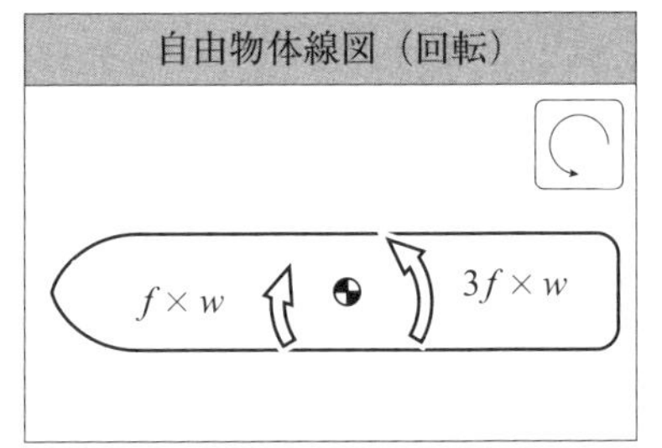

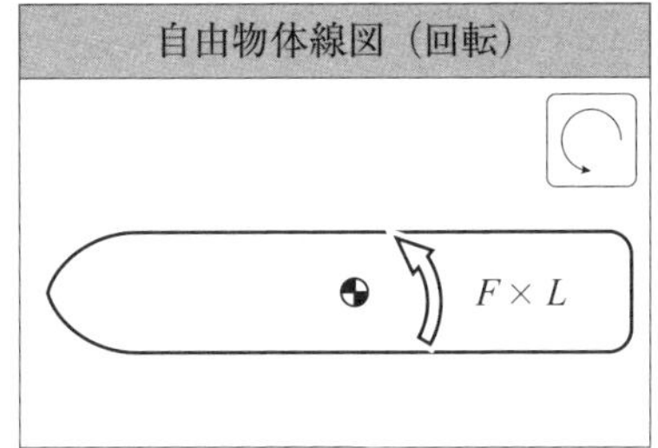

左右の力のモーメントが等しくなるためには，

$$FL = -fw + 3fw = 2fw$$

よって，

$$L = \frac{2fw}{F} = \frac{2fw}{f + 3f} = \frac{2fw}{4f} = \frac{w}{2}$$

4.3.3　偶力

作用線が重心や回転の中心を通る力は，並進作用のみを持ち，回転作用を持ちませんでした。これとは逆に，純粋に力のモーメントのみを発生する方法はないのでしょうか？

純粋な回転作用は，2つの力を組み合わせることで実現できます。作用線が平行で，大きさが等しく，反対方向を向く2つの力をセットにして使い，**偶力**（couple）と呼びます。

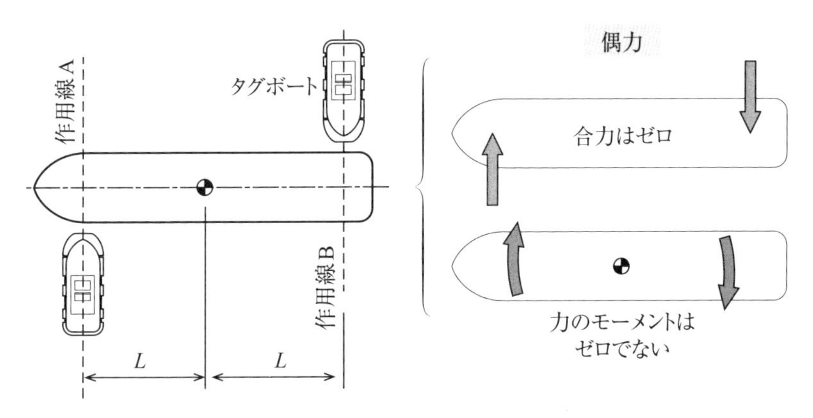

図 4.13　偶力

図 4.12 は，船体を2隻のタグボードにより，重心から等距離にある点を同じ方向に同じ力で押す場合でした。結果は，タグボートの推力の2倍の力が重心に作用し，回転作用はありません。

これに対して図 4.13 では，同じ力の大きさで，反対向きに押します。2つの力を加算すると，合力はゼロですが，力のモーメントはゼロになりません。これらの2つの力の組が偶力です。

ポイント 4.7　偶力

偶力：並進作用を持たない，純粋な力のモーメント。

偶力の条件：次の条件を満たす2つの力を同時に加える。

① 大きさが同じ

② 向きが反対

③ 作用線が平行

練習 4-4　次の図は，2本の油圧シリンダによって舵を動かす舵取機である。チラー一方の油圧シリンダの力の大きさが F で，チラーの中心から1つのシリンダの作用線までの間距離が L であるとき，偶力のモーメントが，$2FL$ となることを証明しなさい。

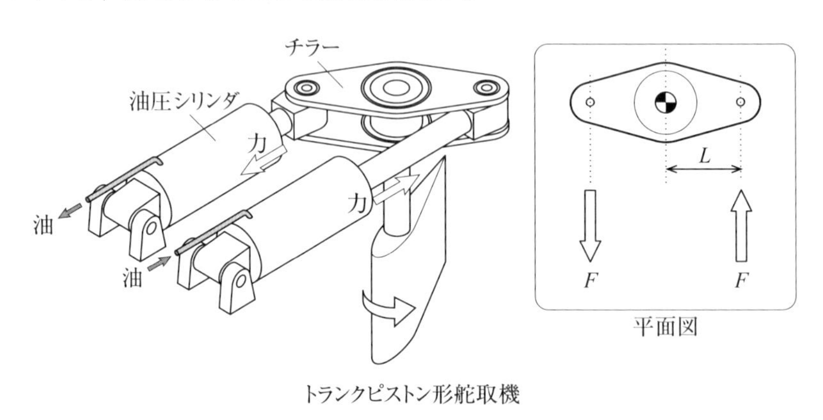

トランクピストン形舵取機

例題 4-7　タグボート2隻が距離 L 離れた位置に力 F を加えるとき，3種類の位置について，それぞれ偶力による力のモーメントを求めなさい。

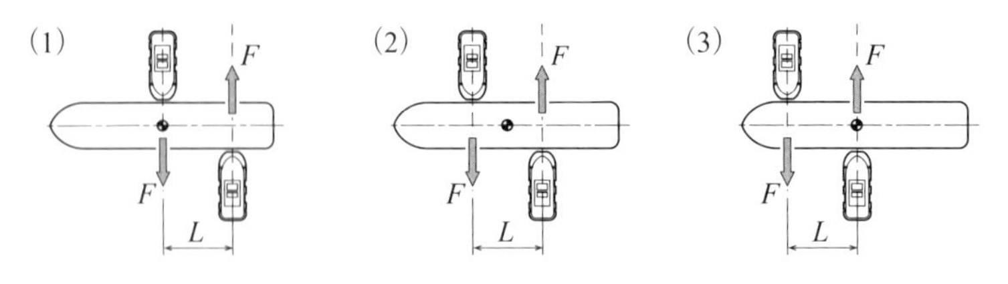

― 解答 ―

(1) 左タグボート：$F \times 0$　　右タグボート：$F \times L$　　力のモーメントの和：$F \times L$

(2) 左タグボート：$F \times (L/2)$　　右タグボート：$F \times (L/2)$　　力のモーメントの和：$F \times L$

(3) 左タグボート：$F \times L$　　右タグボート：$F \times 0$　　力のモーメントの和：$F \times L$

となり，どの位置に力のペアを加えても，偶力による力のモーメントは同じとなる。

トルクは，軸のまわりに発生する連続した回転作用のイメージで，エンジンやタイヤ，プロペラなどから出力される回転力もトルクと呼ばれます。

次の図 4.14 は，直流モーターの内部構造の基本要素です。コイルは回転軸を中心に，反対向きの力を発生しますから，偶力を発生する装置であるといえます。

エンジンやモーターの発生する偶力をトルクと呼ぶことも多くあります。

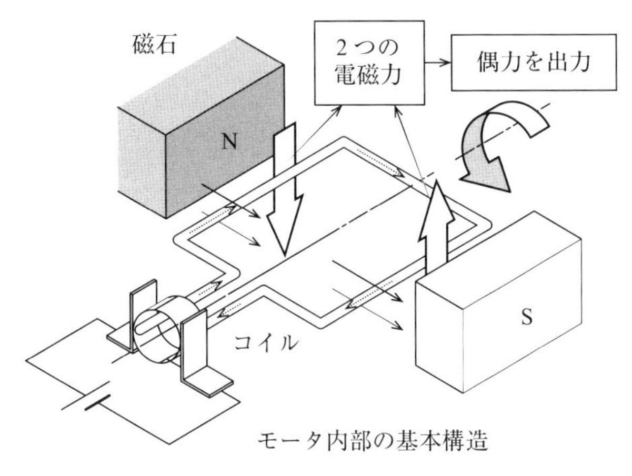

図 4.14 モーターの発生する偶力

4.3.4 剛体の運動のまとめ

この節の最後に，二軸推進船の例で，純粋な並進運動，純粋な回転運動，一般の運動を整理しておきます。

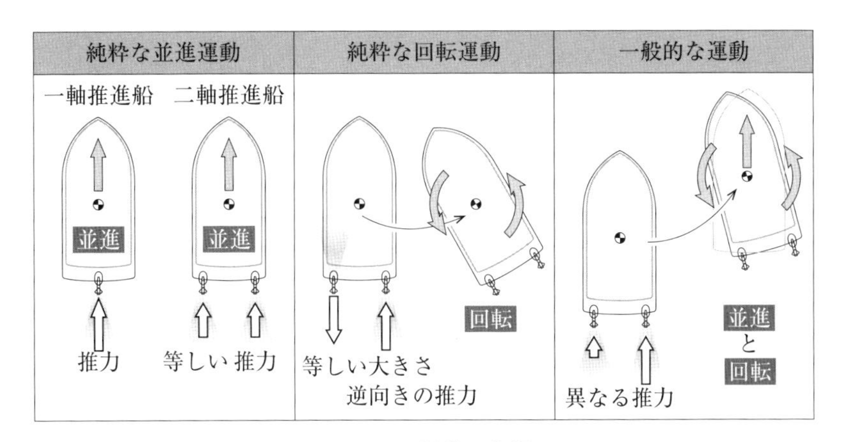

図 4.15 運動の分類

図 4.15 の左図のような純粋な並進運動は，合力の作用線が重心を通るか，モーメントの和がゼロとなる場合に起こります。

図 4.15 の中央図のような純粋な回転運動は，合力がゼロで，モーメントの和がゼロでない場合に起こります。純粋な回転運動の代表的なものが偶力です。

図 4.15 の右図のような場合が一般的な運動です。合力がゼロでなく，モーメントの和もゼロではありません。このような場合には，1つの力と1つの偶力とに分離して考えることができます。

4.4 重心

第3章，第4章を通じて，重心の詳細を述べずに使ってきました。いろいろな物体の重心を調べるには，力のモーメントに関する知識が必要となります。重心は，物体に作用する重力の合力が作用する位置と定義されます。重心を求めるには，並進と回転の自由物体線図から，運動方程式，角運動方程式を立てます。

重心を求める問題として最も簡単な，両端に質量 m を持つ物体について考えてみましょう。

例題 4-8　質量が無視できる長さ $8L$ の棒の両端に，質量 m のおもりをつけた場合について，任意の原点Oを用いて，重心位置 x_G を求めなさい。ただし，重力加速度を g とする。

(1) 任意の点Oを原点および回転の基準点とする

(2) 棒の中心を原点および回転の基準点とする

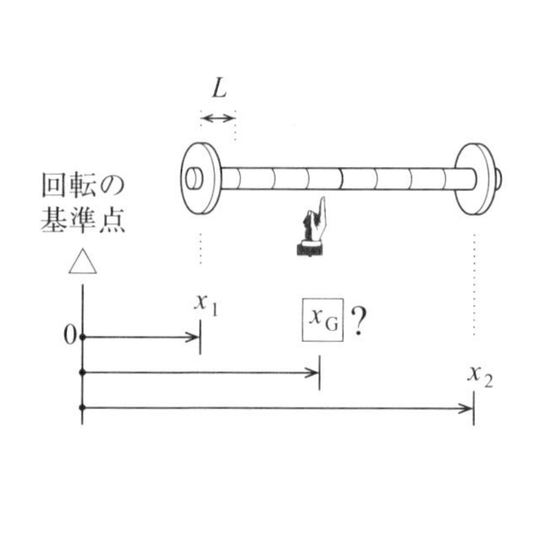

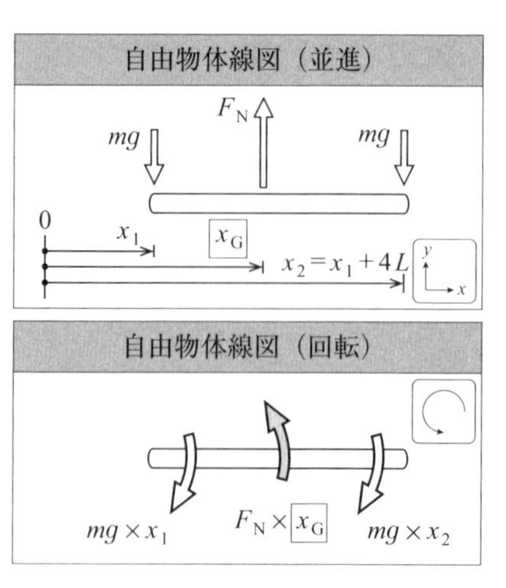

— 解答 —

図のようにこの位置 x_G で上向きに物体にかかる重力の合計と等しい力 F_N で支えると物体は静止する。

(1) 任意の点Oを，座標の原点とし，かつ回転の基準点として選んだ場合，左の質量までの距離を x_1，右の質量までの距離を $x_2 = x_1 + 8L$ とし，求める重心の位置を x_G とする。

自由物体線図より，

$$(y\text{ 方向の運動方程式})\quad F_N - mg - mg = 2m \times 0$$

全体の慣性モーメントを I とすると，

$$（角運動方程式）\quad F_N \times x_G - mg \times x_1 - mg \times (x_1 + 8L) = I \times 0$$

運動方程式より $F_N = 2mg$ となるので，角運動方程式に代入すると，

$$x_G = \frac{2mgx_1 + 8mgL}{F_N} = \frac{2mgx_1 + 8mgL}{2mg} = x_1 + 4L$$

となり，棒の中心が重心となる。

(2) 棒の中心を，座標の原点および回転の基準点として選んだとき，左端の位置は $-x_1 = -4L$，右端の位置は $x_2 = 4L$ である。力のモーメントは，左端のおもりによって，反時計まわりに $mg \times 4L$，右端のおもりによって，時計まわりに $mg \times 4L$ である。垂直抗力 F_N で支える重心の位置を座標原点より右にあると仮定すると，F_N による力のモーメントは，反時計まわりに $F_N \times x_G$ となる。

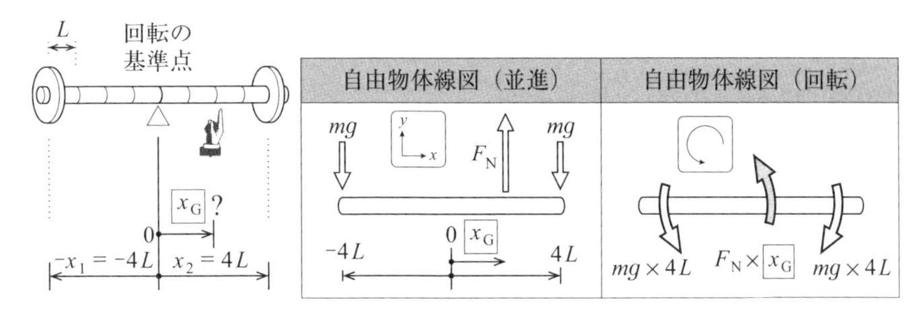

運動方程式は，

$$F_N - mg - mg = 2m \times 0$$

全体の慣性モーメントを I とすると，角運動方程式は，

$$F_N \times x_G + mg \times 4L - mg \times 4L = I \times 0$$

$$x_G = \frac{-mg \times 4L + mg \times 4L}{F_N} = 0$$

となり，原点に選んだ棒の中央が重心となる。

例題 4-9（発展）　図のように，質量の異なる n 個のおもりが連なっているとき，i 番目の質量を m_i，その場所を x_i とするとき，原点 O から重心の位置を求めなさい。ただし，全体の質量を M，慣性モーメントを I とする。

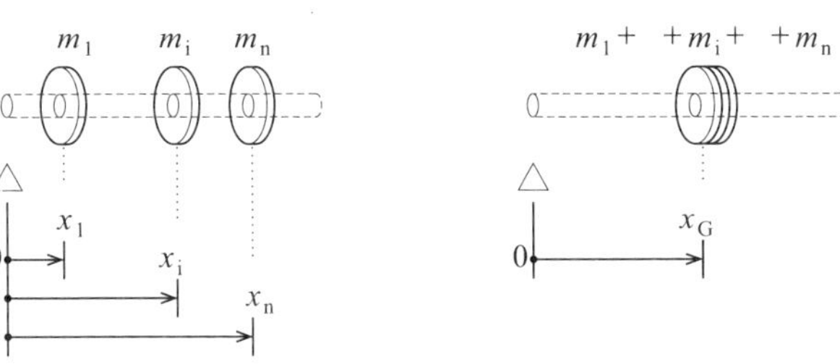

— 解答 —

重心 x_G を垂直抗力 F_N で支えるとすると，運動方程式は，

$$F_N - (m_1 g + \cdots + m_i g + \cdots + m_n g) = (m_1 + \cdots + m_i + \cdots + m_n) \times 0$$

$$F_N = \sum_{i=1}^{n} m_i g = \left(\sum_{i=1}^{n} m_i\right) g = Mg$$

また，同じく角運動方程式は，

$$F_N \times x_G - (m_1 g \times x_1 + \cdots + m_i g \times x_i + \cdots + m_n g \times x_n) = I \times 0$$

$$x_G = \frac{\sum_{i=1}^{n} (m_i g \times x_i)}{F_N} = \frac{\left(\sum_{i=1}^{n} m_i x_i\right) g}{\left(\sum_{i=1}^{n} m_i\right) g} = \frac{\sum_{i=1}^{n} m_i x_i}{\sum_{i=1}^{n} m_i} = \frac{\sum_{i=1}^{n} m_i x_i}{M}$$

例題 4-10（発展）　次のように，場所によって密度の違う棒について，

(1) 重心 x_G の位置を求めなさい。ただし，断面積 A はどの位置でも同じで，左端を原点とした座標 x に対して，各点の密度は $\rho(x)$ で与えられる。

(2) 得られた結果に対して，密度が一定値 ρ の場合の重心を求めなさい。

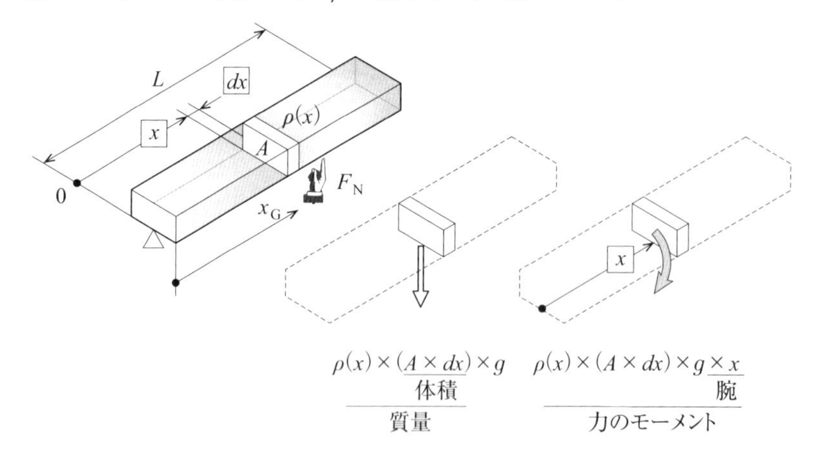

— 解答 —

位置 x によって密度が異なり，部分ごとに求める量（この例では，各部に働く重力）が異なるような場合，次のような手順をふんで，積分を行う。

① 求める量が変化する方向 x に微小な長さ dx を設定する。

② 微小な長さ dx に対する微小量を求める。

③ 微小量を全体にわたって積分する。

(1) まず，全体に作用する「重力」を調べる。

図のように微小な長さ dx の部分に作用する「重力」は，$\rho(A\,dx)g$ であるが，A と g が定数であることに注意して，全体（積分範囲 $[0, L]$）に渡って積分すると，

$$\int_0^L \rho(x)\cdot A\cdot g dx = A\cdot g\int_0^L \rho(x)dx$$

よって，一点支える位置を x_G，垂直抗力を F_N とすると，運動方程式は，

$$F_\mathrm{N} - A\cdot g\int_0^L \rho(x)dx = 0$$

次に，全体に作用する「力のモーメント」を調べる。微小な長さ dx の部分に作用する「力のモーメント」は，$\rho(A\cdot dx)g\cdot x$ であるが，A と g が定数であることに注意して，全体（積分範囲 $[0, L]$）に渡って積分すると，

$$\int_0^L \rho(x)\cdot A\cdot g\cdot x\cdot dx = A\cdot g\int_0^L \rho(x)\cdot x\cdot dx$$

よって，角運動方程式は，

$$F_\mathrm{N}\times x_\mathrm{G} - A\cdot g\int_0^L \rho(x)\cdot x\cdot dx = 0$$

運動方程式と各運動方程式を連立させると，

$$x_\mathrm{G} = \frac{A\cdot g\int_0^L \rho(x)\cdot x\cdot dx}{A\cdot g\int_0^L \rho(x)\cdot dx} = \frac{\int_0^L \rho(x)\cdot x\cdot dx}{\int_0^L \rho(x)\cdot dx}$$

(2) 得られた式に対して，$\rho(x) = \rho$（一定）とすると，

$$x_\mathrm{G} = \frac{\rho\int_0^L x\cdot dx}{\rho\int_0^L dx} = \frac{\left[\dfrac{x^2}{2}\right]_0^L}{[x]_0^L} = \frac{\left(\dfrac{L^2}{2}\right)}{L} = \frac{L}{2}$$

となり，重心は，棒の中央となる。

4.5 慣性モーメント

4.5.1 慣性モーメントの定義

慣性モーメントは，物体の回転のしやすさを表す指標で，慣性モーメントが小さいと回転しやすく，逆に大きいと回転しにくくなります。

慣性モーメントは，まず，質点について「質量と回転軸からの距離の2乗の積」と定義されます。剛体では，各部の質量と回転軸からの距離の2乗の積を全部足し合わせたもので，多くは積分を使って求めます。

慣性モーメントの基本となるのは，質点の慣性モーメントです。質量 m の質点を半径 r で回転させるときの慣性モーメントは，$m \times r^2$ で定義されます。また，慣性モーメント（Inertia）の量記号には，多くの場合，頭文字の I を用います。

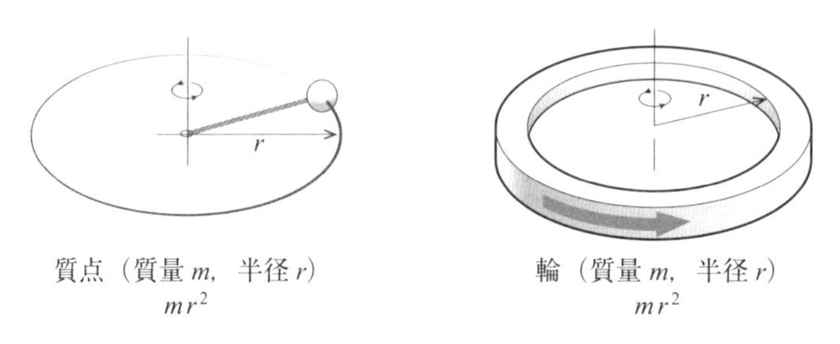

図 4.16　質点と輪の慣性モーメント

$$（質点の慣性モーメントの定義）\quad I = m \times r^2$$

また，細い輪の慣性モーメント I は，中心からの距離 r の位置にすべての質量が分布しているので，質点の慣性モーメントと同じ形式になります。輪の質量を m とすると，

$$（円環の慣性モーメント）\quad I = m \times r^2$$

4.5.2 いろいろな形状の慣性モーメント

代表的な形状の慣性モーメントを求めてみましょう。

長さ L の一様な棒状の物体を中心のまわりに回転させるときの慣性モーメント I は，棒状の物体の質量を M とすると，

$$（棒状の物体の慣性モーメント）\quad I = \frac{1}{12} M \times L^2$$

となります。棒状の物体の例として，次の直方形板の慣性モーメントを計算してみましょう。

例題 4-11（**発展**）　質量 M，長さ L，密度 ρ（一定），断面積 A（一定）の直方形板について，中心を回転軸とするときの慣性モーメントを求めなさい。

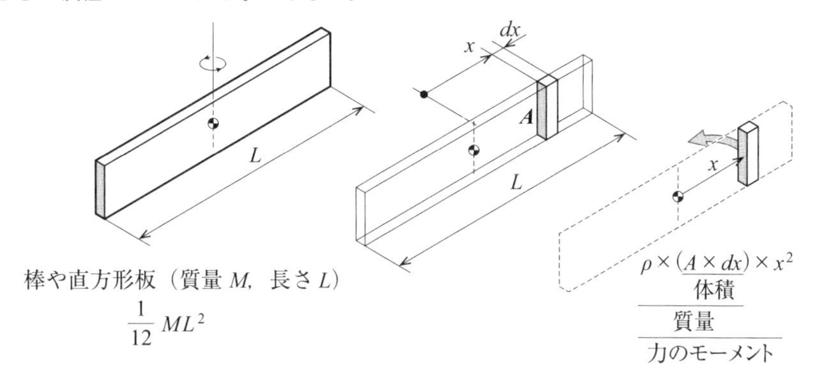

— 解答 —

直方形板の各部は中心からの位置 x が変わると変化するので，全体の慣性モーメントを求めるには，例題 4-10 のように，変化の方向を示す変数 x に，①微小量 dx をつけ加える（例題 4-10 の中央図）。次に，②微小量 dx の部分の慣性モーメントを求める。体積が $A \times dx$ なので，質量は，$\rho(A \times dx)$，慣性モーメントは $\rho(A \times dx)x^2$ である。また，質量 M は ρAL なので，慣性モーメントは $\frac{Mx^2dx}{L}$ で表すことができる。これを，③積分範囲 $[-L/2, L/2]$ で積分すると，

$$I = \int_{-L/2}^{L/2} \frac{Mx^2dx}{L} = \frac{1}{12}ML^2$$

となります。

次に，円板の慣性モーメントは，円板の質量を M，半径を R とすると，

$$(\text{円板の慣性モーメント})\ I = \frac{1}{2}MR^2$$

となります。前出の輪の慣性モーメントをもとに，円板の慣性モーメントを求めます。円板の慣性モーメントは，半径の違う輪を集めたものと考えることができます。このとき，図 4.15 のように，半径が r^1，r^2 と変化すると慣性モーメントも変化することに注意します。

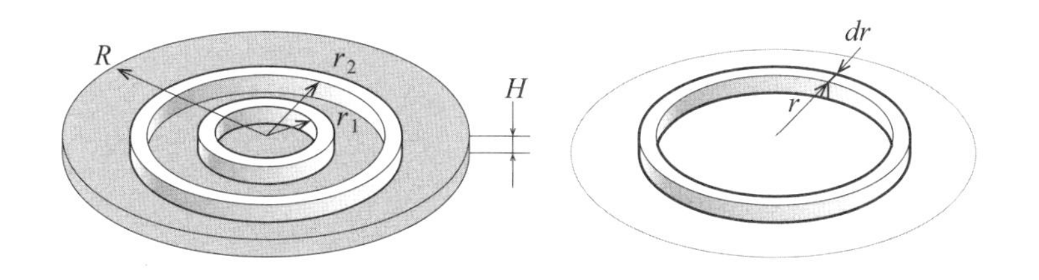

図 4.17　円板の慣性モーメントの求め方

例題 4-12（発展）　図4.17の左図のように，質量 M，半径 R，密度 ρ（一定），高さ H（一定）の円板について，中心を回転軸とするときの慣性モーメントを求めなさい。

— 解答 —

図4.17の左図のように，円環の慣性モーメントは半径が変化すると変化するので，半径方向に座標 r を設定する。例題4-10のように，①微小量 dr をつけ加える（図4.17の右図）。次に，②微小量 dr の部分の慣性モーメントを求める。周の長さが $2\pi r$ で，円環の幅が dr，高さが H の場合，dr が十分小さければ，体積は $2\pi r \times dr \times H$ と近似できる。質量は，$\rho(2\pi r \times dr \times H)$ となるので，慣性モーメントは $\rho(2\pi r \times dr \times H)r^2 = 2\pi\rho H \times r^3 \cdot dr$ であるから，③積分範囲 [0, R] で積分して，

$$2\pi\rho H\int_0^R r^3 \cdot dr = 2\pi\rho H\left[\frac{r^2}{2}\right]_0^R = \pi\rho H \times \frac{R^4}{2} = \rho(\pi R^2 \cdot H) \times \frac{R^2}{2}$$

ここで，$\pi R^2 \times H$ は円板の体積，$\rho(\pi R^2 \times H)$ は円板の質量 M なので，整理すると，

$$I = \frac{1}{2}MR^2$$

4.5.3　慣性モーメントに関する諸法則

基本的な形状の物体を組み合わせて作る物体の慣性モーメントは，もとの物体の慣性モーメントを加えることで求めることができます。

逆に，基本的な形状の物体に空洞がある場合の慣性モーメントは，もとの物体の慣性モーメントを引き算することで求めることができます。

ポイント 4.8　慣性モーメントの加減算（重ね合わせの原理）

① 複数の物体について，重心の位置を一致させて回転させるとき，慣性モーメントは，もとの物体の慣性モーメントを足し合わせる。

② 物体に空洞がある場合，空洞の形状の重心位置が一致しているとき，慣性モーメントは，空洞分を引き算する。

例題 4-13　次の図のようなレーダーが，質量 M_A，長さ L の直方体と質量 M_B，半径 R の円柱との組み合わせで構成されていて，それぞれの中心で接合されているとき，レーダーの慣性モーメントを求めなさい。

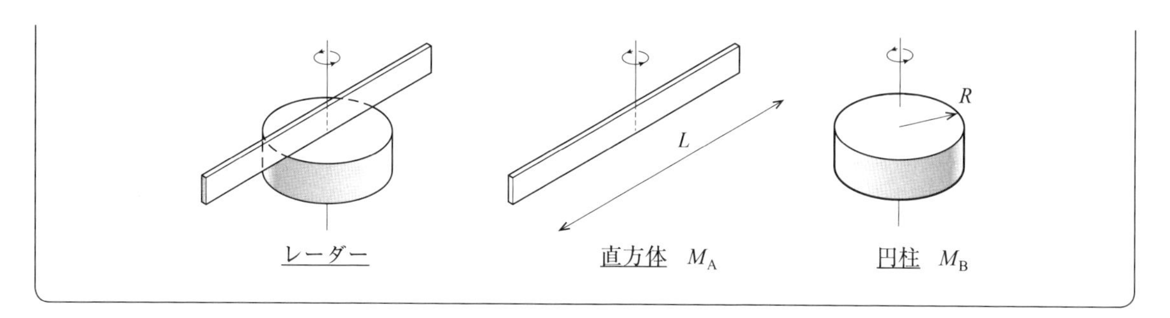

— 解答 —

直方体の慣性モーメントは $M_A L^2/12$，円柱の慣性モーメントは $M_B R^2/2$ なので，全体の慣性モーメントは $I = M_A L^2/12 + M_B R^2/2$。

例題 4-14 質量 M，半径 R の円板に，次の図のような半径 r の穴をあけたときの慣性モーメントを求めなさい。

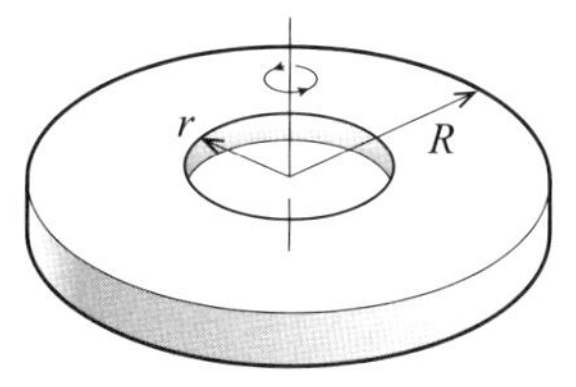

— 解答 —

穴の中心は，もとの円板の中心と一致しているので，穴の形状分の慣性モーメントを円板の慣性モーメントから引けばよいが，半径は r とわかっているものの，穴の部分の質量 m がわからない。密度は一定であるから，質量は面積に比例するので，

$$m : M = \pi r^2 : \pi R^2$$

$$m = \frac{\pi r^2}{\pi R^2} M = \left(\frac{r}{R}\right)^2 M$$

よって，慣性モーメントを求めると，

$$I = \frac{1}{2} MR^2 - \frac{1}{2} mr^2 = \frac{1}{2} MR^2 - \frac{1}{2}\left(\frac{r}{R}\right)^2 M \times r^2$$

$$= \frac{1}{2} M\left\{R^2 - \left(\frac{r}{R}\right)^2 r^2\right\} = \frac{1}{2} MR^2\left(1 - \frac{r^4}{R^4}\right)$$

次に「平行軸の定理」を紹介します。重心を通る回転軸について最小となり，典型的な形状の慣性モーメントは重心を通る回転軸について求められていますが，重心以外の回転軸で回転させる場合には「平行軸の定理」を使うと，簡単に求めることができます。

ポイント 4.9　平行軸の定理

質量 M，慣性モーメント I_G の物体について，重心から距離 x だけ離れた軸まわりに回転させるとき，新たな慣性モーメント I は，

$$I = I_G + Mx^2$$

例題 4-15　図のような均質な直方形板（質量 M，長さ L）の重心は，中心軸である (1-1) 軸上にある。この直方体を (2-2) 軸のまわりに回転させるときの慣性モーメントを，平行軸の定理を使って求めなさい。

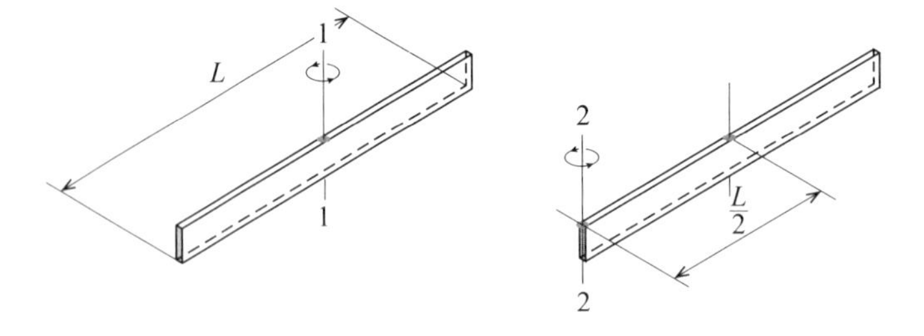

— 解答 —

(1-1) 軸のまわりに回転させるときの慣性モーメントは，重心のまわりの慣性モーメントが使えるので，$ML^2/12$ であるが，重心から $L/2$ 離れた (2-2) 軸まわりでは，平行軸の法則より，$M(L/2)^2$ だけ慣性モーメントが増えるので，

$$I = \frac{1}{12}ML^2 + M\left(\frac{L}{2}\right)^2 = \left(\frac{1}{12} + \frac{1}{4}\right)ML^2 = \frac{1}{3}ML^2$$

となり，重心（(1-1) 軸）まわりの場合に比べ，慣性モーメントは4倍となります。

また，この他に，「直交軸の定理」と呼ばれる定理があります。平面板上の任意の点Oを通り，その平面に垂直な軸のまわりの平面板の慣性モーメント I_z は，Oを通るその平面内に直行する任意の2直線のまわりの慣性モーメント I_x と I_y の和に等しいことがわかっています。

$$I_z = I_x + I_y$$

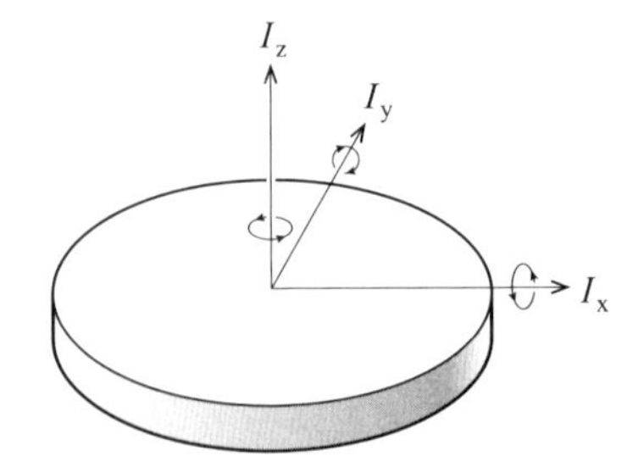

図 4.18　直交軸の定理

練習問題の解答

解 4-1　【考え方 1】を使うと，力の大きさは F，モーメントの腕は $x\sin\varphi$ なので，力のモーメントは，

$$F \times x\sin\varphi = Fx\sin\varphi$$

【考え方 2】を使うと，力の大きさには F の分力 $F_y = F\cos\varphi$，モーメントの腕は r なので，力のモーメントは，

$$F_y r = (F\cos\varphi) \times r = Fr\cos\varphi$$

（考察）x と r の関係は，$r = x\tan\varphi$ なので，

$$Fr\cos\varphi = F \times (x\tan\varphi) \times \cos\varphi = Fx\sin\varphi$$

【考え方 1】の結果と同じになる。

解 4-2　合力は，$F + F = 2F$。

次に，反時計まわりの力のモーメントを正と考えると，右のタグボートによる力のモーメントは $+FL$，左のタグボートによる力のモーメントは $-FL$ で，足すと $FL + (-FL) = 0$ となる。

解 4-3

(1) 張力 F のうち，重心から係留索の作用点までの距離 L に垂直な成分は，図より $F\sin 30°$ である。

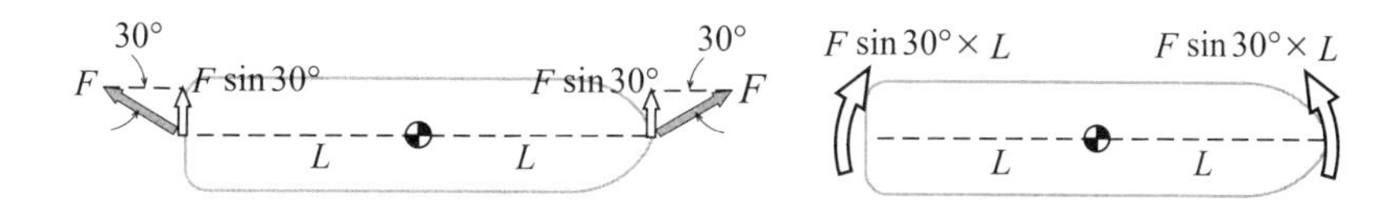

反時計回りの力のモーメントを正と考えると，右の係留索の作る力のモーメントは，$+F\sin 30° \times L$，左の係留索の作る力のモーメントは，$-F\sin 30° \times L$ となり，これらの和をとると，

$$F\sin 30° \times L - F\sin 30° \times L = 0$$

(2) 左右の F の作用線を延長すると図のようになる。作用線の交点に力を移動しても，力のモーメントには変化がないので，2 つの力の始点を重ねて，合成すると，作用線が重心を通る合力となる。

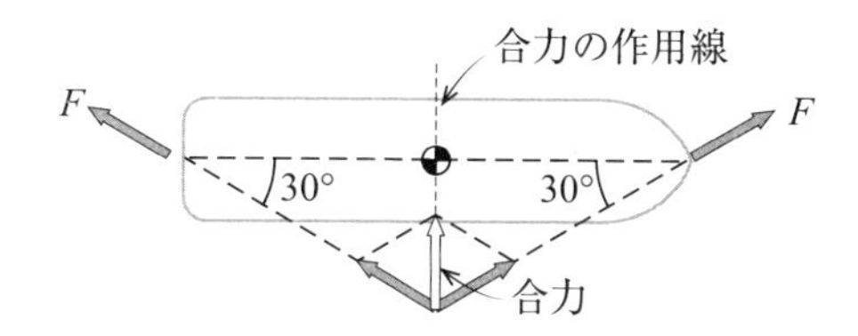

合力の大きさは，$2 \times F\sin 30° = F$ で，さらに，合力の作用線が重心を通るので，合力による力のモーメントは 0 になる。

解 4-4　チラー中心から等距離 L にある2つの点に，油圧シリンダから同じ大きさでそれぞれ反対向きの力 F が同時に加わるため，合力は，

$$F + (-F) = 0$$

となるが，2つの力によるモーメント M は回転方向が同じ（反時計まわり）であるため，

$$M = FL + FL = 2FL$$

となり，「ポイント4.7」で説明された並進作用を持たない純粋な力のモーメント，すなわち $2FL$ の偶力となる。

第5章

複雑な運動

5.1 剛体の静止（または等速直線運動）

5.1.1 反力が発生する場合

図5.1のようなクレーンで物体をつり下げるように，長い棒状の**はり**は非常によく用いられます。第6章で，変形する材料の強さの基礎を学びますが，最初に最も簡単なモデル化（5章では「両端支持はり」と呼ばれます）を行います。モデル化では，両端に回転可能な種類の支点を仮定します。図5.1の右図では，左端に回転のみが可能な「回転支点」，右端に回転と横移動が可能な「移動支点」を考えています。

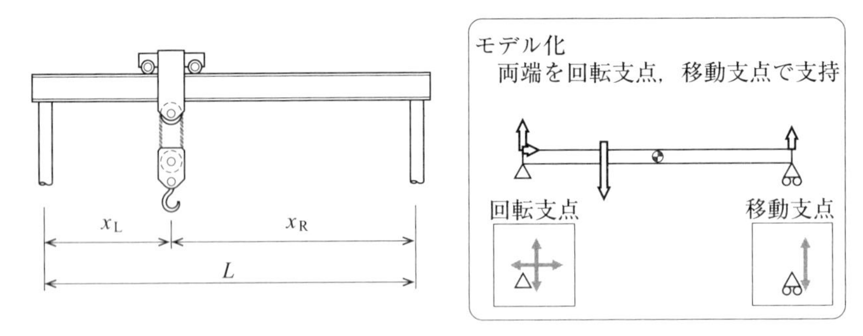

図5.1　クレーンのモデル化「両端支持はり」

これらの支点では，許される運動以外には，反力が発生します。「回転支点」には水平と垂直方向の反力が発生します。「移動支点」は水平方向の運動が許されているので，垂直方向の反力のみが発生します。

物体が静止する場合，回転の基準点をどこに設定しても，角運動方程式は成立します（力のモーメントの和 = 慣性モーメント × 0：慣性モーメントは回転の基準点をどこに考えるかで変わりますが，角加速度が常にゼロとなるので，回転の基準点をどこにとってもよいことになります）。

> **例題** 5-1　図5.1のような静止しているクレーンを「両端支持はり」とモデル化し，両端の支点の垂直方向の反力を求めなさい。ただし，クレーンの質量を M，長さを L，クレーンの位置を左端から x_L，右端から x_R，重力加速度を g，クレーンのレールの質量を無視できるものとする。

— 解答 —

自由物体線図をかくと次のようになる。

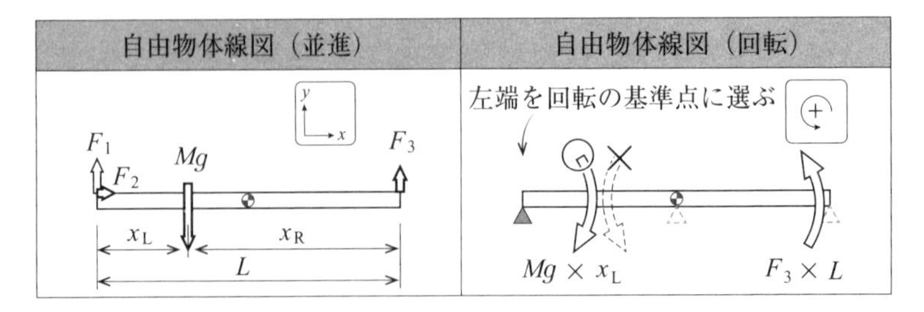

回転の基準点を選ぶ際には，静止しているため，どの点を選んでもよいので，最も角運動方程式が簡単になる点を選ぶ。今回の場合，左端に F_1，F_2，右端に F_3 の反力が発生する可能性がある。左端を基準点とすると，F_1，F_2 は角運動方程式に現れなくなるので，左端を回転の基準点に選ぶ。

y 方向の運動方程式は，

$$F_1 + F_3 - Mg = M \times 0$$

角運動方程式は，

$$F_3 \times L - Mg \times x_L = I \times 0 \qquad F_3 = \frac{x_L}{L} Mg$$

よって，

$$F_1 = Mg - F_3 = Mg - \frac{Mg \times x_L}{L} = Mg\left(1 - \frac{x_L}{L}\right) = Mg\left(\frac{L - x_L}{L}\right) = \frac{x_R}{L} Mg$$

なお，x 方向の運動方程式は $F_2 = M \times 0$ となり，$F_2 = 0$ である。

練習 5-1 静止している自動車の質量を M，前輪が地面から受ける反力を F_F，後輪の反力を F_R，前後輪の間の距離を L，重力加速度を g，前輪から重心までの距離を x_F，後輪から重心までの距離を x_R とするとき，モデル化した図および自由物体線図をもとに，反力 F_F，F_R を求めなさい。

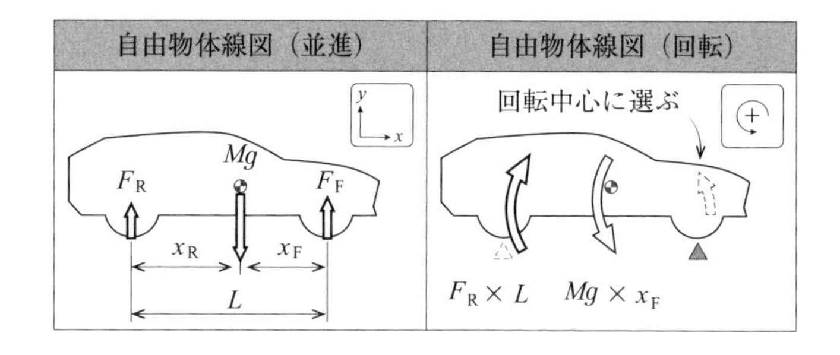

例題 5-2（発展） 下図のような荷役機械をデリックという。左図のように，長さ L のブームと呼ばれる部材を，垂直に立てられた高さ H のマストとワイヤ，原動機で調整し，ブームの先に荷物をつるす。ブームに作用する力を簡単化すると，ブームの上端を引くワイヤの張力 T_1，荷物を引く張力 T_2，重力 Mg（ブームの中央に重心），根本に作用する垂直方向の力 F_N，水平方向の力 F_T が作用している。ブームとマスト間のワイヤをトッピングリフトといい、その長さを ℓ とするとき、重さ mg の荷物をつり下げて静止しているときの T_1 を求めなさい。

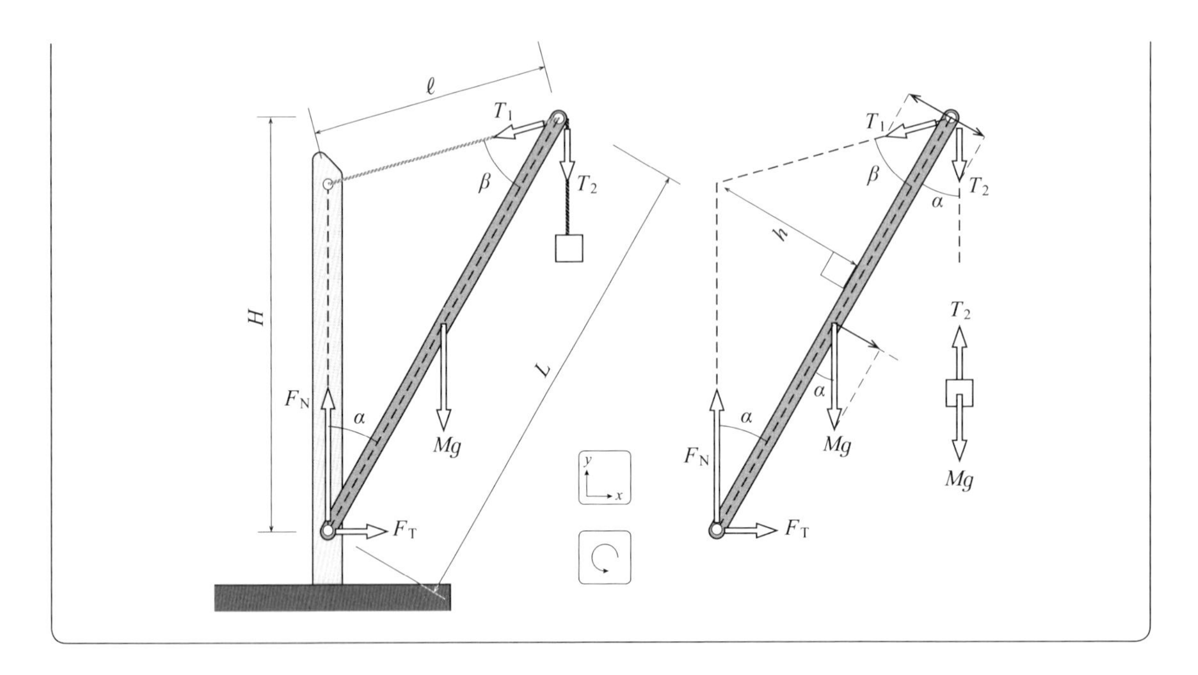

— 解答 —

ムーブと荷物をあわせた慣性モーメントを I とする。

自由物体線図（回転）にもとづいて，マストの下端を回転の基準点として，角運動方程式を立てると，

$$-\frac{L}{2} \times Mg\sin\alpha - L \times T_2\sin\alpha + L \times T_1\sin\beta = 0$$

ここで，荷物について運動方程式を立てると，

$$T_2 - mg = m \times 0$$

よって，T_1 は，

$$L \times T_1\sin\beta = L \times \left(\frac{Mg}{2} + mg\right)\sin\alpha$$

$$T_1 = \left(\frac{Mg}{2} + mg\right)\frac{\sin\alpha}{\sin\beta}$$

ここで，ブームからマストの頂点までの距離を h とすると，

$$\sin\alpha = \frac{h}{H} \qquad \sin\beta = \frac{h}{\ell}$$

となるので，

$$T_1 = \left(\frac{Mg}{2} + mg\right)\frac{\ell}{H}$$

5.1.2　反モーメントが発生する場合

図 5.2 のようなクレーンでは，水平な構造な左端に，回転を支えるためのモーメント，「反モーメント」が発生します。

自由物体線図をかくと，反力と反モーメントの必要性が理解できます。クレーンの水平部分の質量を m，クレーンの水平方向の長さを L，重心から左端までの距離を L_G，クレーンにつり下がっている荷物の質量を M，重力加速度を g とするとき，自由物体線図（並進）に外力として，Mg と mg をかきこむと，自由物体線図を見る限りではクレーンが落下してしまいます。実際に落下しないのは，外部（クレーンの垂直な構造部）からの反力 R によって支えられるからです。同様に，自由物体線図（回転）に外力によるモーメントをかきこむと $mg \times L_G$，$Mg \times L$ となり，自由物体線図を見る限りではクレーンが時計まわりに回転してしまいます。実際には回転しないので，そのためには，外部からの反時計まわりの力のモーメント N が必要ということがわかります。クレーンの垂直な構造部は，接続部でこのモーメントを与えてくれます。本書ではこのように自動的に発生するモーメントを**反モーメント**と呼ぶことにします。

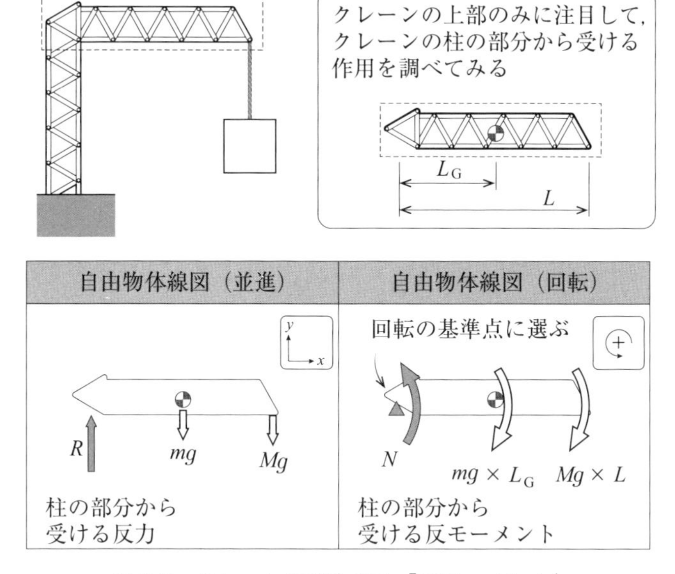

図 5.2 クレーンに発生する「反モーメント」

例題 5-3 図 5.2 のクレーン水平部に作用する反力 R と反モーメント N を求めなさい。

— 解答 —

運動方程式（y 方向）は，

$$R - mg - Mg = M \times 0$$

クレーン上部と荷物の慣性モーメントを I とすると，角運動方程式は，

$$N - mg \times L_G - Mg \times x_L = I \times 0$$

それぞれの式より，

$$R = (m + M)g$$

$$N = (mL_G + ML)g$$

5.2 剛体が回転せずに並進運動を行う場合

剛体が加速するには推進力が必要ですが，通常この推進力は重心からずれた部分に作用し，回転作用も伴います。剛体が回転せずに加速するためには，推進力のモーメントにつり合うような力のモーメントが必要です。

ここでは，人がダッシュする場合や車が加速する例を示しますが，船の運動でも同様なことが起きますので，後の節で取り上げます。

例題 5-4　質量 m の人が足で地面を蹴った反作用（摩擦力）F_{T} で前方に加速度 a_{x} で加速する。足は同時に地面からの垂直抗力 F_{N} も受けるが，垂直方向には移動しないとする。足から重心までの水平方向距離を W，垂直方向距離を H，とするとき，加速が大きいときには，体は起き上がって（反時計まわりに回転して）しまう。姿勢を保ったまま加速するためには，W をどの程度にしなければならないか，H，a_{x}，重力加速度 g との関係を導きなさい。

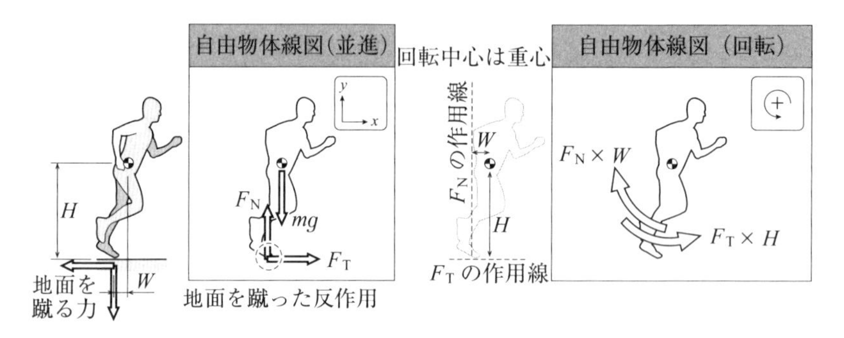

— 解答 —

自由物体線図より，

運動方程式（x 方向）：

$$F_{\mathrm{T}} = m \times a_{\mathrm{x}}$$

運動方程式（y 方向）：

$$F_{\mathrm{N}} - mg = m \times a_{\mathrm{y}}$$

回転しないようにすると，角速度は0となるので，角運動方程式は次のようになる：

$$F_{\mathrm{T}} \times H - F_{\mathrm{N}} \times W = 0$$

練習 5-2　前輪駆動の自動車は，エンジンの回転力（トルク）によって前輪で地面を蹴った反作用を推進力として加速する。しばらくすると，自動車はフロントがリアよりも浮いた状態で姿勢を維持して加速する。自動車の質量を M，前輪が地面から受ける反力を F_{F}，重心の高さを H，後輪の反力を

F_R，重心の高さを前後輪の間の距離を L，重力加速度を g，前輪から重心までの距離を x_F，後輪から重心までの距離を x_R とするとき，モデル化した図および自由物体線図をもとに，反力 F_F，F_R を求めなさい。

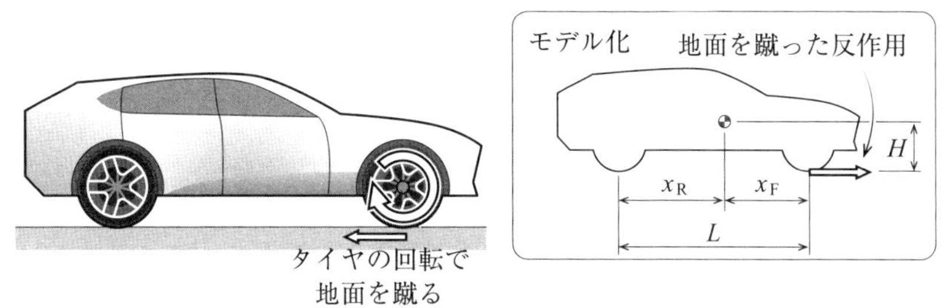

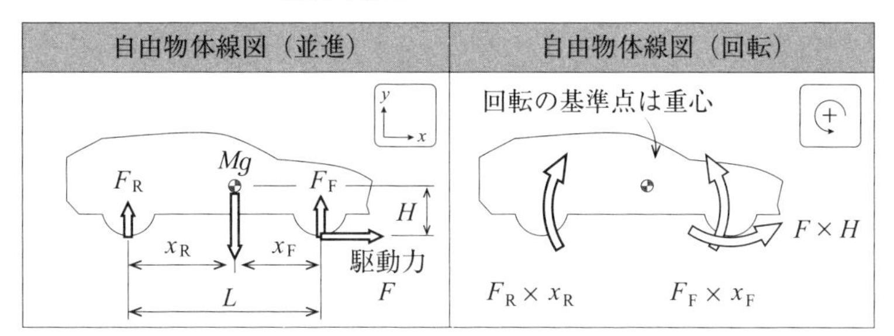

5.3 剛体の並進運動を伴わない回転運動

定滑車や動滑車は，荷役作業や展帆作業などで使われます。ここでは，剛体の回転についての基本問題として，定滑車の運動を紹介します。

例題 5-5　滑車（質量が M，半径が R，慣性モーメントが $I = MR^2/2$）にロープを通して，質量 m_1 と質量 m_2（$m_1 < m_2$）のおもりをつり下げ，静かに手を離す。2 つのおもりの加速度の大きさは等しく，a とする。また，ロープと定滑車の滑りはないとする。重力加速度を g として，加速度 a を求めなさい。

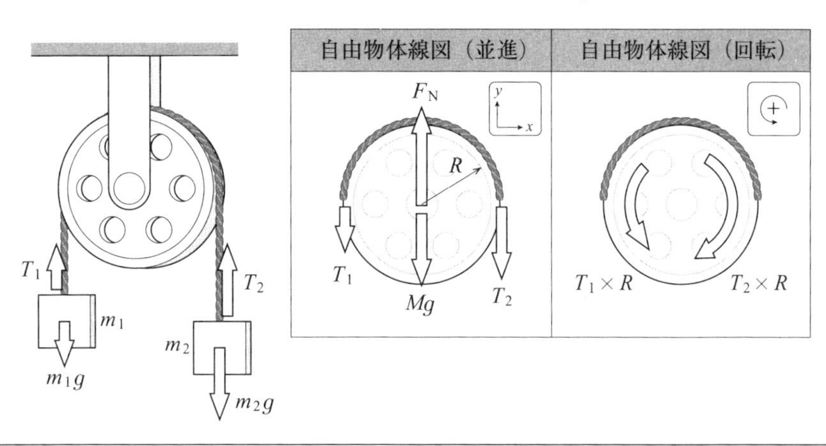

― 解答 ―

質量 m_2 のおもりは下向きに落下するので，下向きを正とし，ロープの張力を T_2 とすると，運動方程式は，

$$m_2 g - T_2 = m_2 a \quad \longrightarrow \quad T_2 = m_2(g - a)$$

質量 m_1 のおもりは上向きに上昇するので，上向きを正とし，ロープの張力を T_1 とすると，運動方程式は，

$$T_1 - m_1 g = m_1 a \quad \longrightarrow \quad T_1 = m_1(g + a)$$

滑車の軸を支える垂直抗力を F_N とした自由物体線図を参照して，滑車の角運動方程式は，角加速度を β として，

$$(T_2 - T_1)R = I \times \beta$$

ここで，滑車とロープの滑りがないことから，$a = R \cdot \beta$ となるので，整理すると，

$$\{m_2(g - a) - m_1(g + a)\}R^2 = I \times (R \cdot \beta) = I \times a$$

$$(m_2 - m_1)gR^2 = \{I + (m_2 + m_1)gR^2\} \times a$$

$$a = \frac{(m_2 - m_1)gR^2}{\{I + (m_2 + m_1)gR^2\}}$$

船の甲板には，錨を取りつけたロープや鎖，係船索を巻き上げるウィンチやウインドラスが装備されています。これらの甲板機械は，ドラムとドラムを動かす機構やブレーキをかける機構が組みこまれています。これらの機械の働きをモデル化して紹介します。

例題 5-6　質量 m の錨をつないだロープが，ドラム（質量 M，半径 r，慣性モーメント I）に巻きつけられる。投錨の際，錨が加速度 a で落下するとき，ドラムがロープの張力 T で回転する。ローラーフェアリーダーの抵抗などは無視するとし，重力加速度度を g として，落下の加速度 a を求めなさい。

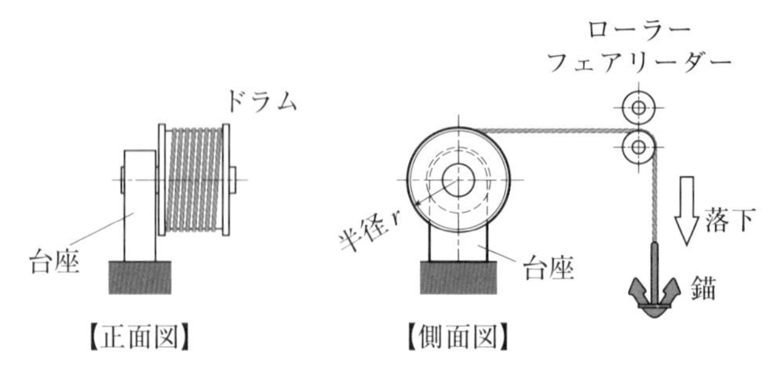

― 解答 ―

ドラムの軸の反力を R_x，R_y とすると，自由物体線図をかくと次のようになる。

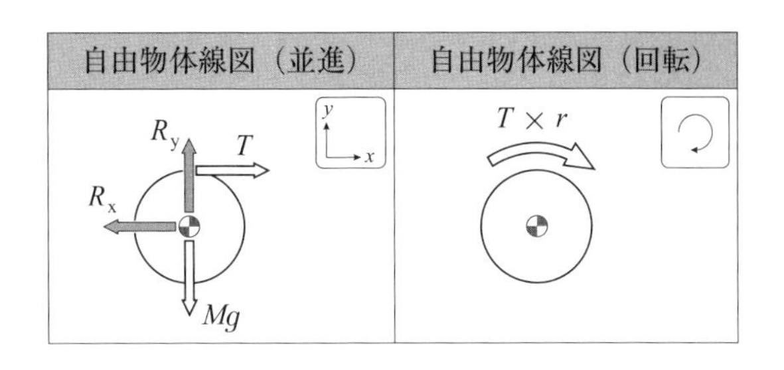

錨の運動方程式は，落下の方向を正とすると，

$$-T + mg = ma$$

また，ドラムの運動方程式は，

$$(x\text{ 方向})\quad T - R_x = M \times 0$$

$$(y\text{ 方向})\quad R_y - Mg = M \times 0$$

次に，ドラムの角加速度を β とすると，ドラムの角運動方程式は，

$$T \times r = I \times \beta$$

ここで，落下の加速度 a は，角加速度と $a = r \times \beta$ の関係があるので，

$$T \times r^2 = I \times (r \times \beta) = I \times a$$

$$T = \frac{I}{r^2} a$$

$$\left(m + \frac{I}{r^2}\right) a = mg$$

$$a = \frac{m}{m + I/r^2} g$$

例題 5-7　錨を巻き上げる手動式ウィンチについて，ドラム（質量 M，半径 r_D，慣性モーメント I）を，ドラム中心から持ち手までの距離が r_H のハンドルに力 F を加えることで，周方向に回転させる。錨を引くロープの張力を T として，定速でドラムを回転させる。ハンドルの質量を無視できるとして，力 F と張力 T の関係を求めなさい。

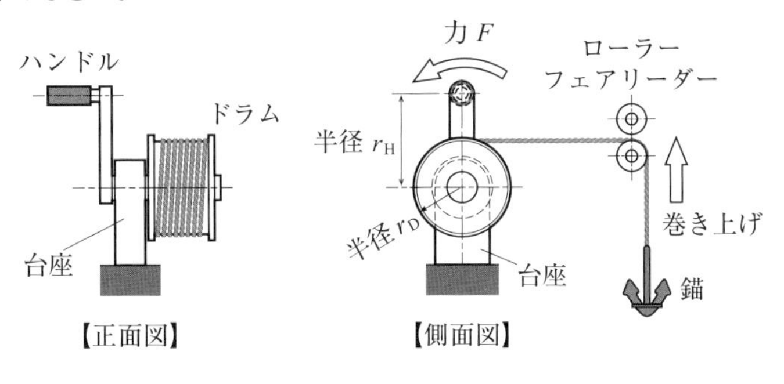

【正面図】　【側面図】

— 解答 —

ハンドルが上部に位置するとき，ドラムとハンドルの系に作用する横方向の力は，F と T および中心軸に作用する反力を R_x，R_y とすると，これらの力による力のモーメントは，ドラムの重心を基準点にとるとき，

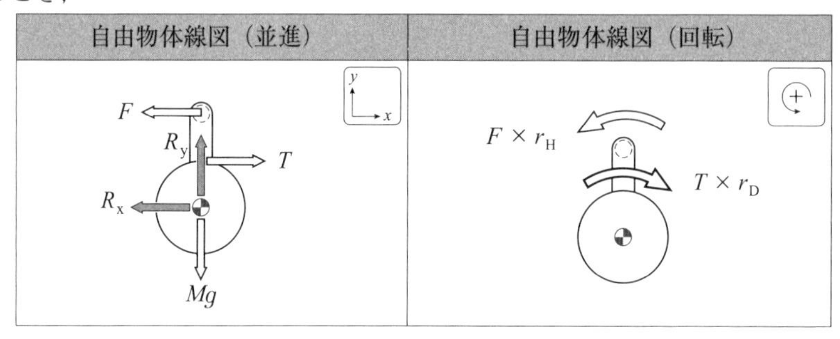

角運動方程式は，

$$F \times r_H - T \times r_D = I \times 0$$

ゆえに，

$$F \cdot r_H = T \cdot r_D$$

例題 5-8　例題 5-7 のハンドルをモーターに取り換えた電動ウィンチについて，モーターからのトルク（力のモーメント）N で巻き上げるとき，錨を引くロープの張力を T として，定速でドラムを回転させた。トルクと張力の関係を求めなさい。

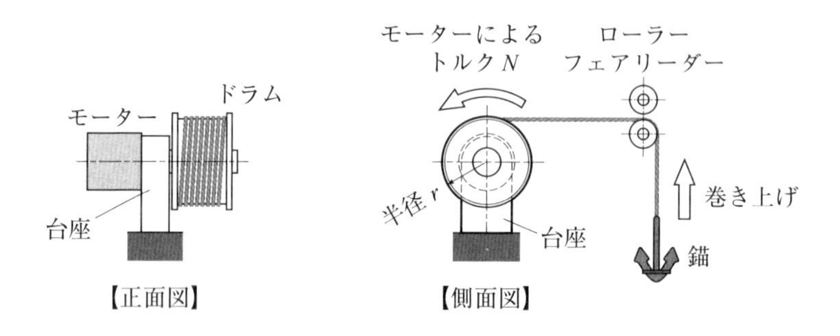

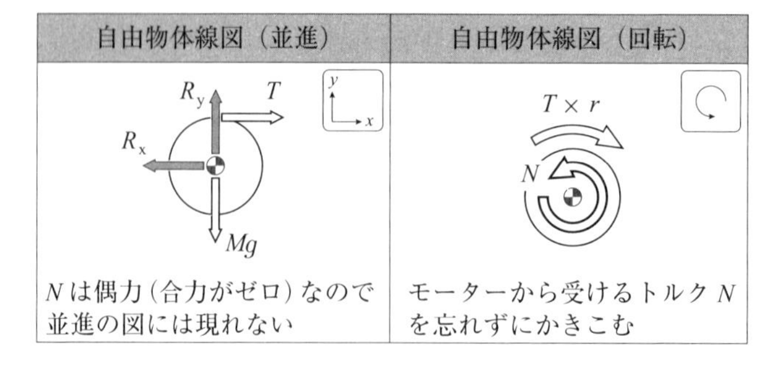

— 解答 —

モーターによるトルクは偶力であるので，自由物体線図（並進）にはモーターに関する力は現れない。しかし，自由物体線図（回転）にはトルク N が現れるので，ドラムの角運動方程式は：

$$N - T \times r = I \times 0$$

ゆえに，

$$N = Tr$$

例題 5-9（発展）　例題 5-6 で落下する錨を止めるためにはブレーキが必要となる。ブレーキとして，ドラムに取りつけられたブレーキ輪（半径 r）に，レバー（長さ H）に取りつけられたブロックを押しつけることによって，垂直抗力 F と摩擦力 f を加える方式を考える。レバーの慣性モーメントを無視できるとし，レバーに加える操作力を F_H，レバーの根本からブロックまでの距離を h，ブレーキ輪とブロックとの動摩擦係数を μ とするとき，

(1) 錨の落下加速度を a と摩擦力 f の関係

(2) 錨の落下加速度 a と操作力 F_H の関係

を調べなさい。ただし，ブレーキ軸とブロックとの接触点は，レバーの支点の真上にあるとする。

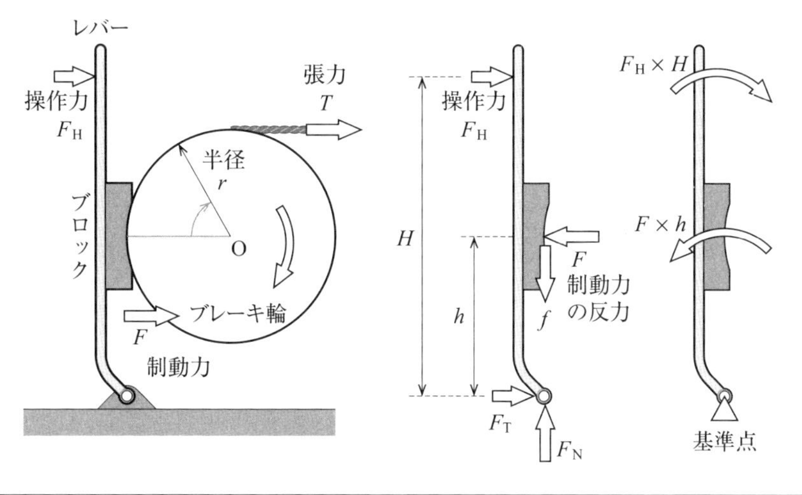

— 解答 —

(1) 例題 5-6 のドラムに対する自由物体線図をかき直すと，次のようになる。

ここでドラムの軸に発生する反力を R_x（水平方向），R_y（鉛直方向）とする。

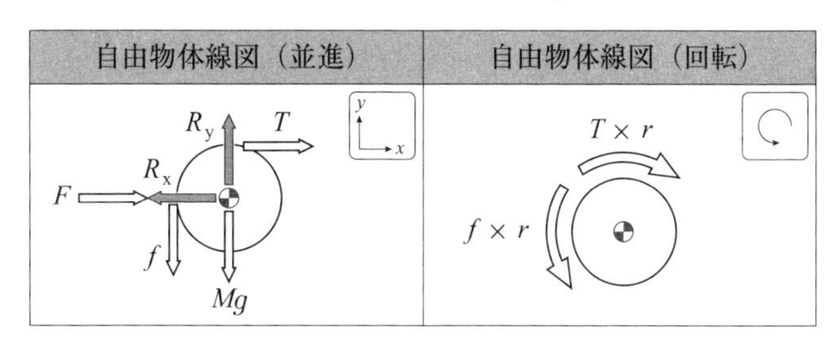

錨の運動方程式は，落下の方向を正とすると，

$$mg - T = m \times a \tag{5.1}$$

ドラムの角加速度を β とすると，ドラムの角運動方程式は，

$$T \times r - f \times r = I \times \beta$$

ここで，落下の加速度 a は，角加速度と $a = r\beta$ の関係があるので，

$$Tr - fr = I\left(\frac{a}{r}\right) \tag{5.2}$$

式 (5.1)，式 (5.2) から，T を消去すると，

$$T - f = \frac{I}{r^2}a$$

$$mg - f = \left(m + \frac{I}{r^2}\right)a$$

$$\therefore \quad a = \frac{mg - f}{m + I/r^2}$$

(2) レバーについて，レバーの支点を基準点とする角運動方程式を立てると，

$$F_{\mathrm{H}} \times H - F \times h + f \times 0 = 0$$

これにより，F は，

$$F = \frac{H}{h}F_{\mathrm{H}}$$

次に，ブレーキ輪とブロックは滑っているので，間に働く摩擦力 f は動摩擦力であり，$f = \mu F$ となる。

これらを，(1) の結果に代入すると，

$$a = \frac{mg - \mu(H/h)F_{\mathrm{H}}}{m + I/r^2}$$

船のエンジンやモーターは，確実に固定しなければ危険です。これは自身が発生したトルクの反作用によって，支持点に大きな力が発生するからです。エンジンやモーターの発生するトルクは偶力（発生する力の合力はゼロ）ですから，自由物体線図をかいたとき，並進の図には，エンジンやモーターのトルクに関連する力は現れず，回転の図にのみトルクが現れます。

ポイント 5.1 エンジンやモーターの発生するトルク

エンジンやモーターの発生するトルクは，偶力なので，力の合力はゼロ。

→ 自由物体線図（並進）には，トルクに関係する力はかかない。

→ 自由物体線図（回転）には，トルクをかきこむ。

例題 5-10 トルク T を発生するモーターでファンを回転させている。モーターには左右に支持脚が取りつけられており，重心からの距離は左右とも L である。モーターの質量を M，慣性モーメントを I，ファンの質量を無視するとして，支持脚による垂直抗力 F_{N1}，F_{N2} を求めなさい。

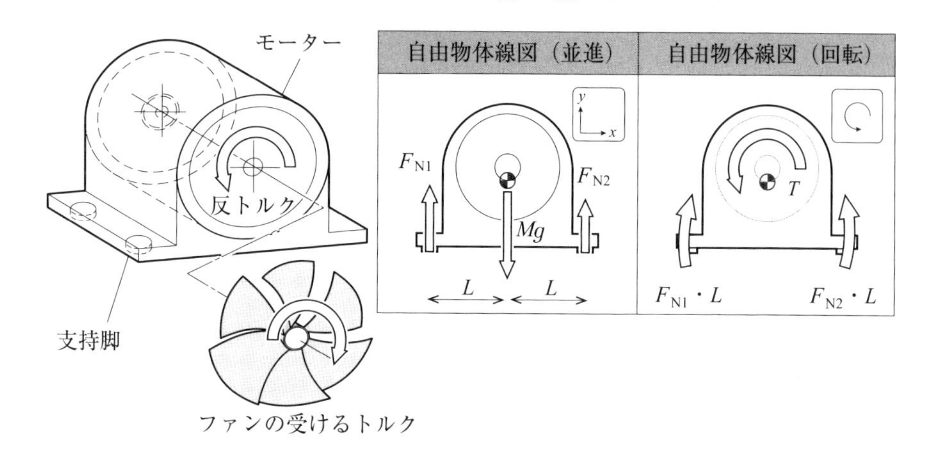

— 解答 —

モーターが，ファンを時計まわりに回転させるトルクを加えた場合，ファンから反時計まわりの反トルクを受けることに注意すると，自由物体線図は図のようになる。

モーターの重心は並進運動しないので，運動方程式は，

$$F_{N1} + F_{N2} - Mg = M \times 0$$

$$F_{N1} + F_{N2} = Mg$$

また，重心を回転の基準点として，角運動方程式は，

$$T - F_{N1} \cdot L + F_{N2} \cdot L = I \times 0$$

$$(F_{N1} - F_{N2})L = T$$

$$F_{N1} = \frac{Mg + T/L}{2} \qquad F_{N2} = \frac{Mg - T/L}{2}$$

次の例題は，歯車の特性に関係するものです。通常，エンジンやモーターの発生するトルクは，船や自動車を始動させるには小さく，回転数は逆に速すぎます。そこで，エンジンやモーターの出力軸と，プロペラやタイヤなどの負荷の間には，歯車を組み合わせた変速機（ギアボックス）が組みこまれます。

変速機の入力と出力の関係は「速比（ギア比）」を用いて表されますが，その特性を直接求めるのは少し難しいため，通常は歯車を摩擦車に置き換えて考え，摩擦車に関する結果を歯車の速比に変換するのが簡単です。

例題 5-11　モーターで直接プロペラを回転させたが，トルクが不足したため，間に2つの歯車を挿入することにした。歯車を考えると難しいので，歯車1，歯車2と等価な直径 d_1 と d_2 の摩擦車1，2で考える。モーターからの入力トルクを T_{in}，プロペラに加えられる出力トルクを T_{out} とするとき，2つの摩擦車の間に働く摩擦力 f によってトルクが伝達される。2つの摩擦車の間には滑りがないとして，出力トルクと入力トルクの関係を，直径 d_1，d_2 を用いて表しなさい。

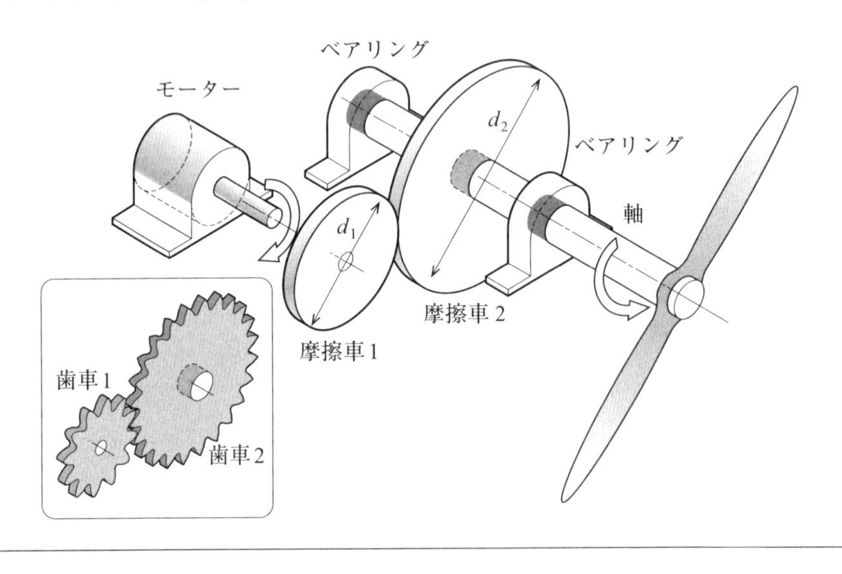

― 解答 ―

2つの摩擦車について，それぞれに自由物体線図をかくと次のようになる。ここで摩擦車が軸から受ける垂直抗力を F_{N1}，F_{N2} と表す。また，摩擦車1はモーターから時計まわりの入力トルク T_{in} を受け，摩擦車2はプロペラをまわしたときの反トルク（大きさは T_{out}）をプロペラの回転と逆向き（時計まわり）に受けるとする。

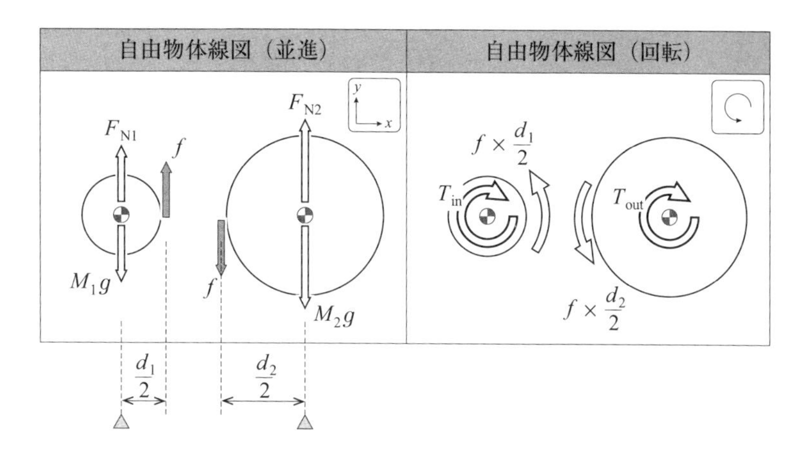

自由物体線図（並進）で，摩擦車2が摩擦車1から受ける大きさfの摩擦力に対して，摩擦車1は，大きさfの反作用を受ける。それぞれの重心を回転の基準として，摩擦力による力のモーメントは，それぞれ，$f \times d_1/2$と$f \times d_2/2$であるので，プロペラ回転数が変化しないとし，歯車1の慣性モーメントをI_1，歯車2の慣性モーメントをI_2とすると，角運動方程式は，

$$f \times \frac{d_1}{2} - T_{in} = I_1 \times 0 \qquad f \times \frac{d_2}{2} - T_{out} = I_2 \times 0$$

2つの式を連立させて，力fを消去すると，

$$f = \frac{2}{d_1} T_{in} \qquad f = \frac{2}{d_2} T_{out}$$

$$T_{out} = \left(\frac{d_2}{d_1}\right) T_{in}$$

5.4 移動しながら回転する剛体

ここでは，並進運動を行いつつ回転する物体を取り上げます。最初に，木材などの円柱状の物体が傾いた甲板上を転がるような例を紹介します。

例題 5-12　質量m，半径r，慣性モーメントIの円柱状の物体が，角度θの斜面を転がるとき，摩擦力をf，斜面方向の加速度をaとして，

(1) 運動方程式と角運動方程式（慣性モーメントをIと，角加速度をβとする）をかきなさい。

(2) 慣性モーメントを$I = mr^2/2$，物体と斜面の滑りがないとして，加速度aを求めなさい。

(3) 右図のように，円柱状の物体が幅Bの船の甲板上の左舷側から転がり，右舷側から船外に落下するまでの時間を求めなさい。

ただし，重力加速度をgとする。

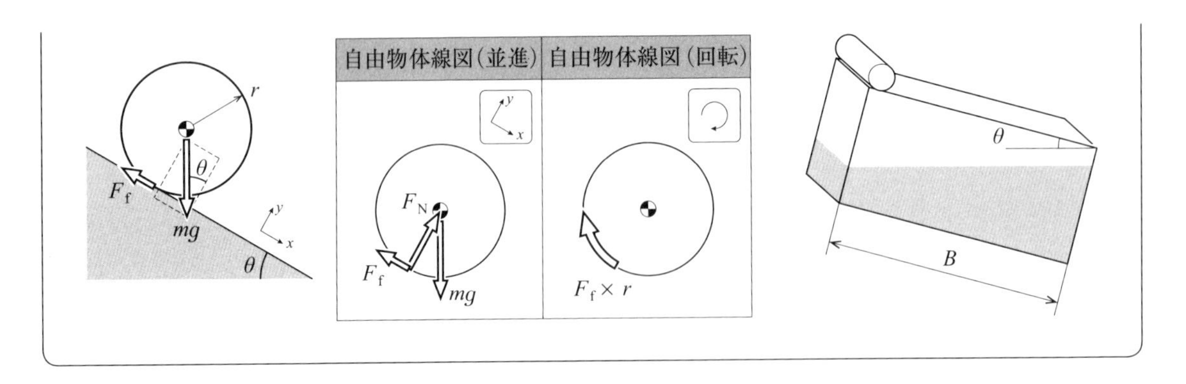

―解答―

斜面方向の加速度を求めるのに，座標軸として斜面方向に x 座標を，斜面に垂直な方向に y 座標をとると，式が簡単になる。斜面からの垂直抗力を F_N とすると，摩擦力 f は x 軸の反対方向，F_N は y 軸方向となるが，重力 mg のみ，座標軸に対して傾いた方向となる。そこで，mg を x 軸方向と y 軸方向に分解して考える。

(1) mg の x 方向成分は $mg\sin\theta$，y 方向成分は $mg\cos\theta$ であるので，運動方程式は，

$$(x\text{ 方向})\quad mg\sin\theta - F_f = m \times a$$

$$(y\text{ 方向})\quad F_N - mg\cos\theta = m \times 0$$

次に，角運動方程式は，

$$F_f \times r = I \times \beta$$

(2) $a = r\beta$ として，β を消去すると，

$$F_f = \frac{I}{r^2}(r\beta) = \frac{I}{r^2}a$$

$$mg\sin\theta = \left(m + \frac{I}{r^2}\right) \times a$$

$$a = \frac{mr^2}{mr^2 + I}g\sin\theta$$

$$I = \frac{1}{2}mr^2$$

$$a = \frac{mr^2}{mr^2 + mr^2/2}g\sin\theta = \frac{2}{3}g\sin\theta$$

$$B = \frac{1}{2}at^2 = \frac{1}{2}\left(\frac{2}{3}g\sin\theta\right)t^2 = \frac{g}{3}\sin\theta \cdot t^2$$

$$t = \sqrt{\frac{3B}{g\sin\theta}}$$

練習 5-3　幅 10 m の船が，右舷側に 5° 傾斜したとき，甲板上の左舷側にある，半径 0.2 m，質量 500 kg の丸太が船外に落下するまでの時間を求めなさい。

次の例題は，車が等速円運動する例です。物体の旋回運動が等速円運動の場合，剛体であっても質点と同じように考えることができ，一定の**向心力** f が必要になります。質量 m，半径 r，角速度 ω の場合の半径方向の運動方程式は，

$$（等速円運動の半径方向運動方程式）\quad f = m \times r\omega^2$$

となります。

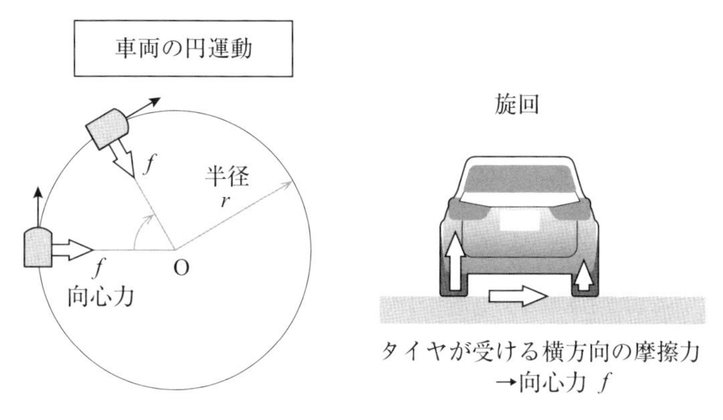

図 5.3　自動車の旋回運動

船や自動車の旋回の問題は，この式と，重心についての運動方程式と角運動方程式とをあわせることによって，船や自動車に働く力や姿勢を調べることができます。船の運動は複雑ですので，まずは，自動車に関する問題で，旋回問題の特徴を理解しましょう。

例題 5-13　図 5.3 のような質量 m の自動車が半径 r で等速（角速度 ω）の円運動を行うには，タイヤで地面を蹴った反作用（摩擦力）f が必要になる。この状態での左右のタイヤに作用する垂直抗力 F_L と F_R を求めなさい。ただし，重心の高さを h，重心から左右のタイヤまでの距離 L とし，重力加速度を g とし，自動車を後ろから見たときの傾きは変化しないとする。

— 解答 —

自動車を後ろから見た自由物体線図は次のようになる。

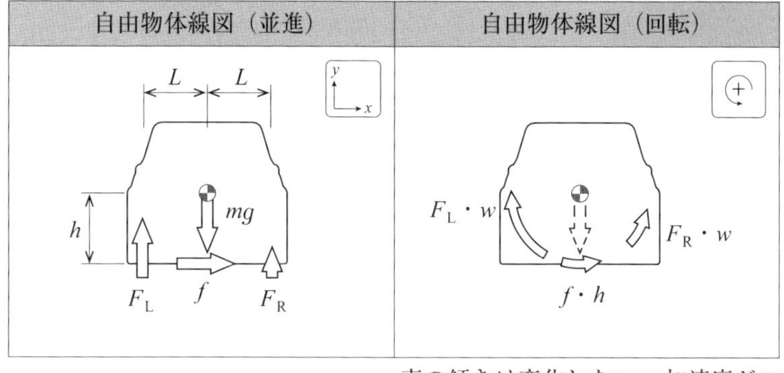

旋回の中心を基準点とする等速円運動の運動方程式は，

$$f = m \times r\omega^2 \tag{5.3}$$

縦方向の運動方程式は，

$$F_L + F_R - mg = m \times 0 \longrightarrow F_L + F_R = mg \tag{5.4}$$

自動車を後ろから見たとき，自動車の傾きは変化しないので，重心を基準点とする角加速度はゼロで，慣性モーメントを I とすると，角運動方程式は，

$$f \times h + F_R \times L - F_L \times L = I \times 0$$

$$F_L L - F_R L = fh$$

$$F_L - F_R = \frac{fh}{L} \tag{5.5}$$

式 (5.4) と式 (5.5) を連立させて，F_L と F_R を求める。

式 (5.4) と式 (5.5) の辺々を足して，

$$2 \times F_L = mg + \frac{fh}{L} \qquad F_L = \frac{1}{2}mg + \frac{fh}{2L}$$

f に式 (5.3) を代入すると，

$$F_L = \frac{1}{2}mg + \frac{mr\omega^2 \cdot h}{2L} \qquad F_R = \frac{1}{2}mg - \frac{mr\omega^2 \cdot h}{2L}$$

となり，旋回している分だけ，タイヤの垂直抗力のバランスが変わる。

5.5 船の運動

5.5.1　浮力の特性

船の運動では，浮力の特性を理解することが重要となります。

図 5.4 の左図のように船の水面下の船体には，船体に対し鉛直内向きに水圧がかかります。水圧は水深が深くなると大きくなり，船体にかかる水平方向の水圧は打ち消しあいます。船体に鉛直上向きにかかる水圧の合力が，船体の重さによる下向きの重力と等しくなるところで，船は静止して浮きます。

浮力は船体の水面下の容積の中心（**浮心**）B にかかります。

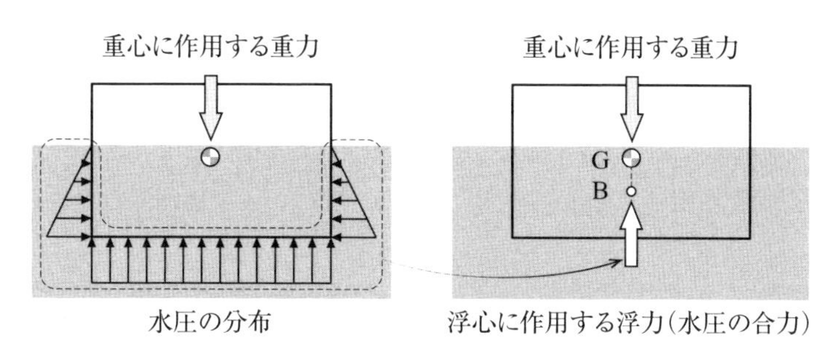

図 5.4 船体にかかる水圧（浮力）と重力のつり合い

図 5.4 の右図のような直方体の船が静止して浮いている場合，重力と浮力の作用線は同一線上にあるので，船体は回転しません。

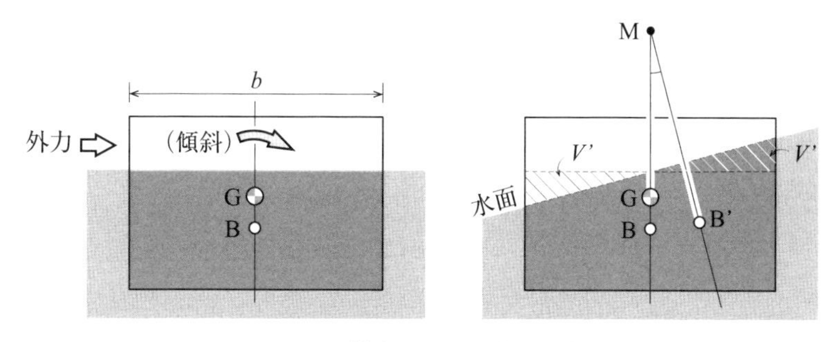

図 5.5 外力による船体の傾斜

ところが，図 5.5 のように左から外力を受け，船が右に微小角度 θ 傾いた場合，右側では水面以下になる部分（三角すい）が増加し，反面，左側では水面以下になる部分が減少し，三角すいの部分だけ浮力が減少します。

このとき三角すいの部分が右に移動したと考えると，三角すいの容積を V'，水密度を ρ，船の横幅を b，傾斜角を θ として，

移動した重さ $V' \times \rho \times g$

移動した距離 右方向に $b \times 2/3$，上方向に $b/3 \times \tan\theta$

となります。浮心 B' は，船体の水面下の容積を V とし，船体固定座標で考えると，もとの浮心 B から，

右方向に $(V' \times b \times 2/3)/V$

上方向に $(V' \times b/3 \times \tan\theta)/V$

だけ移動します。つまり，右側の浮力が増えるため浮心が右上方向に移動します。

このとき，次の「ポイント 5.2」の左図のように，移動した浮心 B' から鉛直上向きに浮力 B，重心から鉛直下向きに重力 W がかかり，浮力と重力の関係は偶力となり，この偶力のモーメントが船の傾斜を元に戻そうとする**復原力**（右図）となります。

船体の傾斜角が微小な場合，移動した浮心B′と船体中心線の交点Mは定点となり「メタセンタ」と呼びます。重力と浮力の作用線の距離はメタセンタと重心の距離「$\overline{\mathrm{GM}}$」を用い，$\overline{\mathrm{GM}} \times \sin\theta$となり，**復原力**は$W \times \overline{\mathrm{GM}} \times \sin\theta$となります。なお，$\overline{\mathrm{GM}} \times \sin\theta$は重心から移動した浮力の作用線までの距離を表し，重心から浮力の作用線までの垂線の交点をZとして，$\overline{\mathrm{GZ}}$を**復原てこ**と呼びます。

ポイント 5.2　船の傾斜時の復原力（モーメント）

重力の大きさをW，浮力の大きさをB，重心位置をG，メタセンタ位置をM，傾斜角をθとするとき，

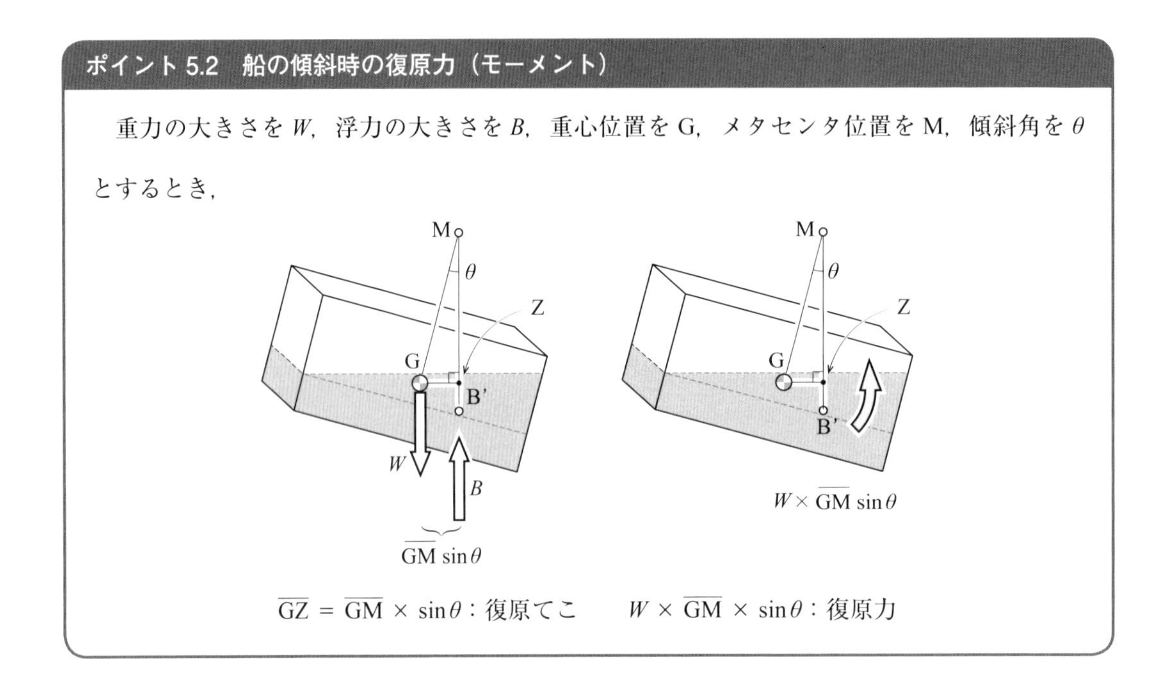

$\overline{\mathrm{GZ}} = \overline{\mathrm{GM}} \times \sin\theta$：復原てこ　　$W \times \overline{\mathrm{GM}} \times \sin\theta$：復原力

5.5.2　横傾斜

ポイント5.2の復原力は，船のいろいろな運動に関与します。基本的な運動を例題でみていきましょう。

(1) 荷物の移動に伴う傾斜

例題 5-14　荷物（質量m_2）を積んだ船について，全体の質量がm_1であるとする。船の中央に搭載されている荷物を中心からxだけ横に移動したところ，船体が微小角θだけ傾斜して静止した。このとき，

(1) 荷物が船の中心にあるときの運動方程式

(2) 荷物を中心からxだけ移動した瞬間について，船の慣性モーメントがI_1の場合の角運動方程式

(3) 船の傾斜角を求める式

を立てなさい。ただし，傾斜角が小さいときの，重心Gとメタセンタ Mの距離を$\overline{\mathrm{GM}}$とする。

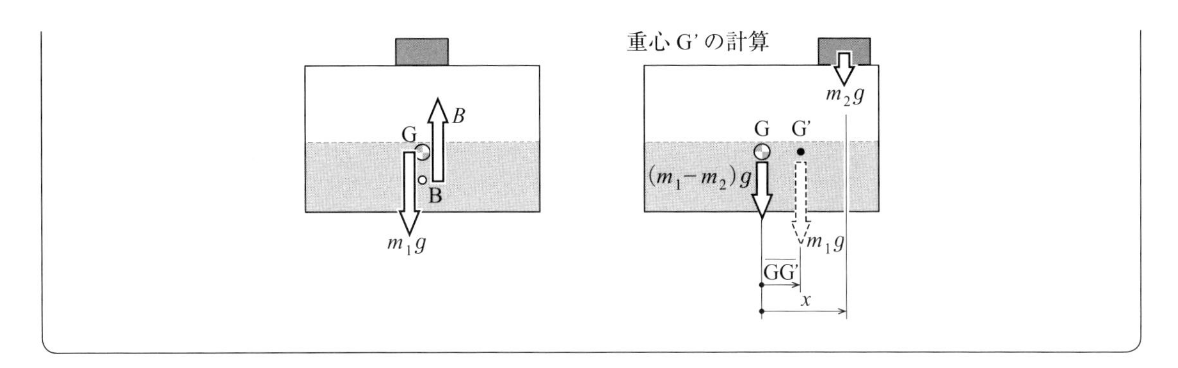

— 解答 —

(1) 荷物が中央に置かれて，静止しているときは，重力と浮力の作用線は一致するので，運動方程式は，

$$B - m_1 g = m_1 \times 0$$

(2) 質量 m_2 の荷物を横に x 移動させたとき船の重心は横に G' に移動する。G を基準点と考えると，新しい重心 G' までの距離は $\overline{GG'}$ なので，重心の計算式により，

$$\overline{GG'} = \frac{(m_1 - m_2) \times 0 + m_2 \times x}{m_1}$$

よって，

$$\overline{GG'} = \frac{m_2}{m_1} x$$

このとき，重力と浮力は偶力となり，偶力のモーメント $B \times \overline{GG'}$ が生じる。

角加速度を β とすると，角運動方程式は，

$$B \times \overline{GG'} = I_1 \times \beta$$

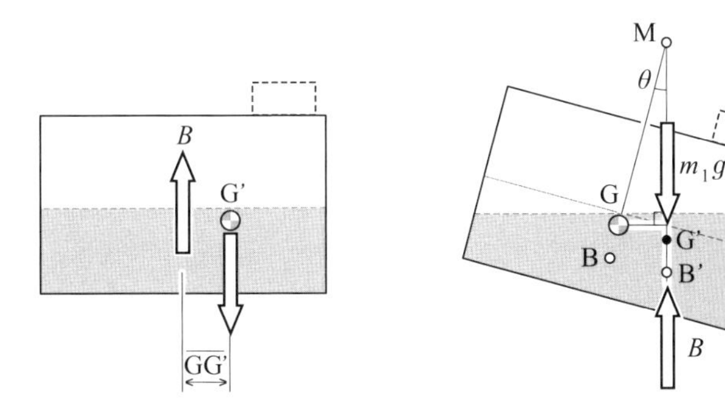

(3) 浮心が移動して，傾斜角 θ で安定しているとき，重心の移動距離は $\overline{GM}$ を用いて，次式となる。

$$\overline{GG'} = \overline{GM} \times \tan\theta$$

まとめると，

$$\tan\theta = \frac{x \times m_2}{\overline{GM} \times m_1}$$

(2) 舵やスクリューによる横傾斜

舵に発生する揚力の代表点は舵の中心付近となりますが,代表点は重心より下にあります。このため,重心まわりの力のモーメントが発生して，船体が**横傾斜**します。また，スクリューを回すと，その反作用のトルク（モーメント）によって，やはり船体が横傾斜します。

例題 5-15　重心まわりの慣性モーメント I の船について，面舵を切ると，舵の中心（重心より y だけ下）に揚力 F_L が発生する。舵を切り始めたときの重心まわりの角加速度を β として，角運動方程式を立てなさい。

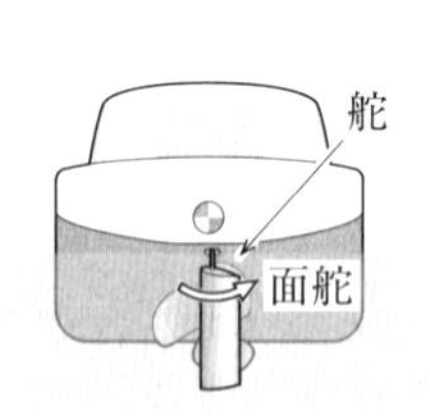

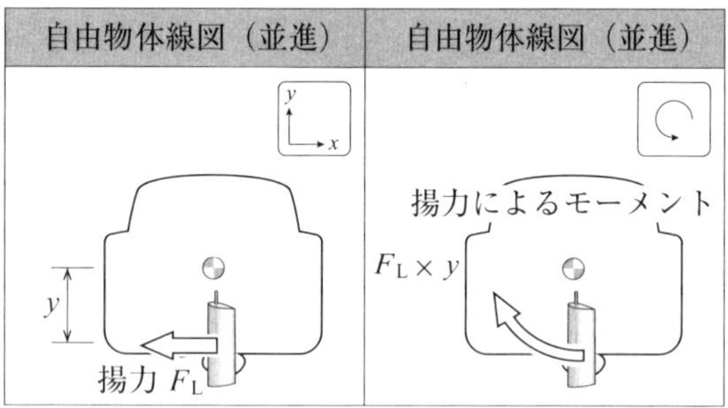

— 解答 —

船の質量を m とすると，運動方程式は,

$$B - mg = m \times 0$$

角運動方程式は,

$$F_L \times y = I \times \beta$$

例題 5-16　重心まわりの慣性モーメント I の船について，スクリューにトルク T を加えて回転させると，船は反作用のトルクを同じ大きさ T で受ける。スクリューを回し始めたとき，重心まわりの角加速度を β として，角運動方程式を立てなさい。

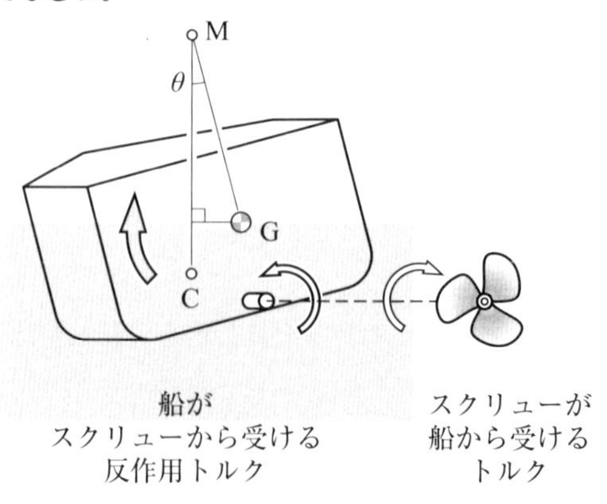

— 解答 —

角運動方程式は,

$$T = I \times \beta$$

5.5.3　縦傾斜

(1) 小型船舶の船首の持ち上がり（船尾トリム）

小型船舶が発進するときに，スクリューが重心よりも下にあるので，船首が持ち上がり，船尾が下がる運動（船尾トリム）になります。この様子を例題でみてみましょう。

例題 5-17　練習問題 5-2 の自動車と同様に，質量 m，重心まわりの慣性モーメント I の船について，推力 T も重心より下の位置 H で発生する。発進時の自由物体線図が図のように，重力 mg，浮力 B が重心を通る作用線上に作用するとき，水平方向の加速度を a_x，垂直方向の加速度をゼロ，重心まわりの長さ方向の角加速度を β として，運動方程式と角運動方程式を立てなさい。

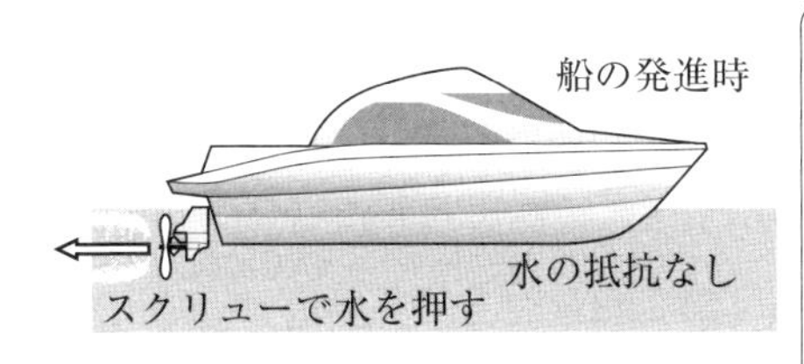

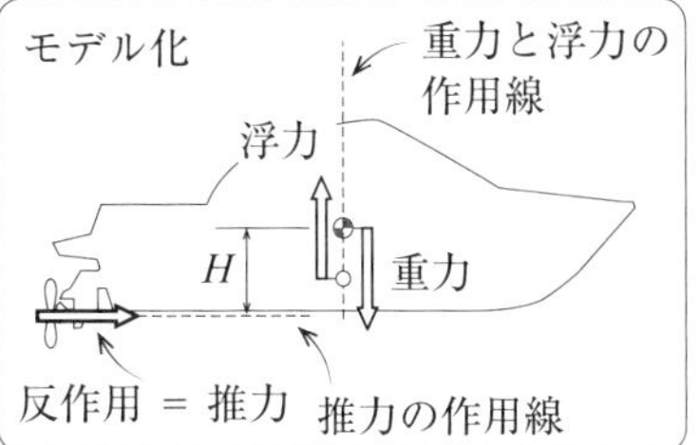

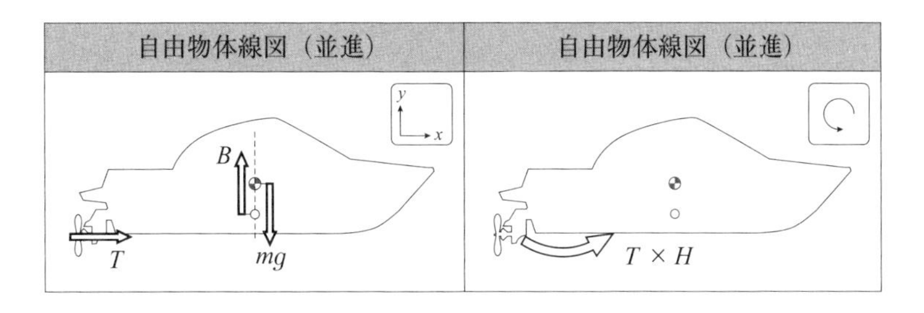

— 解答 —

運動方程式は，

$$(x\ 方向)\quad T = m \times a_x$$

$$(y\ 方向)\quad B - mg = 0$$

角運動方程式は，

$$T \times H = I \times \beta$$

例題 5-18　例題 5-17 からしばらくすると船首が持ち上がった状態で安定している。自由物体線図が図のように，浮力の作用線が重心から後方で w だけ移動し，水からの抗力 D が重心から下へ h の位置を中心として作用するとき，水平方向の加速度，垂直方向の加速度，重心まわりの角加速度をすべてゼロとして，運動方程式と角運動方程式を立てなさい。

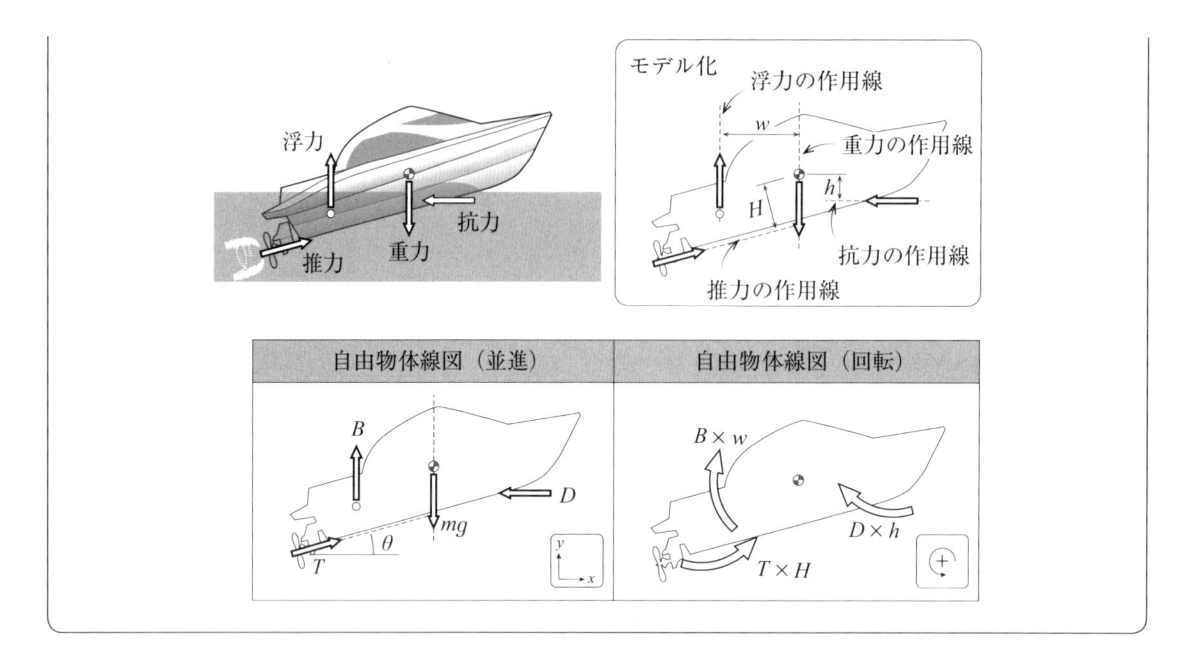

— 解答 —

運動方程式は，

$$(x\text{ 方向})\quad T\cos\theta - D = m \times 0$$

$$(y\text{ 方向})\quad B - mg + T\sin\theta = m \times 0$$

慣性モーメントを I とすると，角運動方程式は，

$$T \times H - D \times h - B \times w = I \times 0$$

5.5.4　船の運動

旋回運動は，第2章で学んだ質点の回転運動を用いて理解することができます。一方，回頭運動を始めとする重心のまわり運動は，重心に関する運動方程式，角運動方程式から理解する必要があります。

(1)　回頭運動

船首方向を変えるためには，舵が使われます。面舵を取ると舵に働く揚力は左向きに働きますが，揚力の方向は回頭したい方向と逆なので，違和感を覚えるかもしれませんが，この揚力は重心を中心として時計まわりの力のモーメントをつくり，船首を右に回頭します。この動きを運動方程式をもとに調べてみましょう。

例題 5-19　質量 m，水平面内での重心まわりの慣性モーメント I の船について，面舵（右方向）を取ったとき，舵に揚力 F_L が発生している。重心から舵の揚力の中心までの距離を Y とするとき，船の横方向加速度の大きさを a，水平面内での角加速度の大きさを β とするとき，船の回頭開始時の運動を，横方向の運動方程式，角運動方程式から説明しなさい。

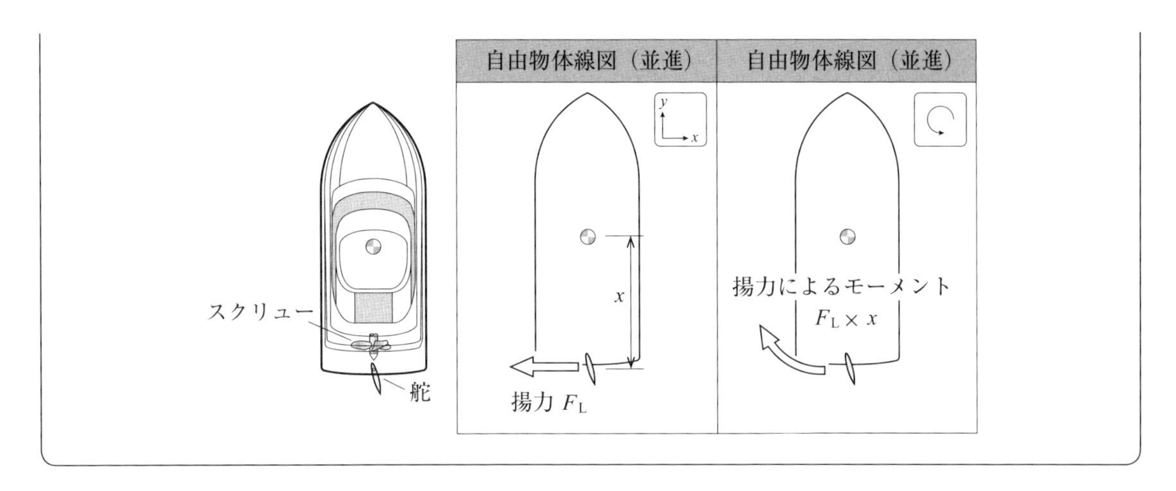

— 解答 —

自由物体線図（並進）より，x 方向の運動方程式は,

$$F_L = m \times a$$

自由物体線図（回転）より，角運動方程式は,

$$F_L \times x = I \times \beta$$

よって，舵を切った直後，船は重心まわりの回転を始めると同時に，舵を切った方向と逆の左方向へ並進運動する。

例題 5-19 の結果の概略を表すと図 5.6 のようになります。舵の揚力は, 曲がりたい右方向と逆に働き，船尾が左に動くため，船首が右に向くとも考えられます。この左向きの揚力によって，重心は左方向に並進運動を行い，この動きを「船尾キック」あるいは単に「キック」と呼んでいます。

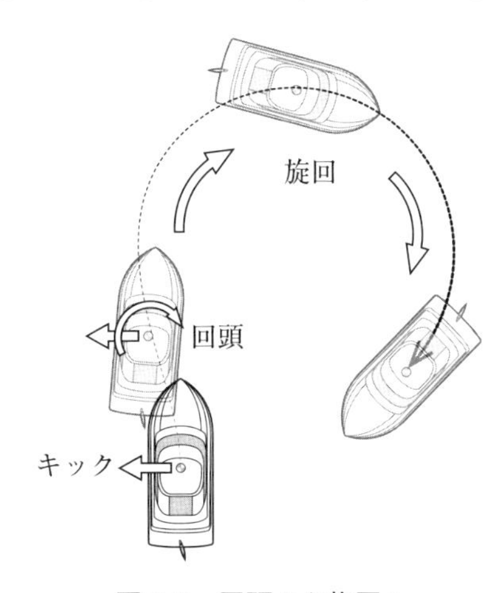

図 5.6　回頭から旋回へ

(2) 旋回運動

例題 5-19 では，舵を切った回頭初期の動きを調べましたが，旋回運動に至るまでには別の作用が必要になります。物体が等速円運動を行うためには，図 5.3 の自動車のように，**向心力**が必要になります。自動車の場合は，タイヤと地面との間の摩擦力が向心力の源でした。船の場合には，図 5.7 のように，舵を切って発生した「舵の揚力」f によって船首方向が変わり，重心の進行方向とずれが発生します。このずれによって，進行方向と垂直な方向に「船の揚力」F が発生し，これが船の旋回の「向心力」となります。

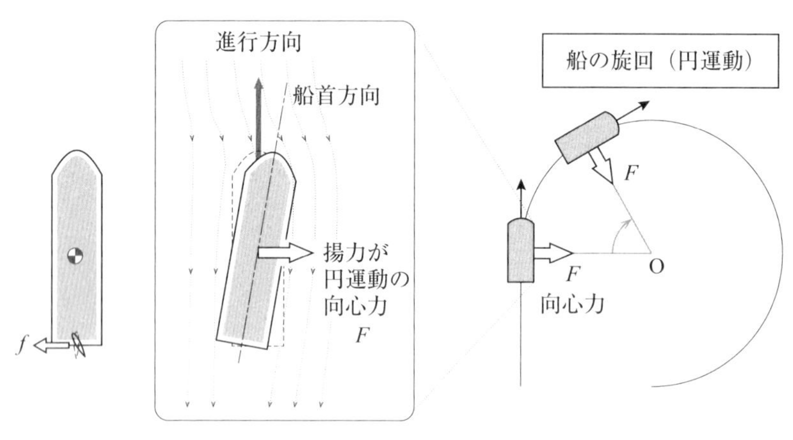

図 5.7　船の旋回運動の原理

> 例題 5-20　図 5.7 のように，面舵（右方向）を取ったとき，「舵に揚力」f が発生するが，これによって船は回頭し，進行方向と船首方向のずれが発生する。これによって船全体には，進行方向と垂直な向きに「船の揚力」F が生じる。船が一定の旋回角速度 ω で，一定の旋回半径 R で旋回しているとするとき，船の質量を m，水平面内での慣性モーメントを I として，船の運動を説明しなさい。

— 解答 —

向心力を F とする半径 R，角速度 ω の物体の運動方程式は，

$$F = m \times R\omega^2$$

(3) 回頭と内方傾斜

前節で見たように，船が旋回するときの旋回初期には，船首を回頭する必要があります。回頭に伴い，船体は旋回の中心方向に傾斜します。これを内方傾斜と呼びます。

例題 5-21　航走している重さ m の船が右に舵を取ったとき，舵の揚力の水平方向成分を F_ℓ，船に生じる横方向の加速度を a，重心から舵の揚力の中心までの距離を y とするとき，旋回初期の船の運動を説明せよ。ただし，船の横方向の付加質量（後述）は考慮しない。

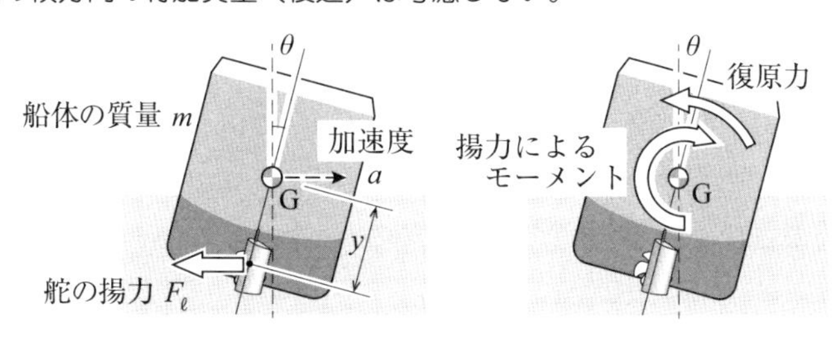

— 解答 —

並進方向のつり合いより，

$$F_\ell = m \times a$$

また，回転運動を考えると，船体が角度 θ だけ傾いているとき，重心まわりに F_ℓ の力のモーメントが加わります。

$$F_\ell \times y\cos\theta$$

この力のモーメントが傾斜による復原力 $\overline{\mathrm{GM}}\sin\theta \times mg$ とつり合うようになると，

$$\overline{\mathrm{GM}}\sin\theta \times mg = F_\ell \times y\cos\theta$$

$$\tan\theta = \frac{F_\ell\, y}{\overline{\mathrm{GM}} \times mg}$$

つまり，舵を切った旋回初期の回頭時に，船体は一定の傾き θ の内方傾斜が生じます。

（発展）付加質量について

物体が水中と空気中で運動する場合，物体（質量 m）に力 F がかかったときに生じる加速度は，空気中での a よりも，水中での a' の方が水からの抵抗を受けるため，小さくなります（$a' < a$）。

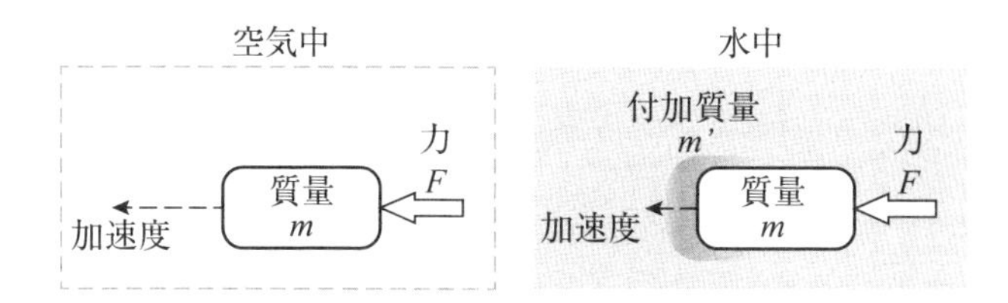

図 5.8　水中での付加質量

空気中（空気抵抗は小さいので考慮しない）での，運動方程式は，

$$F = ma$$

これに対して水中では，物体といっしょに，前方の水もいっしょに加速しなければならず，水中で質量が m' だけ増えたと考えることができ，運動方程式は，

$$F = (m + m')a'$$

この増加したと考えられる質量 m' を「付加質量」といいます。

船の場合，長さ方向に進む場合の水からの抵抗は船の質量に比べて小さいので，長さ方向の「付加質量」は小さくなります。しかし，横方向に進む場合は水からの抵抗が大きく，「付加質量」は船の重さと同じくらいの質量となります。

例題 5-21 で，付加質量がある場合の初期傾斜を θ' とすると，θ' はどうなるでしょうか。横方向の付加質量 m' が船の質量 m と等しく，舵の揚力の中心および横方向の負荷質量の中心が，喫水の半分の位置にかかるとして考えます。

並進方向のつり合いより，

$$F_\ell = (m + m')a$$

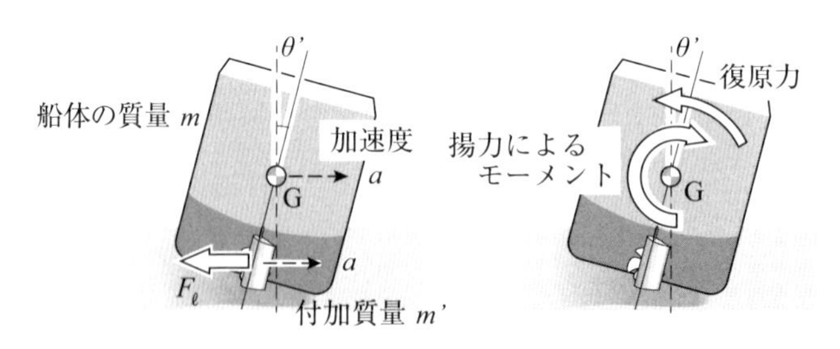

図 5.9　付加質量

$m' = m$ なので，

$$m'a = ma = \frac{F_\ell}{2}$$

付加質量を押すために舵の揚力 F_ℓ の半分の力を使っており，船体からみると，付加質量から $F_\ell/2$ の反作用を受けていることになります。船体のみの回転運動を考えるとき，舵に作用する左方向の力 F_ℓ と，同じ深さで右方向に付加質量の反作用 $F_\ell/2$ がかかるので，2 力の和 $F_\ell/2$ の作るモーメントは，

$$\frac{F_\ell}{2} \times y\cos\theta'$$

この力のモーメントと復原力とがつり合うとすると，

$$\overline{\mathrm{GM}}\sin\theta' \times mg = \frac{F_\ell}{2} \times y\cos\theta'$$

$$\tan\theta' = \frac{F_\ell\, y}{2\overline{\mathrm{GM}} \times mg}$$

付加質量を考慮したときの旋回初期の回頭時の内方傾斜 θ' は，例題 5-21 の θ の半分となります。

(4) 旋回と外方傾斜

船が旋回運動を行うときには，旋回の外側から内側に向かって「船の揚力」が作用します。この揚力の中心は喫水以下になり，重心より下になります。この揚力も力のモーメントを発生し，船体は旋回の外向きに傾斜します。これを外方傾斜と呼びます。

例題 5-22　例題 5-21 のように面舵（右方向）を取ったとき，図 5.7 のように「船全体の揚力」F が発生する。重心から揚力 F の中心までの距離を y とするとき，船の水平面内での慣性モーメントを I，角速度を β として，船の運動を説明しなさい。

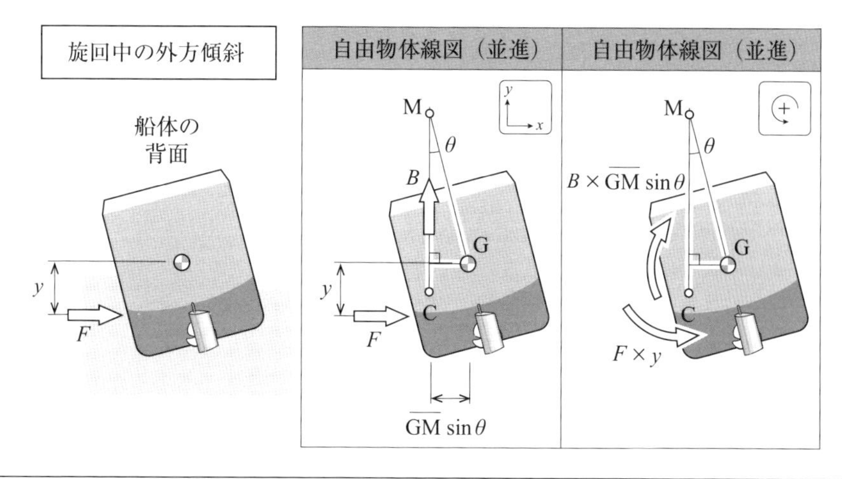

— 解答 —

運動方程式は，

$$F \times y = I \times \beta \tag{5.6}$$

角運動方程式は，

$$F \times y - B \times \overline{\mathrm{GM}} \sin\theta = I \times 0 \tag{5.7}$$

船体が旋回している間には「船全体の揚力」F が重心より下 y の位置に働くので，重心まわりの力のモーメント $F \times y$ が生じる。このため，式 (5.6) によって船体は外方傾斜を始める。

しばらくすると，浮心 C が移動することで浮力によるモーメント $B \times \overline{\mathrm{GM}} \sin\theta$ が徐々に大きくなり，式 (5.7) のように 2 つのモーメントがつり合って，傾斜が停止する。

練習問題の解答

[解] 5-1　y 方向の運動方程式は，

$$F_{\mathrm{R}} - Mg + F_{\mathrm{F}} = M \times 0$$

前輪を回転の基準点とし，慣性モーメントを I とすると，反時計まわりを正とした角運動方程式は，

$$-F_{\mathrm{R}} \times L + Mg \times x_{\mathrm{F}} = I \times 0$$

ゆえに，

$$F_{\mathrm{R}} = \frac{x_{\mathrm{F}}}{L} Mg \qquad F_{\mathrm{F}} = \frac{x_{\mathrm{R}}}{L} Mg$$

[解] 5-2　y 方向の運動方程式は，

$$F_{\mathrm{R}} - Mg + F_{\mathrm{F}} = M \times 0$$

重心を回転の基準点とし，慣性モーメントを I とすると，反時計まわりを正とした角運動方程式は，

$$-F_{\mathrm{R}} \times x_{\mathrm{R}} + F_{\mathrm{L}} \times x_{\mathrm{F}} + F \times H = I \times 0$$

運動方程式より，

$$F_{\mathrm{R}} = Mg - F_{\mathrm{F}}$$

を角運動方程式に代入して，整理すると，

$$F_{\mathrm{R}} = \frac{x_{\mathrm{F}}}{L} Mg + \frac{H}{L} F \qquad F_{\mathrm{F}} = \frac{x_{\mathrm{R}}}{L} Mg - \frac{H}{L} F$$

[解] 5-3　例題 5-12 の結果に値を代入すると，

$$t = \sqrt{\frac{3B}{g \sin\theta}} = \sqrt{\frac{3 \times 10}{9.8 \times \sin 5°}} = 5.9\ \mathrm{s}$$

第6章

船体の変形
（材料力学の導入）

6.1　船体の変形と材料力学

これまでの章では，質点から剛体へと，取り扱える物体を拡張してきました。

この章では，変形する物体へと，さらに領域を拡大していきます。

船や内部の機械の変形までを考える際には，材料力学という分野の学習が必要となりますが，この章では，その入口の部分に絞って紹介し，船との関係をみていきます。

材料力学では，外から加わる外力を荷重と呼び，それに対する変形との関係を調べます。荷重と変形を分類するときには，棒状の形状を例にとります。

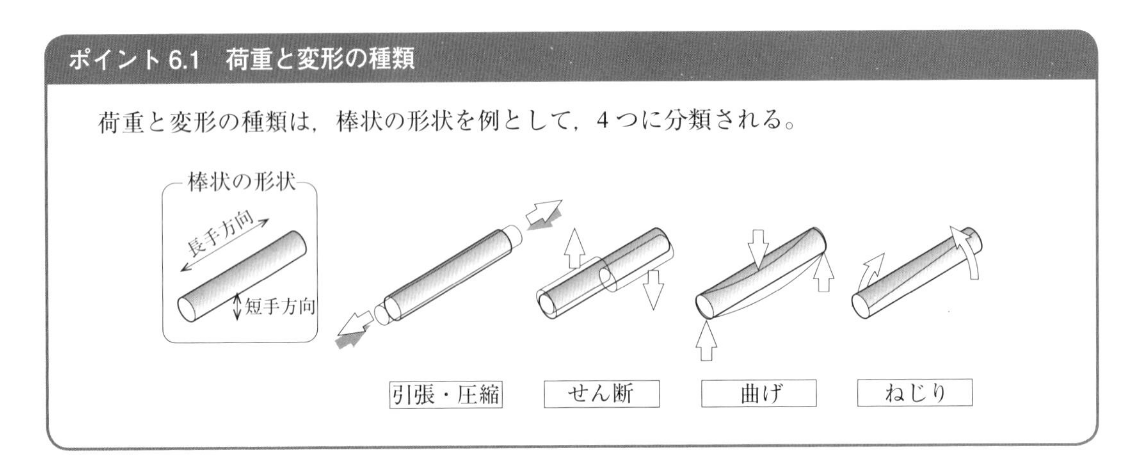

船体を変形させようとする力は，風浪や海流，機関による推力など多種多様です。これらによって，船体はどのように変形させられるのでしょうか？

コンテナ船などの荷役業務では，荷物の積み下ろしによって生じる様々な変形に対して，船体が壊れないようにバラスト水を調整しながら，作業を進めます。

ポイント 6.1 をもとに，船体に作用する荷重と，それによる変形を順番にみていきましょう。

6.1.1　引張と圧縮

最も基本的な変形として，次のような**引張**（ひっぱり）変形と**圧縮**変形があります。

図 6.1 の左図は，荷物と船体にかかる重力と，船を支える浮力によって，上下に**圧縮**されている様子です。

右図は，スクリュープロペラによって得られた推力と，水流による抵抗とによって，前後に**圧縮**されている様子です。

これらとは逆に，**引張**変形が発生することもあります。図 6.2 は，船をつり下げるワイヤに**引張**が発生する様子です。

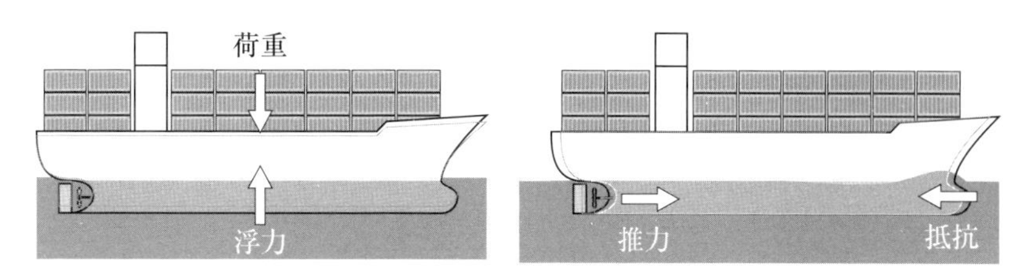

図 6.1　船に作用する圧縮力

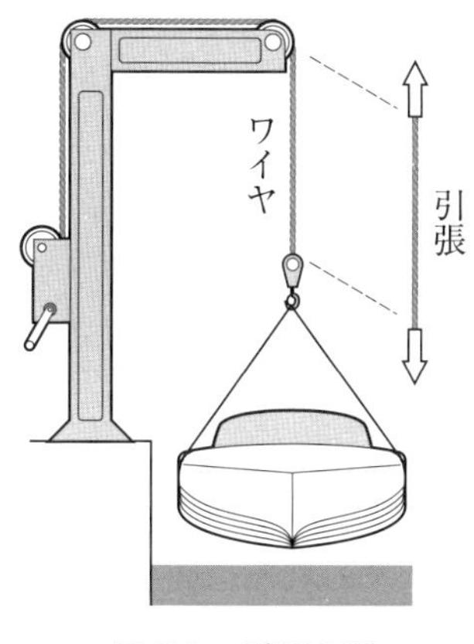

図 6.2　引張の例

6.1.2　せん断

船の荷物のバランスが悪い場合や，大きな波が入射するような場合などには，船体に**せん断力**が加わり，せん断変形が発生します。

図 6.3 では，前方から大きな波が通過することによって船首の浮力が増加し，船の前半分が押し上げられる様子を表しています。実際には，船の各断面にせん断力とせん断変形が生じます。

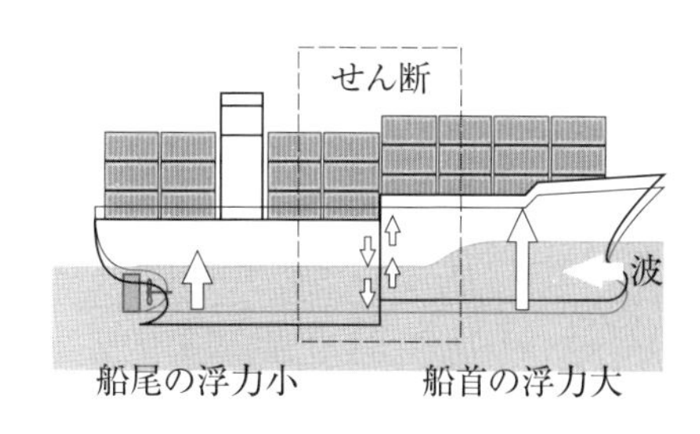

図 6.3　船に作用するせん断力

6.1.3　曲げ

船の荷物のバランスが悪い場合や，巨大な三角波が入射するような場合などには，船体に**曲げ**も加わります。

船では，曲げる方向によって，**ホギング**，**サギング**の名称がつけられています。

ホギングは，船首と船尾に積荷を偏って乗せたときや，巨大な三角波が船体中央に差し掛かったときに発生します。

また，サギングは，船体中央に荷物を積んだときや，巨大な三角波が船首と船尾にできたときに発生します。

曲げは，船体にとって大きな負荷となりますので，荷役作業には，長時間にわたる注意力が要求されます。

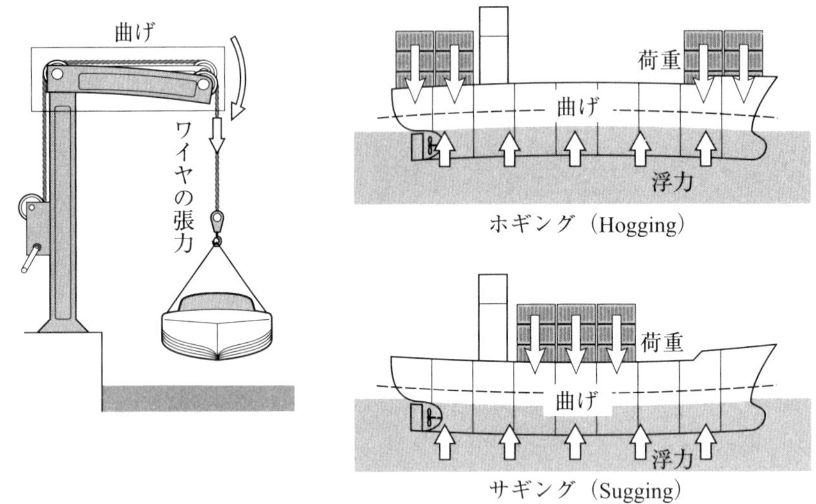

図 6.4　曲げ

6.1.4　ねじり

船の横方向の荷重位置が船首と船尾で左右逆になるような場合には，船体に**ねじり**が発生します。

図 6.5 は，波が船体に対して斜めに入射する様子です。船首では先に波が通過するため，左舷の浮力が大きくなり，進行方向に対して時計まわり力のモーメントとなります。一方，船尾では波がまだ通過していませんから，右舷の浮力が大きくなり，進行方向に対して反時計まわりの力のモーメントが作用します。船首と船尾での力のモーメントが逆となり，船体はねじられた状態になります。

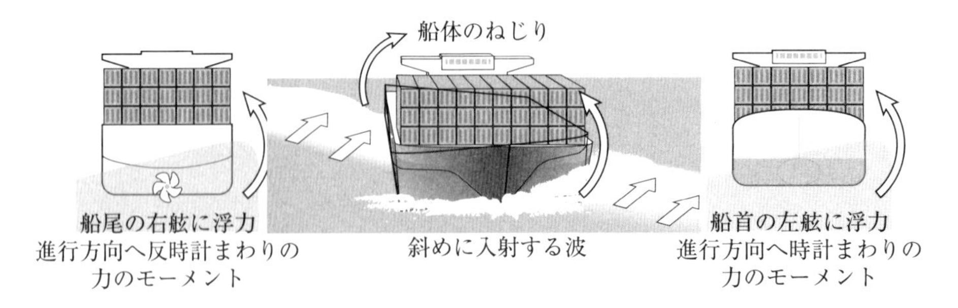

図 6.5　船体のねじり

例題 6-1　船の機関部で，圧縮，せん断，曲げ，ねじりを受ける例をあげなさい。

― 解答 ―

次の図は，舶用ディーゼルエンジンの模式図である。ピストンと連接棒をつなぐ「ピストンロッド」は上下から圧縮される。また，クランク軸と連接棒をつなぐ「クランクアーム」には，連接棒とクランク軸からの力によって，せん断と曲げの作用が加わっている。一方，エンジンとプロペラをつなぐ「プロペラシャフト」は，ねじりを受ける。

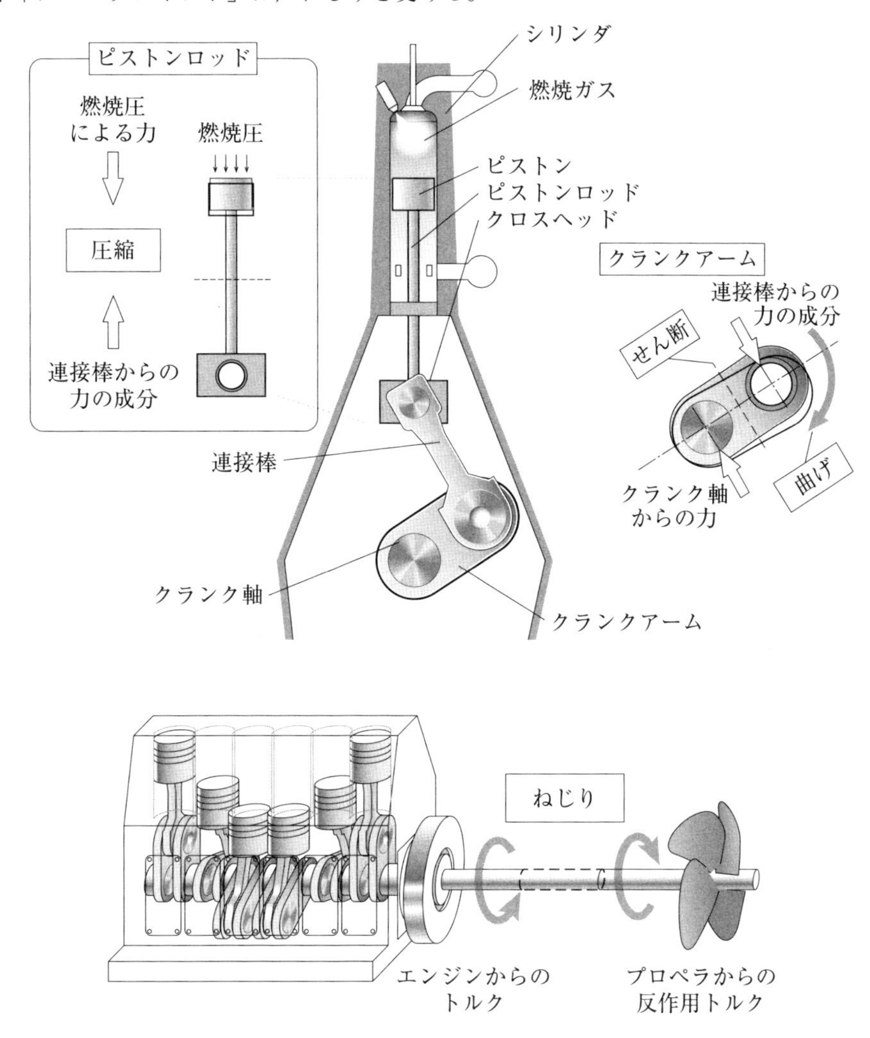

図 6.6 エンジン内に発生する，圧縮，せん断，曲げ，ねじり

6.2 内力

6.2.1 材料に発生する内力

前章までで，いくつかの物体を 1 つのグループにまとめる**系**について学びました。系の外から加わる力を**外力**と呼ぶのに対して，系内の物体の間に働く力を**内力**と呼ぶのでした。

材料力学では，**内力**という言葉を，船や機械を構成している各部の内部に発生している力に限定して用います。

材料の内部には，荷重に対して，自身の形状を維持するための結合力が発生しています。これを**内力**といいます。

次のようにクレーンでボートをつり下げている例をみてみましょう。

このとき，当たり前のように感じますが，ワイヤは切れません。なぜでしょうか？

図 6.7 のように，ワイヤの途中に切り目を「想像」してみてください。ボートの荷重を支えるためには，ワイヤの「断面」の上部と下部とをつないでおくための力が必要であることが理解できるでしょう。このように，物体に外力が加わったとき，物体の内部に発生する力を**内力**と呼びます。

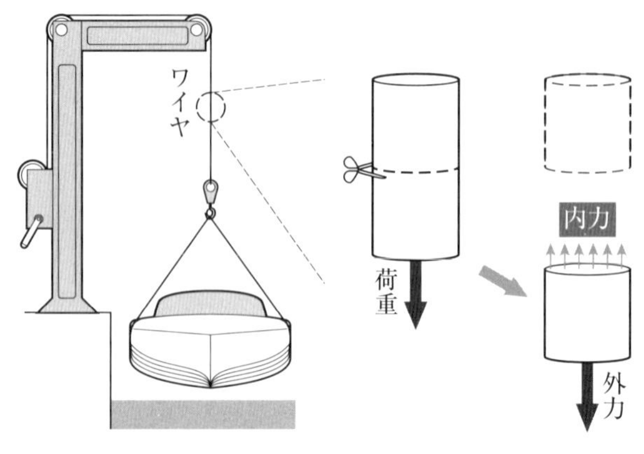

図 6.7　外力と内力

ポイント 6.2　内力

材料の内部には，外からの**荷重**に対して，**内力**が発生する。

（注意）材料内部の断面の下部に働く内力に対して，上部にも同じ大きさの内力が発生します。これらは，大きさが等しく，向きが反対の**作用・反作用**の関係にあります。

次の節では，**内力**をどのように調べるかについて説明します。

6.2.2　仮想切断・仮想消去・仮想断面

内力を調べるには，ポイント 6.3 のように，仮想切断・仮想消去・**仮想断面**のテクニックを用います（仮想切断，仮想消去，仮想断面という単語は，一般的な用語ではありません）。

前節の船をつり下げるワイヤの例を用いて，このテクニックを理解しましょう。

ポイント 6.3　材料の内力の調べ方

材料の**内力**を明らかにするには，材料の途中で，仮想切断・仮想消去・**仮想断面**を想像する。

仮想切断：材料を，調べる場所で，２つに分けるように「切断」することを想像する。

仮想消去：２つに分けたうち，一方に注目し，他方を「消去」することを想像する。

仮想断面：消去部分との境目に「断面」を想像し，荷重につり合うように**内力**をかきこむ。

例題 6-2　図で，1.50 トンの船をつり下げているワイヤに発生する内力を求めなさい。ただし，ワイヤの質量は無視できると考え，重力加速度は 9.81 m/s^2 とする。

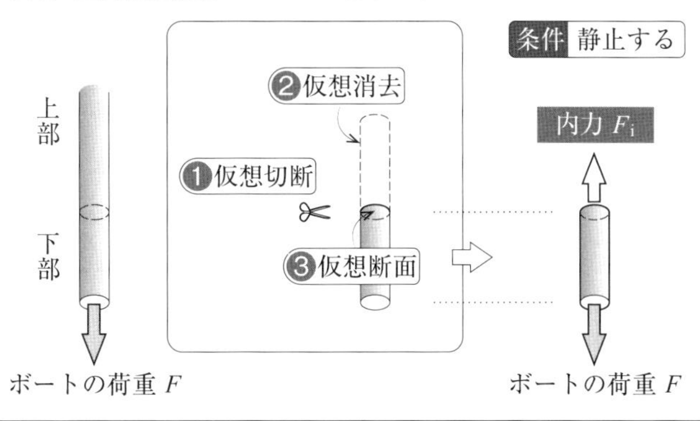

— 解答 —

求める内力を F_i，ボートからの荷重を F とすると，ボートからの荷重に対して，ワイヤ内の内力 F_i を調べるには

仮想切断：ワイヤ内の任意の断面を切断

仮想消去：加わっている荷重がわかる下部を残す

仮想断面：ワイヤが**静止**するには，**内力**が必要

の手続きを行ってから，上向きを正の方向として，運動方程式を立てると

$$F_i - F = 0$$

$$F_i = F = (1.50 \times 10^3\ \mathrm{kg}) \times 9.81\ \mathrm{m/s^2} = 14.7 \times 10^3\ \mathrm{N}$$

（答）ワイヤの内力は，14.7 kN

6.3 応力

6.3.1　内力の比較

材料は，材質が同じであれば，寸法が大きいほど，より大きな力に耐えることができます。一方で，必要以上に大きな寸法で構造物を作ることは，コスト増や重量増加などの観点から避けたいところです。そこで，材料の持つ強度を計算し，必要最低限な寸法を導くための**応力**という考え方が必要となります。

応力の必要性を考えるために，図 6.8 のようないろいろなワイヤを考えてみましょう。

同じ材料でできた (a) から (c) までのワイヤであれば，ボートなど重量物をつり下げるのに，どれを選びますか？

(a) ワイヤ（細）　(b) ワイヤロープ　(c) ワイヤ（太）

図 6.8　断面積と応力

直感的には，何本ものワイヤをより合わせた (b) か，断面積が大きい (c) を選ぶことと思います。材料の本数が多ければ多いほど，太さが大きければ大きいほど，より大きな荷重に耐えられるのは感覚的に理解できることと思います。

では，(a) から (c) までの材質がそれぞれ違っている場合はどうでしょうか？

異なる材料の強さを比較するとき，材料自体の強さが異なるため，同じ寸法でも耐えられる力に差が生まれます。このため，単純に本数や断面積だけで材料の強さを比較することはできません。

このように材質や寸法が違う材料について使用しても大丈夫かを検討するには

- (a) と (b) のワイヤの場合，1 本あたりにかかる内力を調べる
- (a) と (c) のワイヤの場合，材料の面積をそろえ，その面積にかかる内力を調べる

というように，比較の基準を統一して比較する必要があります。

6.3.2　応力の定義

例題 6-2 のように，多くの場合，**荷重と内力の値は同じ**と考えることができます。

比較の基準としては，**単位面積**（1 m^2 や 1 mm^2）が選ばれ，荷重を断面積で割った量を**応力**といいます。

逆に，1 本のワイヤが耐えられる荷重は，応力に断面積をかけることで求められます。

ポイント 6.4　応力（stress）

材料の強さを比較するには，**応力**を用いる：

$$\text{応力 [Pa]} = 1\ \text{m}^2\ \text{あたりの荷重 [N/m}^2\text{]} = \frac{\text{荷重 [N]}}{\text{断面積 [m}^2\text{]}}$$

$$\text{荷重 [N]} = \text{応力 [Pa]} \times \text{断面積 [m}^2\text{]}$$

材料が耐えられる応力（**許容応力**）と材料全体で耐えられる荷重：

$$\text{許容荷重 [N]} = \text{許容応力 [Pa]} \times \text{断面積 [m}^2\text{]}$$

材料の断面積：

$$\text{断面積 [m}^2\text{]} = \frac{\text{荷重 [N]}}{\text{応力 [Pa]}}$$

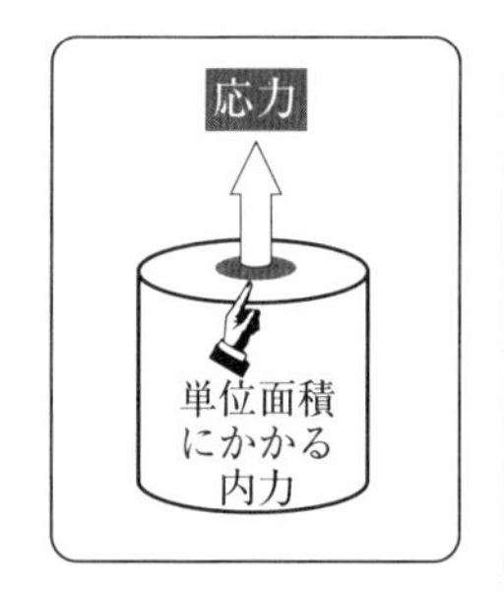

材料には様々な方向から荷重がかかり，かかる荷重によって様々な応力が発生します。このうち，引張荷重および圧縮荷重による応力をそれぞれ引張応力，圧縮応力といい，2つあわせて**垂直応力**と呼び，量記号としてギリシャ文字のσ（シグマ）をあてます。

例題 6-3　50 kNの引張荷重を受ける丸棒がある。この棒に発生する応力を70 MPaに抑えたい場合，丸棒の直径はいくら必要になるか。

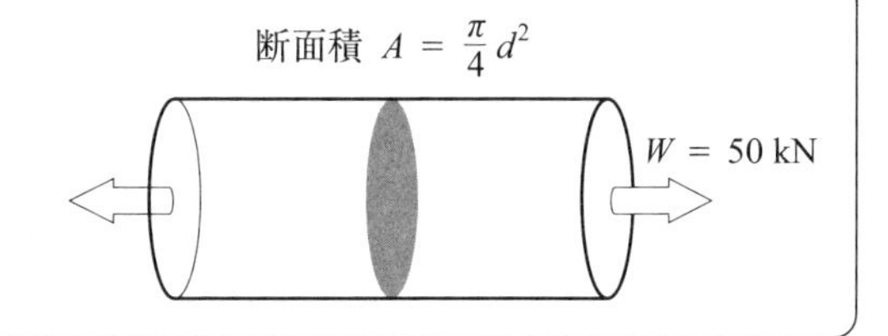

— 解答 —

荷重をW，断面積をAとすると，$\sigma = W/A$の式を$A = W/\sigma$に変換し，さらにdを計算する。

$$A = \frac{W}{\sigma} = \frac{50 \times 10^3}{70 \times 10^6} = 714 \times 10^{-6}\ \mathrm{m}^2$$

丸棒の面積と直径の関係より，$A = \pi d^2/4$なので，

$$d = \sqrt{\frac{4A}{\pi}} = \sqrt{\frac{4 \times 714 \times 10^{-6}}{\pi}} = 30.2 \times 10^{-3}\ \mathrm{m}$$

（答）30.2 mm

また，せん断荷重による応力は**せん断応力**と呼び，ギリシャ文字のτ（タウ）を用います。2つの応力の計算式は同じですが，断面積の選び方に注意が必要です。

例題 6-4　2つ以上の部材を接合するために，ボルトとナットで締めつける。2つの部材それぞれに反対向きの外力$W = 30$ kNが作用するとき，ボルトの各部に様々な応力が加わる。図のようなボルトを使用する場合，断面1と2の応力の種類と大きさを求めなさい。

寸法：ボルトの呼び径（ボルトのネジ部の基準直径）$d = 30$ mm，ボルト頭部の高さ$k = 30$ mm

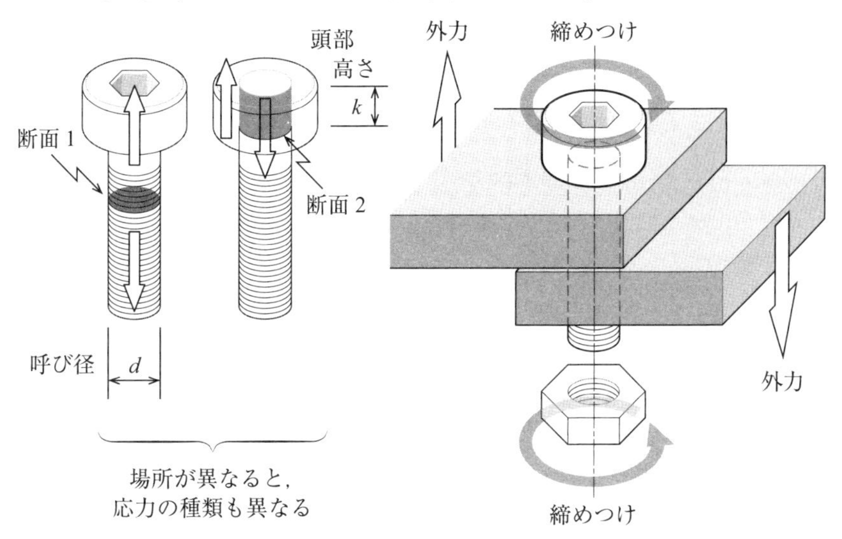

— 解答 —

ネジ部を引っ張ると，断面1（断面積 A_1）に垂直な，**引張応力** σ が発生する。

$$\sigma = \frac{W}{A_1}$$

直径 d の円形断面の面積は，$\pi d^2/4$ と表されるから，$W = 30 \times 10^3$ N，$d = 30 \times 10^{-3}$ m を代入すると，

$$\sigma = \frac{W}{A_1} = \frac{4W}{\pi d^2} = \frac{4 \times 30 \times 10^3}{\pi (30 \times 10^{-3})^2} = \frac{4 \times 30}{\pi \times 30^2} \times \frac{10^3}{(10^{-3})^2}$$
$$= 0.0424 \times 10^9 = 42.4 \times 10^6 \text{ Pa}$$

（答）42.4 MPa

（参考） 材料力学では，発生する応力がMPaの単位となる。あらかじめ，寸法をmm，断面積を mm^2 で代入すると，応力の単位がMPaで出て，単位計算が簡単になる。

（発展） ボルトの呼び径とは，ネジ山を加工する円筒の直径であり，ネジの谷径をもとにした断面積は，呼び径をもとにした断面積よりも小さくなる。ネジ山の部分の直径の平均値を「有効径」と呼ぶ。

ボルトの頭部は，上の部材から力を受けるが，同時に，ネジ山部分から下向きの力も受ける。この結果，ボルト頭部には，断面2で上下方向へ横滑りさせようとする**せん断応力** τ が発生する。断面2の面積は，円筒の側面積となり $\pi d \times k$ となるので，せん断応力 τ は $W = 30 \times 10^3$ N，$k = 30 \times 10^{-3}$ m を代入すると，

$$\tau = \frac{30 \times 10^3}{\pi \times (30 \times 10^{-3}) \times (30 \times 10^{-3})} = 0.0106 \times 10^9 \text{ Pa}$$

（答）10.6 MPa

6.4　ひずみ

材料に荷重が加わると変形が発生します。変形量は材料の寸法が大きいほど大きくなります。もとの長さに対する変形量の割合を「**ひずみ**」(strain) といいます。

材料が変形するとき，荷重方向と荷重に垂直な方向の2方向で寸法に変化が生じます。このうち，荷重方向のひずみを「**縦ひずみ**」といい，量記号としてギリシャ文字 ε（イプシロン）が使われます。また，荷重に垂直な方向のひずみを「**横ひずみ**」ε' と呼びます。ひずみは，長さの割合を表すので単位がなく，このような量を**無次元量**と呼びます。無次元量には単位がないので便宜上，「－」の記号を使うことがあります。

ポイント 6.5 ひずみの定義

$$\text{ひずみ}\,[-] = \frac{\text{伸び}\,[\text{m}]}{\text{もとの長さ}\,[\text{m}]} = \frac{(\text{変形後の長さ} - \text{もとの長さ})\,[\text{m}]}{\text{もとの長さ}\,[\text{m}]}$$

ひずみには，変形の方向によって，縦ひずみと横ひずみがあります。

$$\text{縦ひずみ}\,\varepsilon = \frac{(\text{荷重方向の長さの変化}\,\lambda)}{(\text{もとの長さ}\,L)} = \frac{(L' - L)}{L}$$

$$\text{横ひずみ}\,\varepsilon' = \frac{(\text{荷重に垂直方向の長さの変化}\,\Delta)}{(\text{もとの長さ}\,d)} = \frac{(d - d')}{d}$$

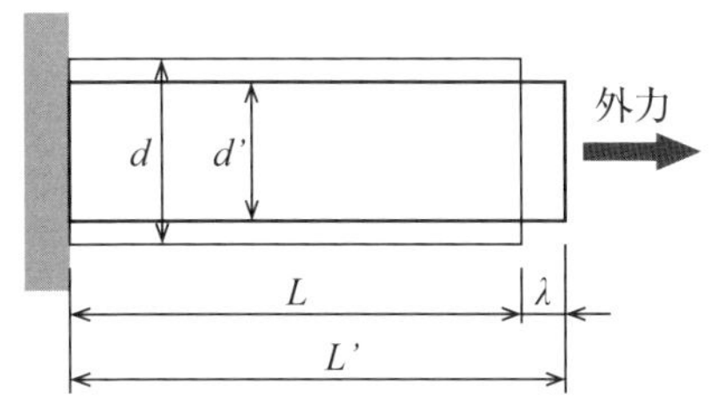

図 6.9 材料に発生するひずみ

例題 6-5 長さ 1000 mm の丸棒に引張荷重を加えたところ，1003 mm に伸びた。縦ひずみはいくらか。

— 解答 —

もとの長さを L，変形後の長さを L'，伸びを λ，縦ひずみを ε とすると，伸びは $\lambda = L' - L$ となる。

$$\varepsilon = \lambda / L = (1003 - 1000)/1000 = 0.003$$

（代入の際，単位を mm で代入し，m に変換していないが，分数の分母分子の単位が同じであれば，mm のまま代入しても計算できる）

（答）0.003

例題 6-6 全長 800 mm の角材に圧縮荷重を加えると，大きさが 0.02 のひずみを生じた。変形後の長さはいくらになるか。

— 解答 —

もとの長さを L，変形後の長さを L'，伸びを λ，ひずみを ε とすると，圧縮変形なので，ひずみは負である：$\varepsilon = -0.002$

伸びは $\lambda = L' - L$ なので，$\varepsilon = \lambda/L$ より，$\lambda = \varepsilon \times L$ となり，

$$\lambda = \varepsilon \times L = -0.02 \times 800 = -16$$

さらに，$\lambda = L' - L$ なので，

$$L' = L + \lambda = 800 - 16 = 784\ \text{mm}$$

（答）784 mm

図6.10のようなせん断荷重が働く高さhの物体が，このせん断荷重によってλ_sの「ずれ」を生じた場合，高さhに対する「ずれ」λ_sの割合を**せん断ひずみ**と呼び，ギリシャ文字のγ（ガンマ）で表します。

$$\text{せん断ひずみ}\ \gamma\,[-] = \frac{\text{ずれ}\ \lambda\,[\mathrm{m}]}{\text{高さ}\ h\,[\mathrm{m}]}$$

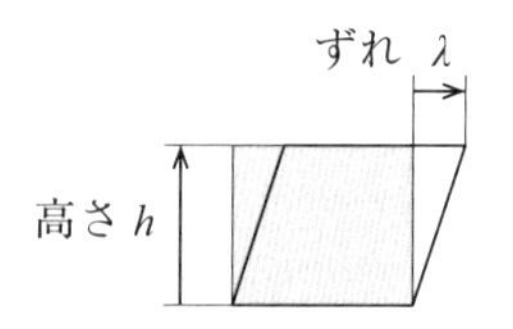

図6.10　せん断荷重によるひずみ

6.5 弾性変形と塑性変形

材料に荷重を加えたときの変形には，**弾性変形**と**塑性変形**の2種類があります。弾性変形する材料の代表例はゴムやバネであり，荷重を除いたときに変形がもとに戻る特徴があります。塑性変形する材料の代表は粘土で，荷重を除いても変形したままもとの形に戻りません。

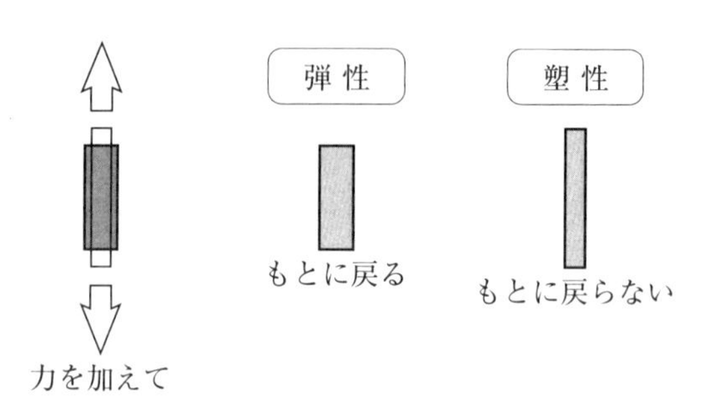

図6.11　弾性と塑性

一般的に使用されている金属材料の多くは，荷重や伸びが小さい領域では弾性変形し，ある程度以上に荷重がかかると塑性変形を起こす性質があります。この性質を簡便に表したものとして「**応力－ひずみ曲線**」があります。

図6.12は，金属の典型的な「応力－ひずみ曲線」です。応力－ひずみ曲線は材料の使用範囲を見定める場合に有用ですが，材料によって異なるので，**引張試験**に代表される材料試験を材料ごとに行います。

点P：比例限度。ゼロから点Pまでは直線＝応力とひずみが比例関係にある。

点E：弾性限度。ここまで弾性変形であり，荷重を除けばもとに戻る。

点Yu～Yl：ある程度変形が進むと，応力を増加させずともひずみが進行する現象が起こる。これを降伏という。降伏現象がみられる範囲のうち，最も応力が高い値を示した点を上降伏点Yu，最も応力が低い点を下降伏点Ylという。

点M：最大応力点。計測で最も応力が高くなる点。ここよりくびれが発生する。

点Z：破断点。

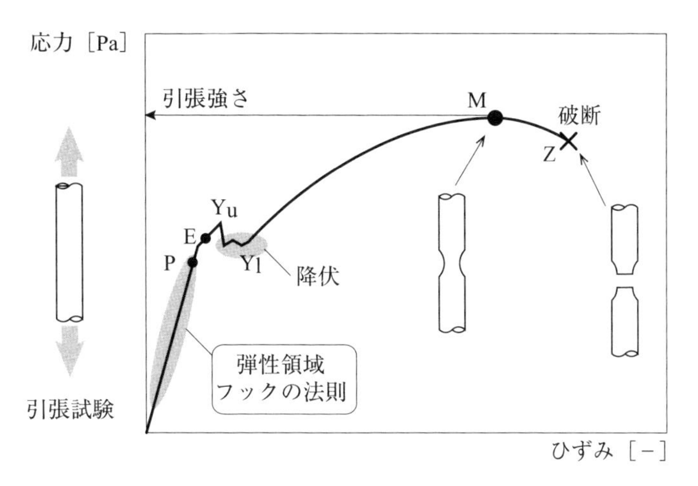

図 6.12 応力－ひずみ曲線（降伏が発生する場合）

弾性限度を超えるまで変形させたのちに荷重を外すと，ある程度までひずみが減少しますが，これは全体のひずみのうちで弾性変形によるものです。ただし，塑性変形によるひずみは荷重を外しても残ってしまいます。これを塑性ひずみまたは永久ひずみと呼びます。

材料を実際に使用する際は，弾性限度よりもさらに低い応力を使用限度とし，使用中に機械が変形したりしないようにします。これを**許容応力**と呼びます。

6.6 応力とひずみの関係式

先述の応力－ひずみ曲線は，比例限度内においては直線となることがわかっており，応力とひずみが比例する関係を**フックの法則**と呼びます。つまり，比例限度内において応力 σ とひずみ ε は比例しているので，一般的に，比例定数 E を使って，次式で表されます：

$$\sigma = E \times \varepsilon$$

E は材料によって固有の値であり，これを**縦弾性係数**または**ヤング率**と呼びます。この式は非常に重要な公式です。

また，せん断応力とせん断ひずみに関しても，比例限度内であれば比例することが知られていて，こちらも比例定数を使って一般式化できます：

$$\tau = G \times \gamma$$

G も材料によって固有の値であり，これを**横弾性係数**と呼びます。

例題 6-7　内径 300 mm，内圧 3.0 MPa の圧力タンクの蓋を，6 本のボルトで締めつける。ボルトの直径をいくらにしたらよいか。ただし，ボルトが耐えられる引張応力を 60 MPa とし，ボルトには均等に力がかかるものとする。

— 解答 —

タンクの蓋の直径を D とすると，蓋をガスが押す力は，内圧 $P = 3.0\ \mathrm{MPa} = 3.0 \times 10^6\ \mathrm{N/m^2}$ なので，これに蓋全体の面積 $A = \pi D^2/4$ をかけたものとなる。そこから 1 本あたりのボルトにかかる荷重を計算し，必要な直径 d を算出する。

ガスによってタンクの蓋にかかる荷重は，

$$W_{\mathrm{A}} = P \times A = P \times \frac{\pi \times D^2}{4} = (3 \times 10^6) \times \frac{\pi \times 0.3^2}{4} = 2.1 \times 10^5\ \mathrm{N}$$

ボルト 1 本にかかる力は，これの 6 分の 1 であるから，ボルト 1 本の荷重 W は，

$$W = W_{\mathrm{A}}/6 = 3.5 \times 10^4\ \mathrm{N}$$

ボルトの断面に発生する応力を σ とすると，ボルトの断面積は，$\pi d^2/4$ と表されるので，応力の定義より，

$$\sigma = \frac{W}{\pi d^2/4} = \frac{4W}{\pi d^2}$$

よって，ボルトの直径は，

$$d = \sqrt{\frac{4W}{\pi\sigma}} = \sqrt{\frac{4 \times 3.5 \times 10^4}{\pi \times 60 \times 10^6}} = 0.027\ \mathrm{m}$$

（答）27 mm

練習 6-1　長さ 1 m，直径 30 mm の軟鋼棒に 10 kN の荷重をかけたとき，棒の伸びはいくらになるか。ただし，軟鋼の縦弾性係数を 206 GPa とする。

練習 6-2　厚さ 5 mm の鉄板を，直径 30 mm のポンチで打ち抜く。鉄板を打ち抜くために必要なせん断応力を 300 MPa とすると，打ち抜くのに必要な力はどれほどか。

6.7　曲げ

曲げ（bending）とは，長い物体が短手方向にたわむ変形で，船体は波浪や風，積荷の影響で曲げられますし，船内の機械や港湾機械も多くの曲げを受けます。

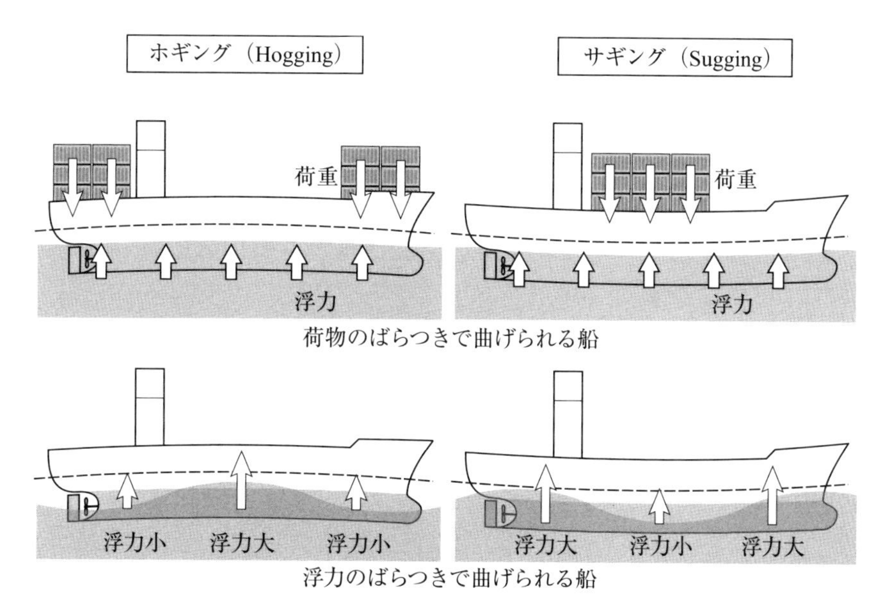

図 6.13　船のホギング，サギング

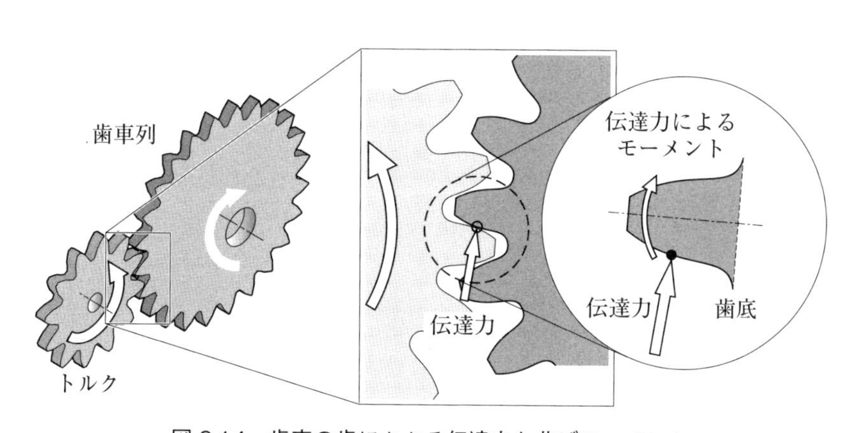

図 6.14　歯車の歯にかかる伝達力と曲げモーメント

単純な引張や圧縮に比べて，曲げは材料にとって大きな負担となり，船などの機械をどの程度曲げに対して強く作るか，あるいは，曲げに対して荷物をどのようにどの程度積むかという船の運用などの観点から，曲げに関する最低限の知識が必要となります。

曲げに関して考えやすくするために，部材を図 6.15 のように棒状に簡略化します。棒にこのような荷重が働くと，棒は曲げられます。曲げを受ける棒状の部材を**はり**（beam）と呼びます。はりに働く荷重については，以下のような種類があります。

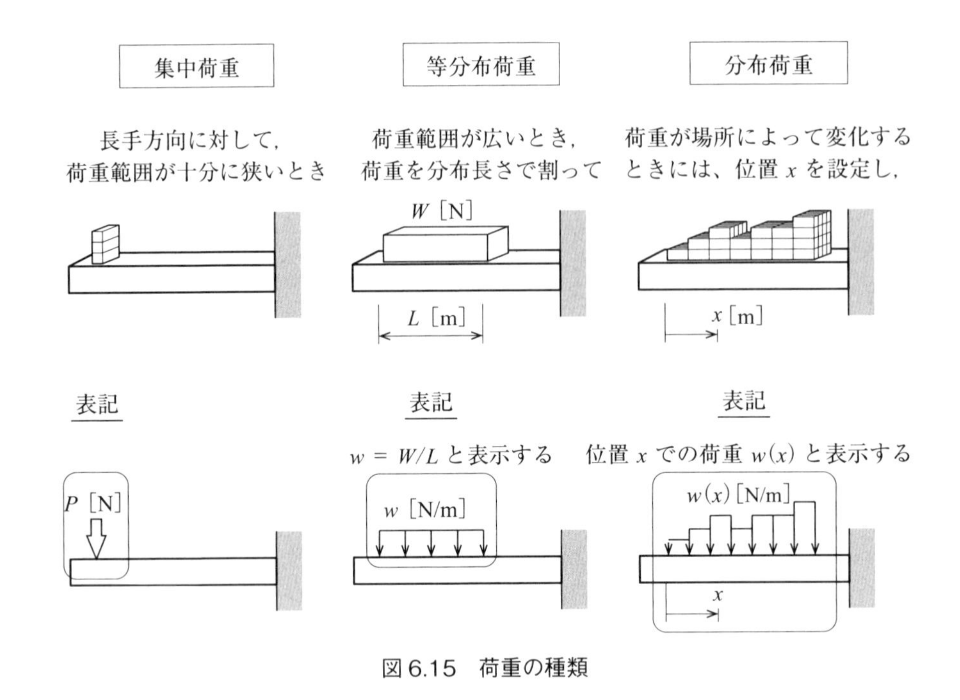

図 6.15　荷重の種類

はりを支持する支点として，一般的には，固定支点と回転・移動支点があります。

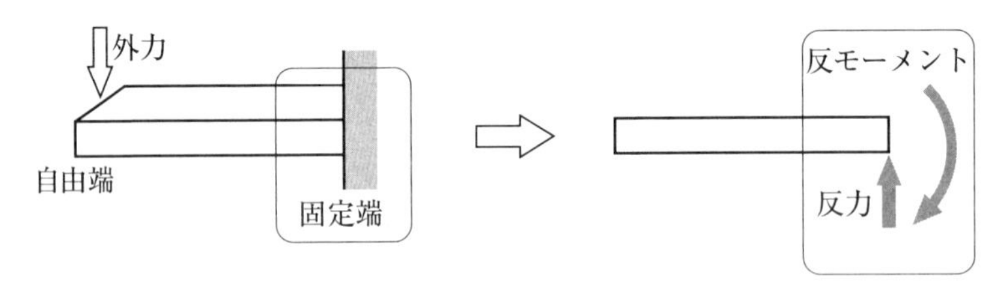

図 6.16　固定端に発生する作用

固定支点とは，はりを壁などに固定する支持方法です。外力が働くと，固定支点は，外力の和と反対向きの力：**反力**と，外力による力のモーメントの和と反対向きのモーメント：**反モーメント**を発生して，はりを支えます。このうち，反力は，面に平行に発生する力です。一方，反モーメントは，固定支点の面に垂直に生じる力によるモーメントの和によって発生します。図 6.17 のように，固定端の面の上部には右向きの力，面の下部には左向きの力が発生します。これらを組み合わせると，面を時計まわりに回転させる力のモーメントになります。反モーメントを生み出す力は，固定端の面に平行に働く反力とは力の向きが異なるので，反力と反モーメントは独立に発生する作用です。

図 6.16 の左図のような状態を**片持はり**と呼びます。

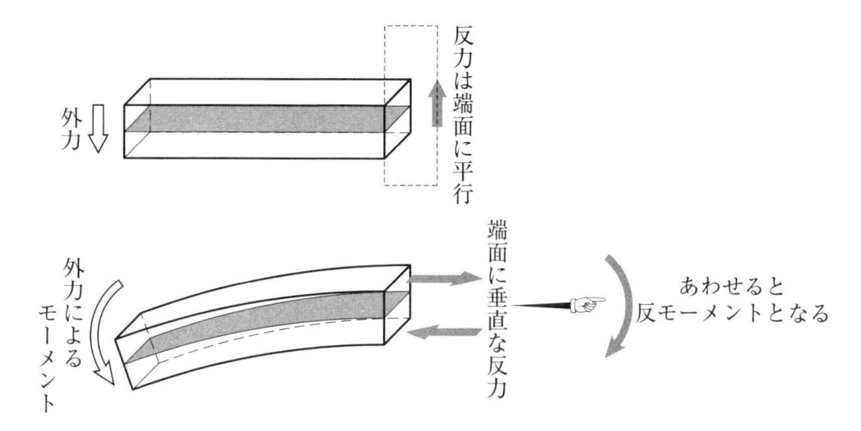

図 6.17　固定支点に発生する反力と反モーメント

次に，**回転支点**と**移動支点**は，いずれも反モーメントを発生することのできない支点で，反力のみを生じます。回転支点は，移動できないようになっているので，上下，左右の方向の反力を発生することができますが，移動支点は，横方向に自由に動けるため，上下方向の反力のみを発生することができます。

船を一種のはりと考えるとき，浮力による支持は，一種の移動支点と考えるとよいでしょう。図 6.18 のような状態を**両端支持はり**または**単純支持はり**と呼びます。

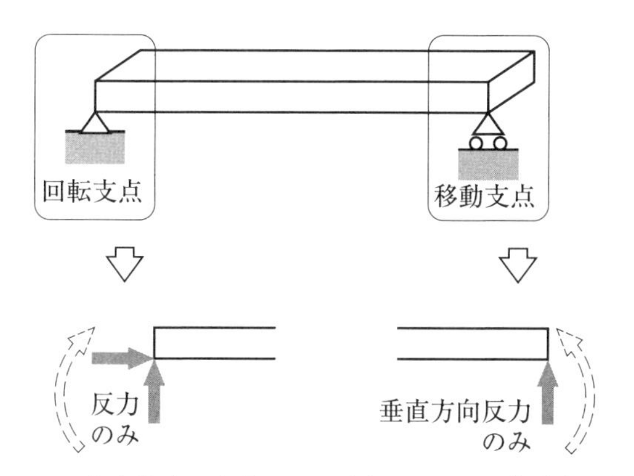

図 6.18　回転支点と移動支点に発生する反力

例題 6-8　次のはりの支点に発生する反力や反モーメントを求めなさい。

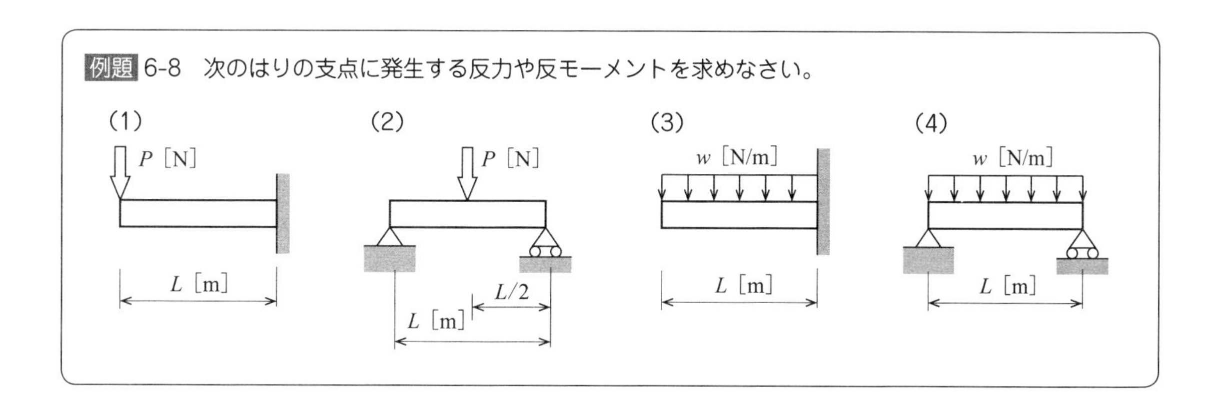

― 解答 ―

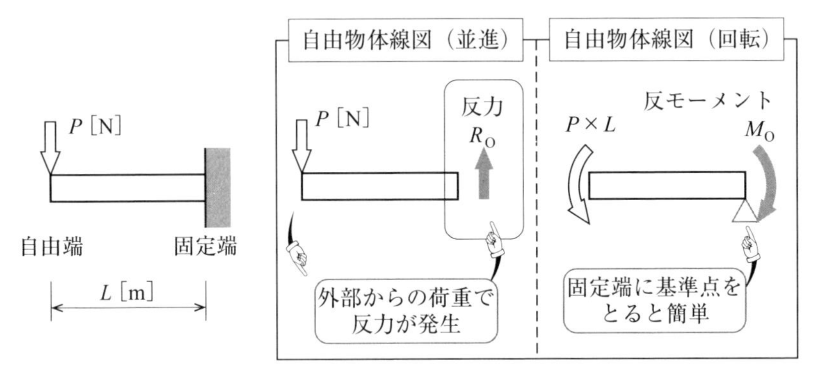

$$R_O - P = 0 \quad \cdots \quad R_O = P$$

$$M_O - P \times L = 0 \quad \cdots \quad M_O = P \times L$$

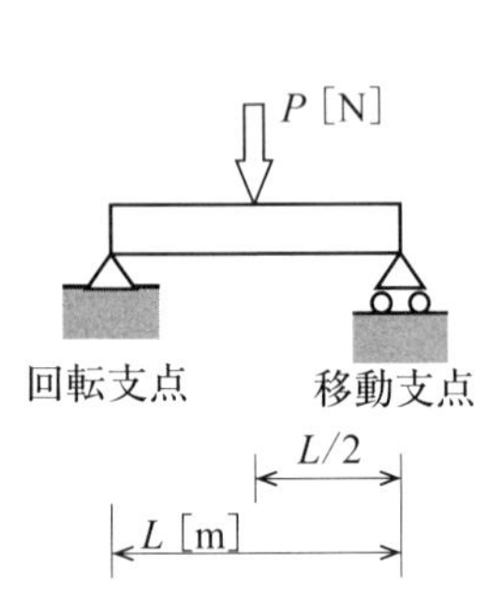

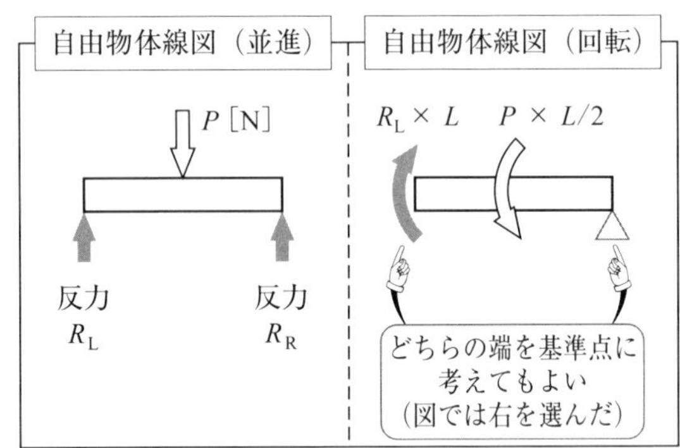

$$R_L + R_R - P = 0 \quad \cdots \quad R_L + R_R = P$$

$$R_L \times L - P \times \frac{L}{2} = 0 \quad \cdots \quad R_L = \frac{P}{2}$$

$$R_R = P - \frac{P}{2} = \frac{P}{2}$$

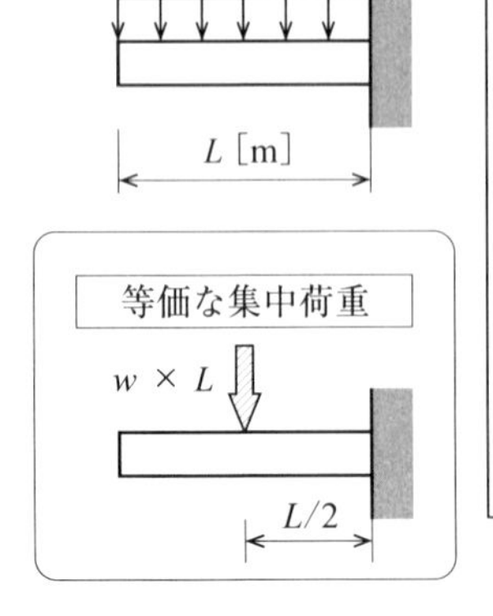

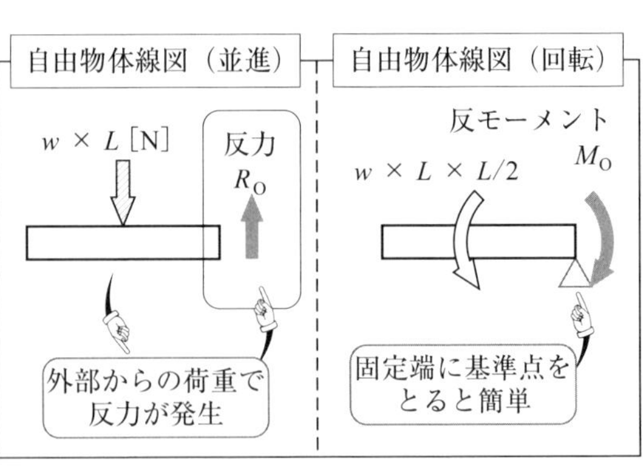

$$R_O - w \times L = 0 \quad \cdots \quad R_O = w \times L$$

$$M_O - (w \times L) \times \frac{L}{2} = 0 \quad \cdots \quad M_O = \frac{w \times L^2}{2}$$

(4)

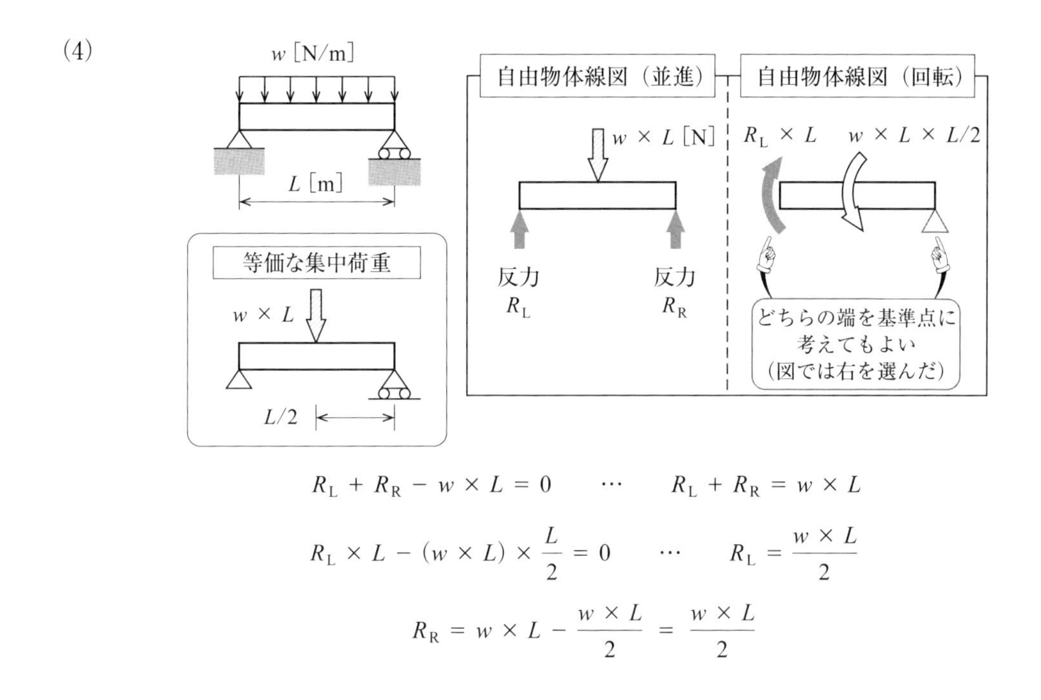

$$R_L + R_R - w \times L = 0 \quad \cdots \quad R_L + R_R = w \times L$$

$$R_L \times L - (w \times L) \times \frac{L}{2} = 0 \quad \cdots \quad R_L = \frac{w \times L}{2}$$

$$R_R = w \times L - \frac{w \times L}{2} = \frac{w \times L}{2}$$

集中荷重による力は, 1 m あたりの荷重 [N/m] に, 作用する分布する長さ [m] をかけると得られます。等分布荷重に**等価な集中荷重**とは，この力が分布する長さの中央に左右している荷重と考えられます。

練習 6-3　次の両端支持はりの両端 A，B に発生する反力 R_A，R_B を求めなさい。

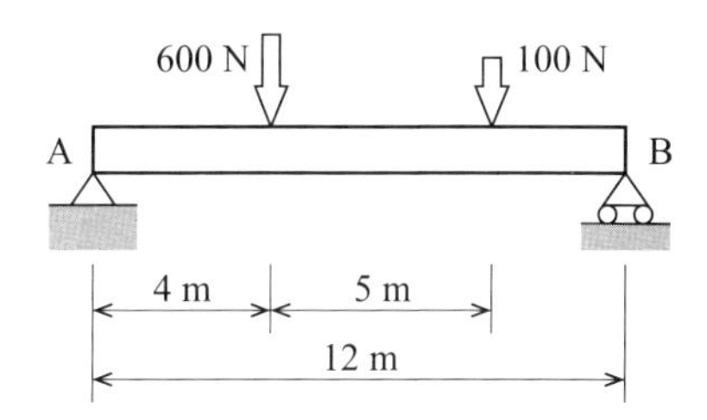

6.7.1　はりの内部に発生する力

はりに働く荷重やモーメント，反力や反モーメント（外部から部材に働く外力）によって，はりの各所は変形します。これらの荷重の大きさや分布によっては，はりが破壊されてしまいます。そこで，はり全体のどこに負荷が強くかかっているのかを把握する必要があります。

例として，船をはりに見立てて，左端と右端に外力が加わり，中央が垂れ下がっている場合（図 6.19 の右図）を考えます。

A の部分では，左側に外力が加わり，右側から B による力①（**せん断力**と呼ぶ）が働き，右側が左よりも下がった，平行四辺形のような変形をします。B の部分では，左側に A からの力②を受け，右側に右隣の部分からの力③を受け，A と同様な変形となります。このように右側が左よりも下がる変形させるような，左側が上，右側が下向きのせん断力を，一般には**正のせん断力**とします。一方，逆に，C の部分では，左側が下④，右側が上向きの外力が働き，A や B とは反対向きの変形となっています。これらを**負のせん断力**と呼びます。A に働くせん断力①と B に働くせん断力②は，大きさが同じで向

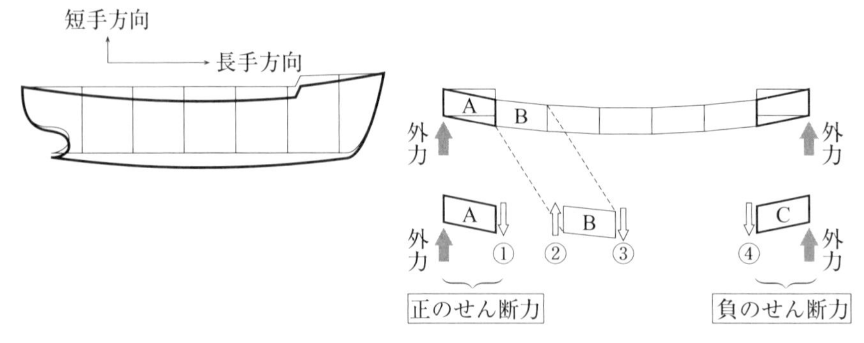

図6.19　せん断力の符号

きが異なる作用・反作用の関係にあります。

次に，左端と右端に外力が加わり，全体が下に弓のようになった場合（図6.20の左図）を考えます。このような変形は，部材の左右から，力のモーメントが逆向きに作用する場合に発生します。

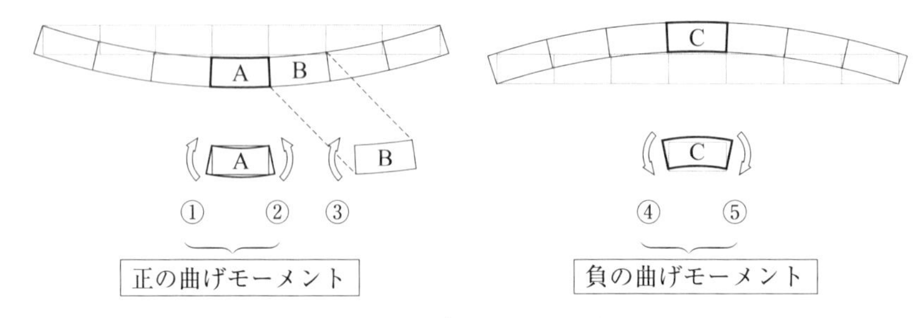

図6.20　曲げモーメントの符号

Aの部分では，左側から時計まわりの力のモーメント①が加わり，右側からBによる反時計まわりの力のモーメント②が加わって，Aは中央が下向きに反ったような変形となります。このような変形を**曲げ**と呼び，曲げを生じさせる左右からの力のモーメントのことを**曲げモーメント**（bending moment）と呼びます。曲げモーメントは，はりが荷重によって湾曲する変形の指標となります。

部材がAのように，下方向に曲がるとき，一般には部材に**正の曲げモーメント**が働いていると考えます。一方，右図の，Cの部分では，左側に反時計まわりの曲げモーメント④と，右側に時計まわりの曲げモーメント⑤が働き，AやBとは反対向きの変形となっています。これらを**負の曲げモーメント**と呼びます。Aに働く曲げモーメント②とBに働く曲げモーメント③は，大きさが同じで回転作用の向きが異なる作用・反作用の関係にあります。

ポイント 6.6　はりのせん断力と曲げモーメントの正負

はりを変形させる「せん断力」と「曲げモーメント」は一般に，次の変形を与える場合を「正」と考える。

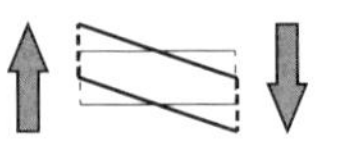

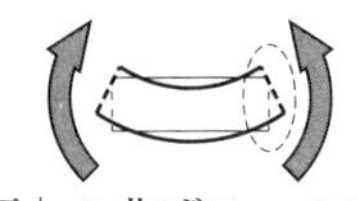

6.7.2　はりの内部のせん断力や曲げモーメント

はりの内部のせん断力や曲げモーメントは，場所によって値や向きが異なります。はりのどこが危険かを把握するには，せん断力や曲げモーメントの分布を調べ，特に曲げモーメントの大きさが最大になる部分（**危険断面**と呼ぶ）を見つける必要があります。

せん断力や曲げモーメントを計算した結果をグラフに表すと，一目で分布を理解できるので便利です。せん断力の分布図をSFD（せん断力図：Shear Force Diagram），曲げモーメントの分布図をBMD（曲げモーメント図：Bending Moment Diagram）と呼びます。

SFD，BMDは次の手順で求めることができます。

ポイント 6.7　はりの解析の手順

(1) 外力の決定：反力，反モーメントを求める（前節を参照）。

(2) 区間に分割し，代表点を設定する。

(3) 代表点で仮想分割・仮想消去・仮想断面を考える。

(4) 運動方程式，角運動方程式を立てる。

(5) SFD（せん断力図），BMD（曲げモーメント図）をかく。

<ポイント 6.7 (2)>　はりの区間と代表点

はりの内部を調べるには，荷重の条件が等しい部分に分けて考える必要があります。本書ではこれらを「区間」と表現します。図6.21の左図のように，はりの両端に印をつけます。次に集中荷重のある部分や，等分布荷重の左右でも荷重にも印をつけます。これらの印をつけた場所の間を，左から順に「区間1」「区間2」・・・と表記しています。それぞれの区間の内部は，荷重の条件が等しくなるので，区間の中に代表となる位置を1箇所ずつ設け，片持ちはりの場合は自由端からの距離を「x」とします。

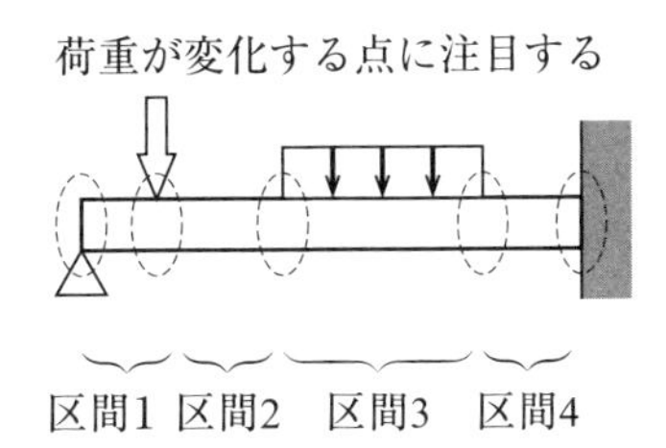

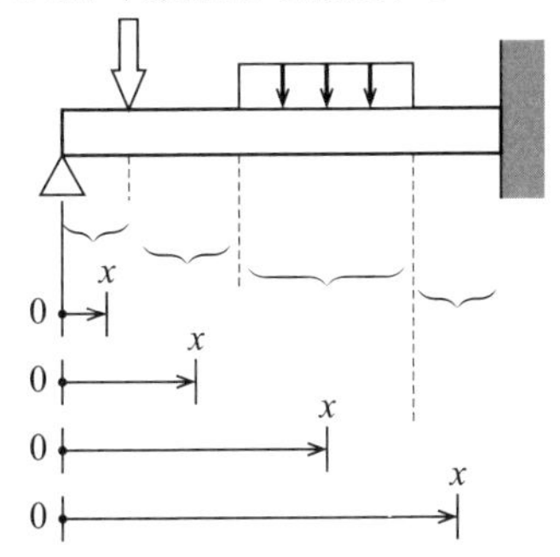

図 6.21　区間の調べ方

このように設定したそれぞれの区間のxに対して，順にポイント6.7 (3) (4) の方法で調べていきます。

例題 6-9　次のいろいろなはりについて，区間に分け，区間ごとに代表位置 x を設定しなさい。

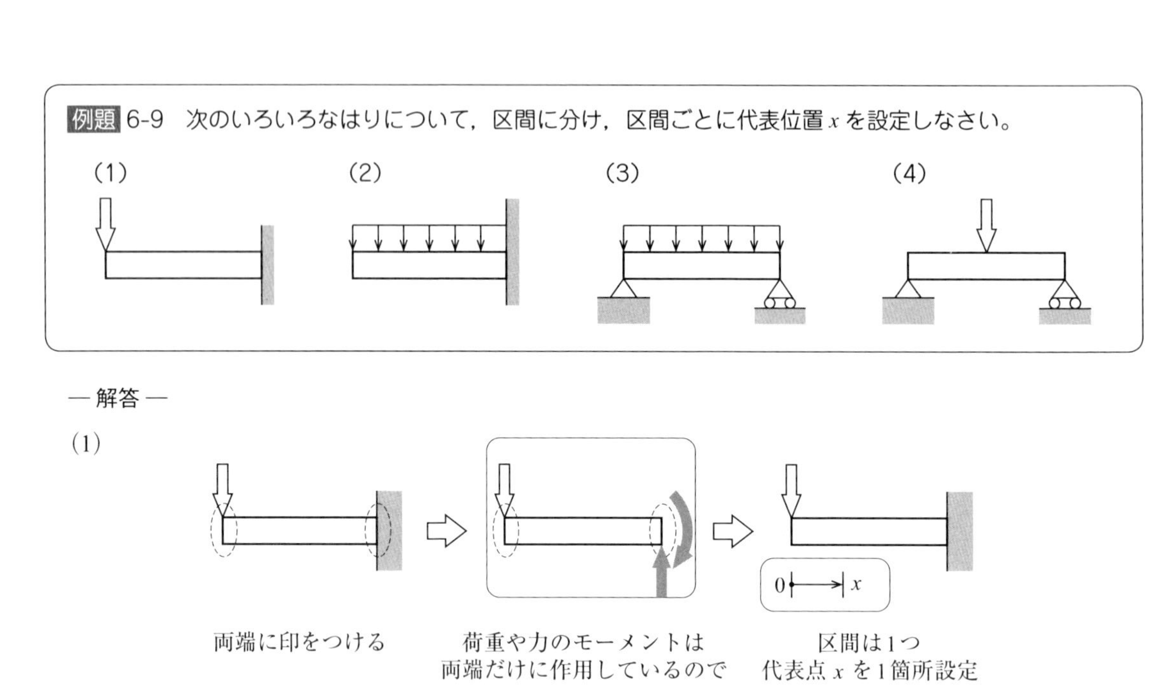

— 解答 —

(1)

(2)

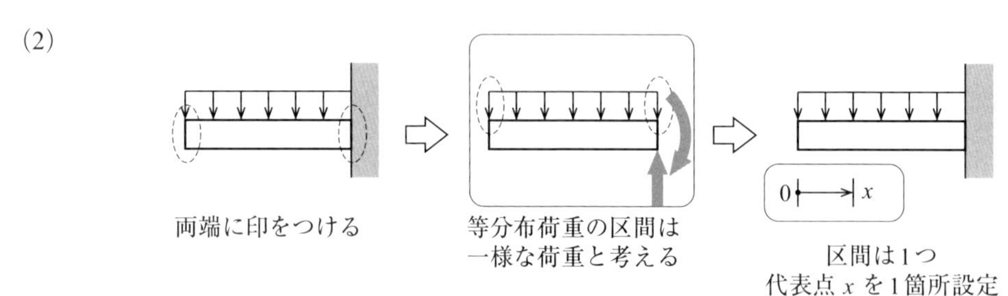

(3)

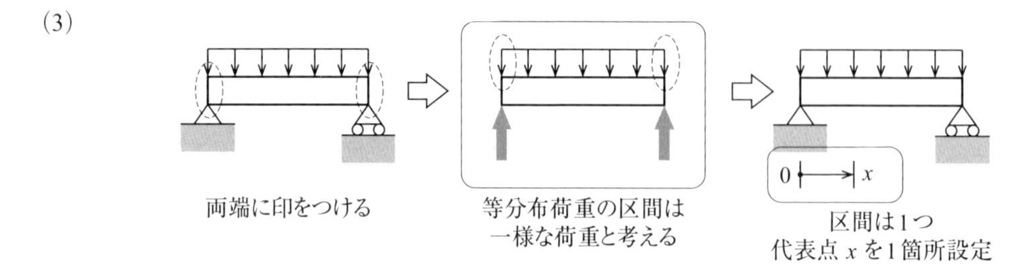

(4)

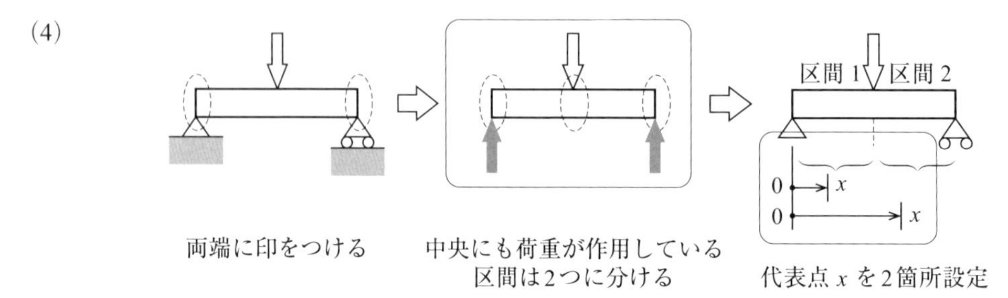

＜ポイント 6.7 (3)＞　仮想切断，仮想消去，仮想断面

はりの任意の場所で発生している力やモーメントを計算するとき，ポイント 6.7 (2) で設定した「区間」内の代表点 x において，想像上の切断すなわち**仮想切断**をするとわかりやすくなります。図 6.22 の左図のようなはりを仮想切断によって左右に分けて，どちらかを消去することを想像します。これを**仮想消去**ということにします。

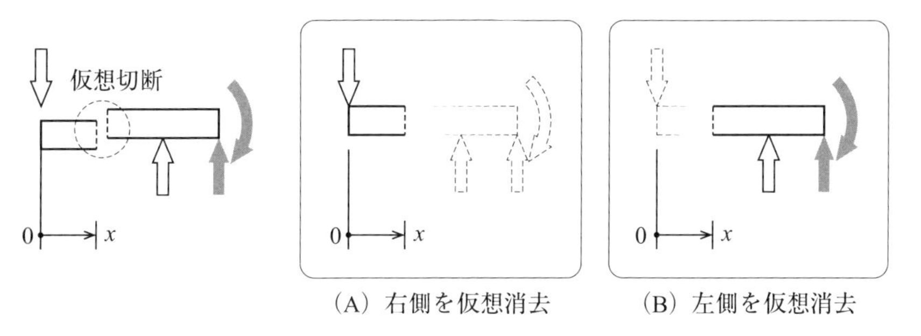

(A) 右側を仮想消去　　(B) 左側を仮想消去

図 6.22　仮想切断と仮想消去

図の (A) は，左側を残し，右側を仮想消去した場合で，左側には 1 つの集中荷重が加わっています。(B) は，右側を残し，左側を仮想消去した場合で，2 つの集中荷重と 1 つのモーメントが加わっています。外力が加わった状態ではりが静止する場合，どちらを消去しても計算結果は同じとなるので，なるべく荷重が少なく，簡単な方を選ぶとよいでしょう。図の場合は，(A) の方が簡単です。

＜ポイント 6.7 (4)＞　運動方程式，角運動方程式を立てる

① せん断力を求める運動方程式

位置 x の断面に発生する**せん断力**（Shear Force）を調べるためには，**せん断力の定義**に従ってせん断力の方向を仮定します。計算の結果，せん断力の値が正であれば，定義の方向があっていたと考え，負であれば，せん断力が定義の方向と逆向きに働いていたことになります。

例題 6-10　次のような荷重が作用しているはりの位置 x の断面に発生するせん断力 V を

（1）仮想断面の右を消去した場合　　（2）仮想断面の左を消去した場合

のそれぞれについて，定義にしたがって記入し，せん断力の大きさと方向を求めなさい。

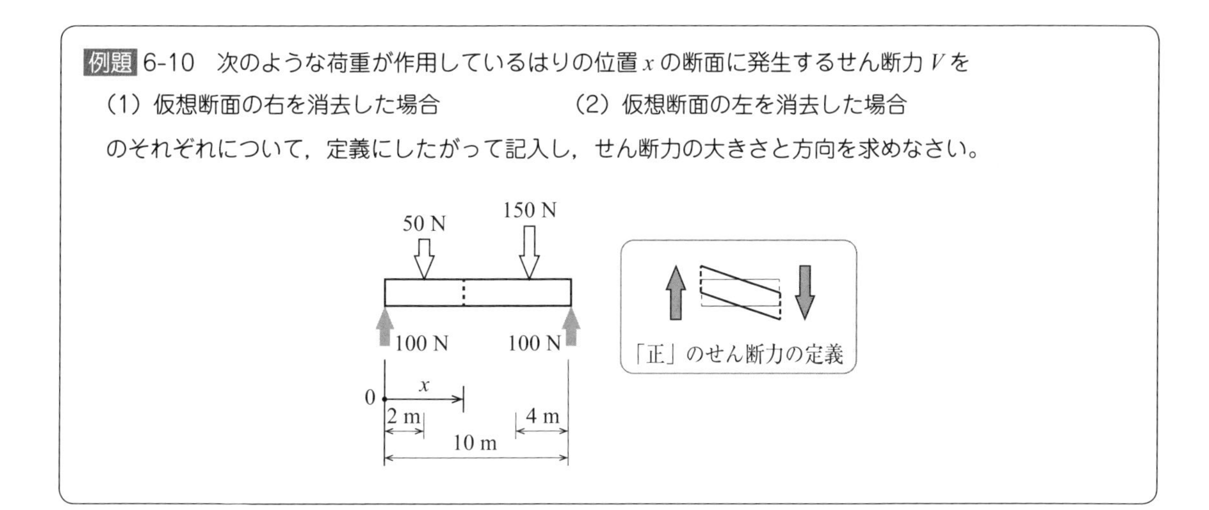

— 解答 —

(1) 仮想断面の右を消去した場合に，せん断力は次のように記入する。

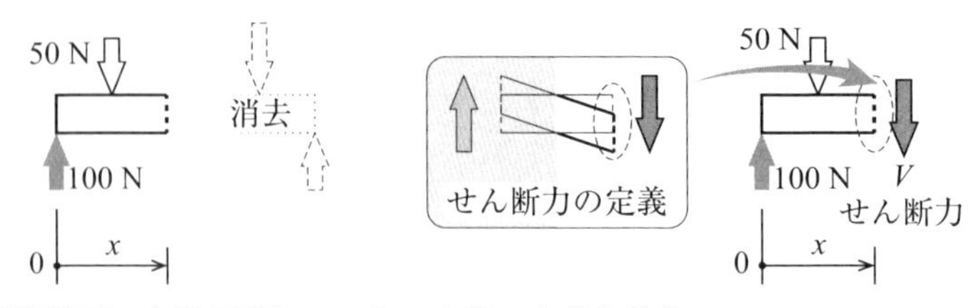

この図をもとに，運動方程式（静止：加速度がゼロ）を立てる。せん断力 V の方向を正としてかくと効率よく解くことができる：

$$V + 50 - 100 = 0 \quad \cdots \quad V = 50\,\mathrm{N}$$

(2) 仮想断面の左を消去した場合に，せん断力は次のように記入する。

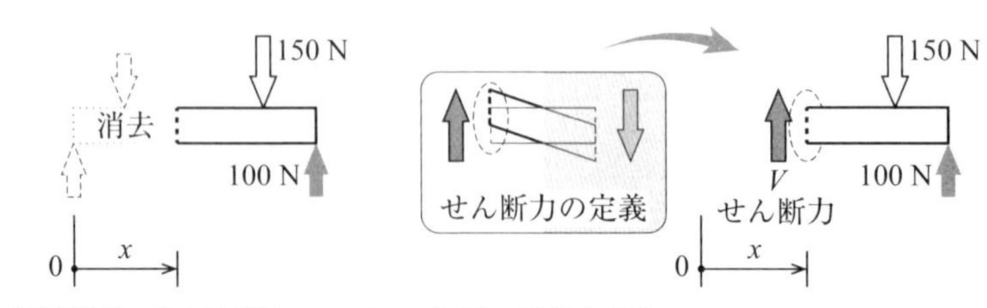

この図をもとに，運動方程式（静止：加速度がゼロ）を立てると，

$$V - 150 + 100 = 0 \quad \cdots \quad V = 50\,\mathrm{N}$$

② 曲げモーメントを求める運動方程式

位置 x の断面に発生する**曲げモーメント**（Bending Moment）を調べるためには，**曲げモーメントの定義**にしたがって曲げモーメントの回転作用の方向（時計まわりか反時計まわりか）を仮定します。計算の結果，曲げモーメントの値が正であれば，定義の方向があっていたと考え，負であれば，曲げモーメントの定義の方向と逆向きに働いていたことになります。

例題 6-11　例題 6-10 のはりに作用するモーメントは次の図のようになる。位置 x の仮想断面に発生する曲げモーメント M ついて，

(1) 仮想断面の右を消去した場合　　(2) 仮想断面の左を消去した場合

のそれぞれについて，定義にしたがって記入し，曲げモーメントの大きさと方向を求めなさい。

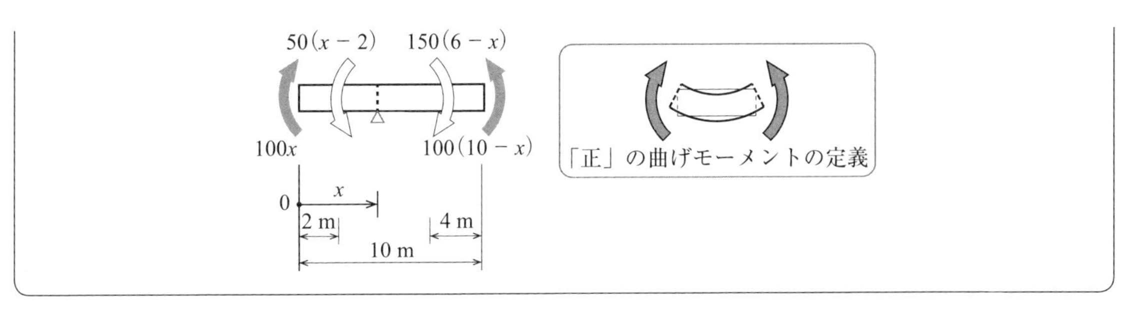

— 解答 —

(1) 仮想断面の右を消去した場合に，曲げモーメントは次のように記入する。

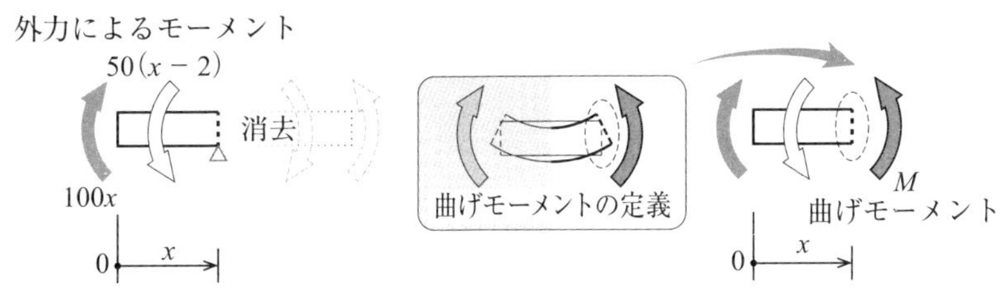

仮想断面の右側が現れている　　右側の定義を使う

この図をもとに，角運動方程式（静止：角加速度がゼロ）を立てる。曲げモーメント M の方向を正としてかくと効率よく解くことができる：

$$M + 50(x - 2) - 100x = 0 \quad \cdots \quad M = 50x + 100 \text{ Nm}$$

(2) 仮想断面の左を消去した場合に，曲げモーメントは次のように記入する。

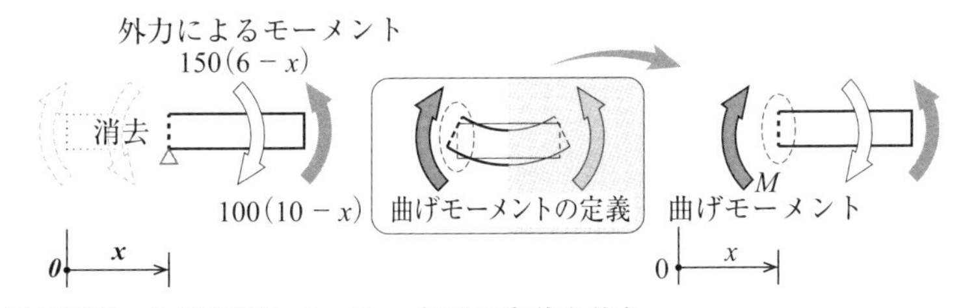

仮想断面の左側が現れている　　左側の定義を使う

この図をもとに，角運動方程式（静止：角加速度がゼロ）を立てると，

$$M + 150(6 - x) - 100(10 - x) = 0 \quad \cdots \quad M = 50x + 100 \text{ Nm}$$

ポイント 6.8　はりの曲げモーメントを求める際の回転の基準点

回転の基準点は仮想断面に設定します。

仮想断面　　仮想断面

回転の基準点　　回転の基準点

はりは静止している場合を考えることがほとんどです。そのため，どこに回転の基準を設定してもよいことになります。仮想断面に回転の基準を設定すると，せん断力によるモーメントが角運動方程式に現れなくなり，計算が簡単になります。

（発展） せん断力と曲げモーメントをつくる力

曲げモーメントを発生する力（応力）は，仮想断面に垂直に発生します。このため，仮想断面に平行に発生するせん断力とは独立に扱うことができます。

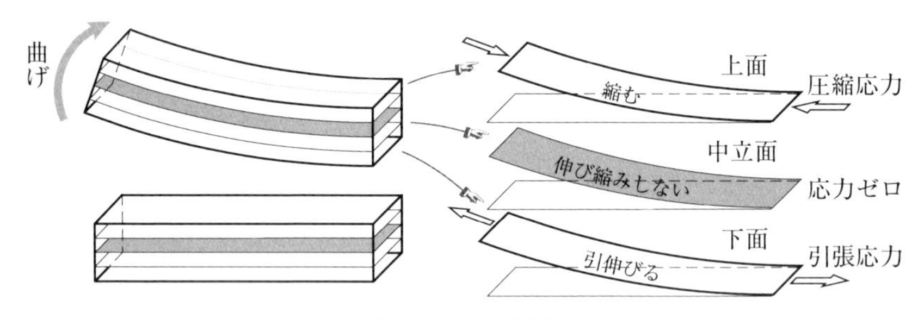

図 6.23　曲げによって発生する応力

図 6.23 では，外力による曲げによって，断面中央（中立面）は伸び縮みせず，それよりも上の面は縮み，下の面は伸びることになります。

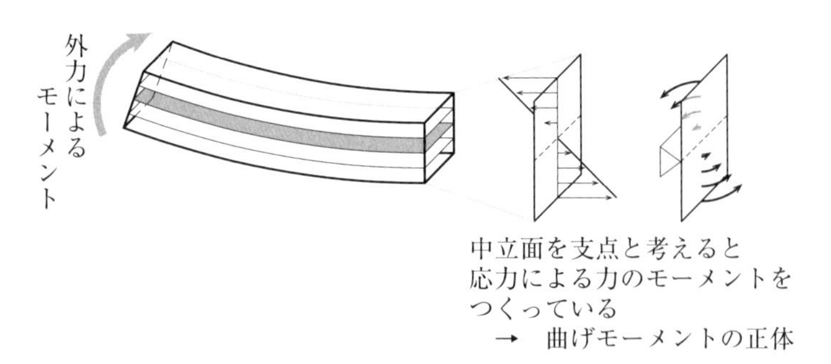

図 6.24　応力によって発生する曲げモーメント

この断面に発生する力（応力）をあわせると，中立面を中心とした回転作用が生まれることがわかります。これが曲げモーメントの正体です。

＜ポイント 6.7 (5)＞　SFD（せん断力図），BMD（曲げモーメント図）をかく

SFD や BMD では，横軸に位置 x を取り，縦軸にせん断力または曲げモーメントを図示します。

例題 6-12　長さ 1.0 m のはりについて，

(1) 次の式のせん断力 V について SFD をかきなさい。

$0 \leqq x \leqq 0.5$ の範囲で，$V = 40x - 10$　　$0.5 \leqq x \leqq 1.0$ の範囲で，$V = 10$ N

（2）次の式の曲げモーメント M について BMD をかきなさい。

$0 \leqq x \leqq 1.0$ の範囲で，$M = 10x^2$ Nm

— 解答 —

(1)

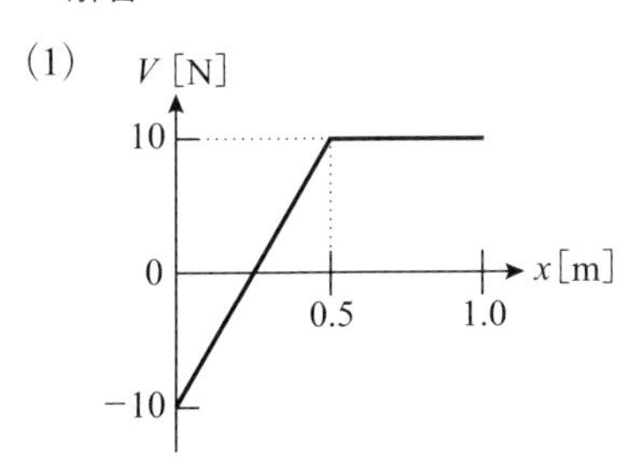

(2)

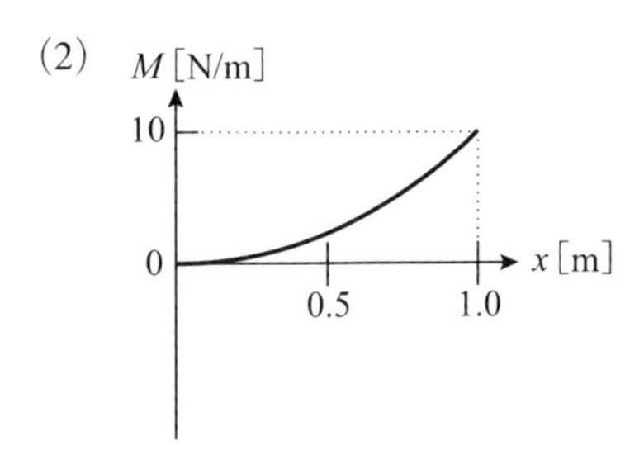

（発展）危険断面

SFD と BMD を見れば，はりのどの位置が最も変形の危険性が高いか判別することができます。特に，一般的には**曲げモーメントの大きさが最大**になる部分が最も変形しやすく危険となり，この部分を**危険断面**と呼ぶことがあります。

例題 6-13　集中荷重 $P = 1000$ N が作用する，長さ $L = 2.0$ m の片持はりについて，SFD と BMD を作図し，危険断面の位置を求めなさい。

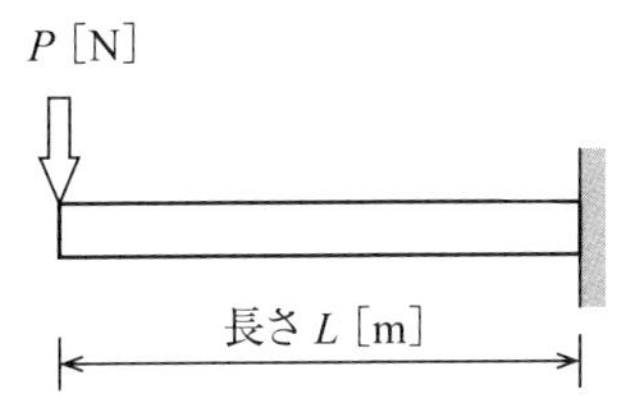

— 解答 —

図のように代表点 x を設定し，x の右側を消去する。残った左側について，せん断力 V を含む運動方程式は，

$$V + P = 0 \qquad V = -P = -1000 \text{ N}$$

となり，V は x によらず一定値（水平な直線）となった。

また，代表点 x を回転の基準点に選ぶと，集中荷重 P による力のモーメントは，$P \times x$ なので，曲げモーメント M を含む角運動方程式は，

$$M + (P \times x) = 0 \qquad M = -P \times x = -1000x \text{ Nm}$$

となり，M は x の一次関数（直線の式）となった。

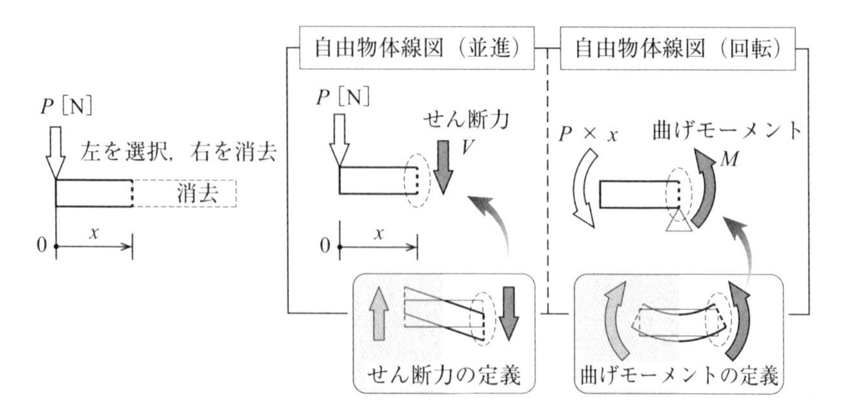

これらをもとに，SFD，BMD をかくと図のようになる。BMD を見ると，大きさが最大となるのは，はりの右端 L の位置で，ここが危険断面である。

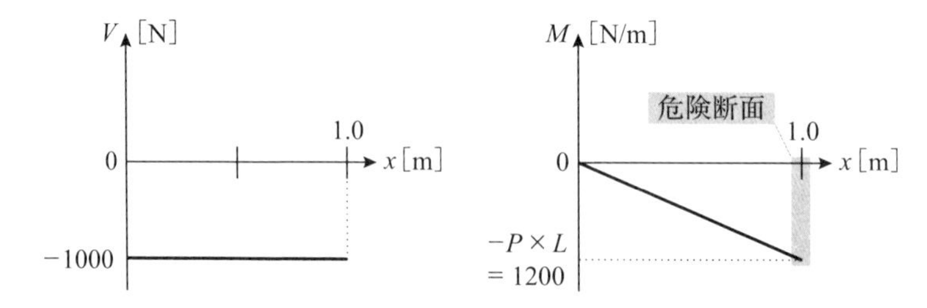

例題 6-14　図のように等分布荷重 $w = 400$ N/m が作用する，長さ $L = 5.0$ m の両端支持はりについて，SFD と BMD を作図し，危険断面の位置を求めなさい。

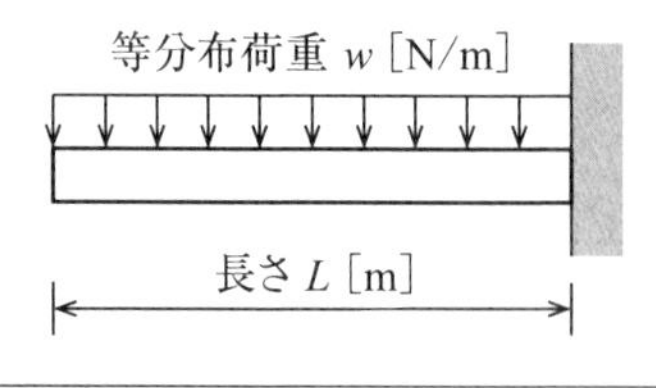

— 解答 —

図のように代表点 x を設定し，x の右側を消去する。残った左側の等分布荷重は，中央 $x/2$ の位置に作用する等価な集中荷重 $w \times x$ に置き換えられるので，せん断力 V を含む運動方程式は，

$$V + (w \times x) = 0 \qquad V = -W \times x = -400x \text{ N}$$

となり，V は x の一次関数（直線の式）となった。

また，代表点 x を回転の基準点に選ぶと，等価な集中荷重 $w \times x$ による力のモーメントは，$(wx) \times (x/2)$ なので，曲げモーメント M を含む角運動方程式は，

$$M + (w \times x) \times \frac{x}{2} = 0 \qquad M = -(w \times x) \times \frac{x}{2} = -\frac{w}{2}x^2 = -200x^2 \text{ Nm}$$

となり，M は x の二次関数（放物線の式）となった。

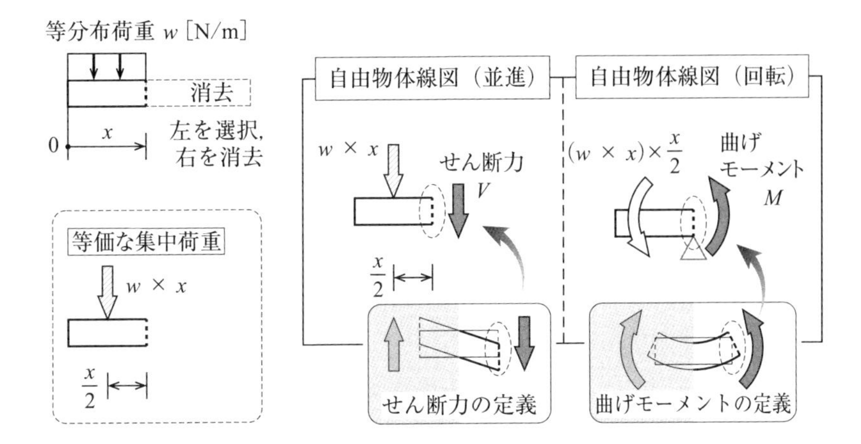

これらをもとに，SFD，BMD をかくと図のようになる。BMD を見ると，大きさが最大となるのは，はりの右端 $x = 5.0$ m の位置で，ここが危険断面である。

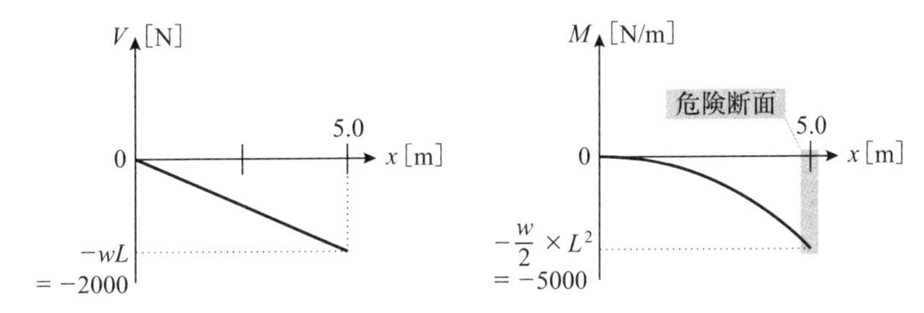

例題 6-15　等分布荷重 $w = 800$ N/m が作用する，長さ $L = 1.0$ m の両端支持はりについて，SFD と BMD を作図し，危険断面の位置を求めなさい。

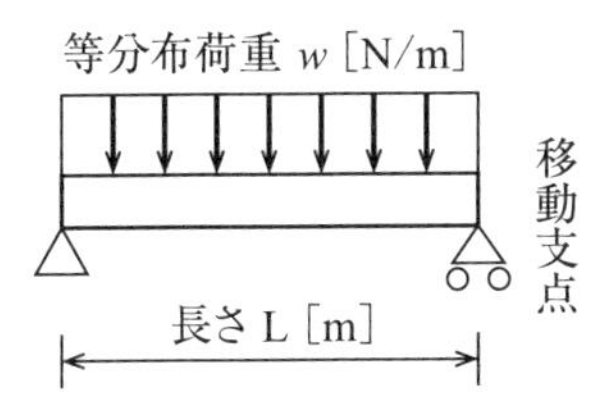

— 解答 —

全体の荷重は，$w \times L = 800 \times 1 = 800$ N であるが，左右対称なので，左右の支持点での反力は同じなので，これを $R = 400$ N とする。

図のように代表点 x を設定し，x の右側を消去する。残った左側の等分布荷重は，中央 $x/2$ の位置に作用する等価な集中荷重 $w \times x$ に置き換えられるので，せん断力 V を含む運動方程式は，

$$V - R + (w \times x) = 0\ \mathrm{N}$$

$$V = R - w \times x = 400 - 800x\ \mathrm{N}$$

となり，V は x の一次関数（直線の式）となった。

また，代表点xを回転の基準点に選ぶと，等価な集中荷重$w \times x$による力のモーメントは，$(wx) \times (x/2)$ なので，曲げモーメントMを含む角運動方程式は，

$$M - (R \times x) + (w \times x) \times \frac{x}{2} = 0$$

$$M = R \times x - \frac{w}{2}x^2 = 400x - 400x^2$$

となり，Mはxの二次関数（放物線の式）となった。

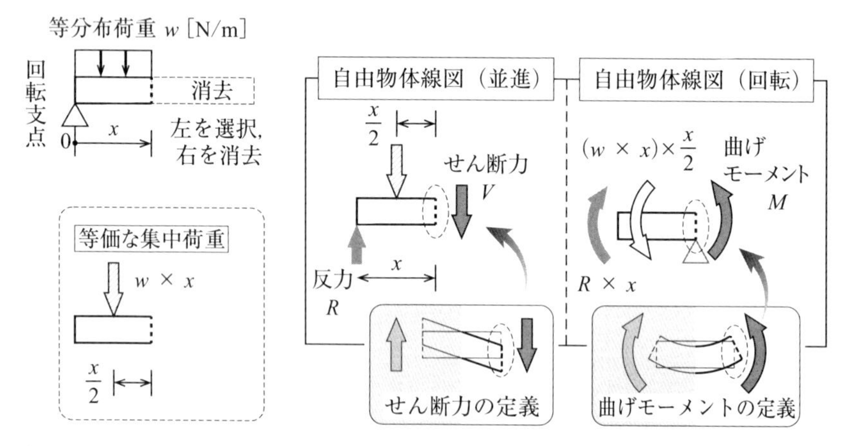

これらをもとに，SFD，BMDをかくと図のようになる。BMDを見ると，大きさが最大となるのは，はり中央$x = 0.50$ mの位置で，ここが危険断面である。

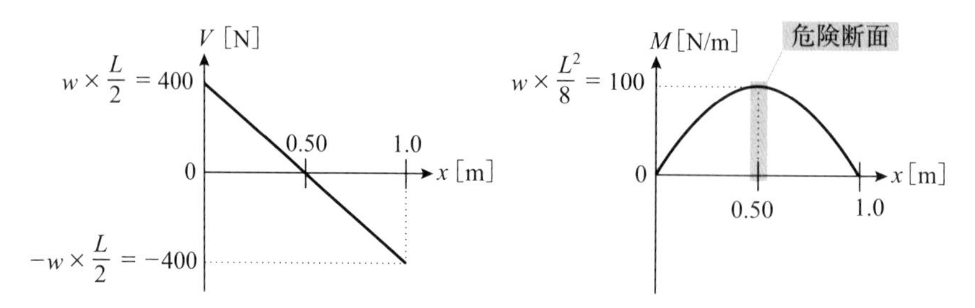

例題 6-16　集中荷重$P = 2.0$ kNが作用する，長さ$L = 2.0$ mの両端支持はりについて，区間を2つに分けて，それぞれに代表点xを設定して，SFDとBMDを作図し，危険断面の位置を求めなさい。

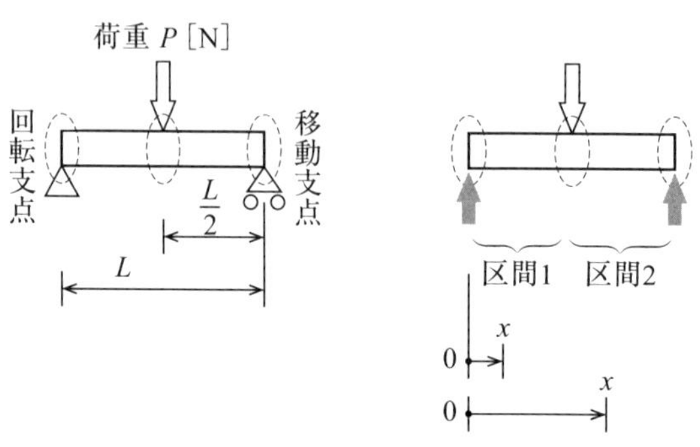

— 解答 —

まず，左右対称なので，2 つ支点の反力の大きさは同じで，$R = P/2 = 1000$ N となる。

<区間 1 について>

右を消去（左図）した場合と，左を消去（右図）した場合とを比較すると，右を消去した場合の方が，力の数が少ない。

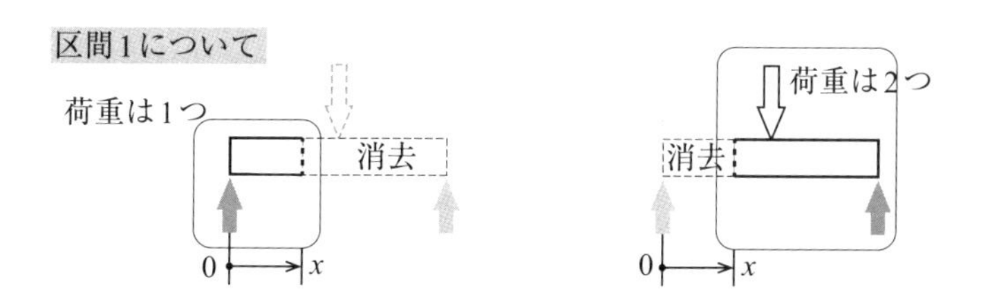

そこで，区間 1 については，左を選択することを考えると，

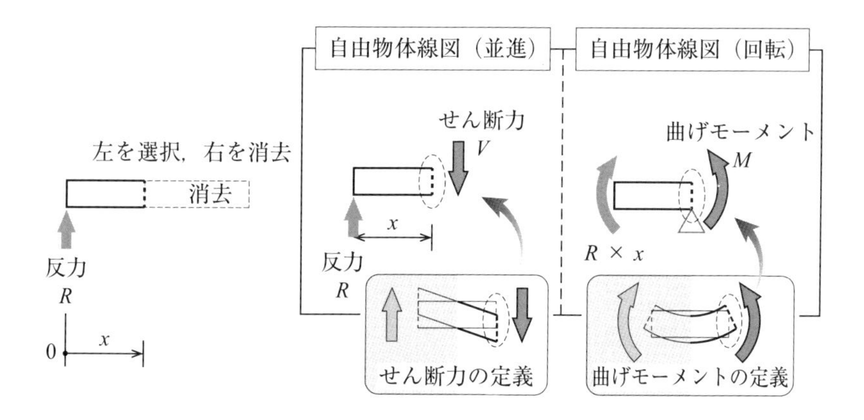

せん断力 V を含む運動方程式は，

$$V - R = 0$$

$$V = R = 1000 \tag{1}$$

となり，V は x によらず一定値（水平な直線）となった。

また，代表点 x を回転の基準点に選ぶと，反力 R による力のモーメントは，$R \times x$ なので，曲げモーメント M を含む角運動方程式は，

$$M - R \times x = 0$$

$$M = R \times x = 1000x \tag{2}$$

となり，M は x の一次関数（直線の式）となった。

<区間 2 について>

次に，区間 2 については，右を選択し，左を消去した方が簡単になる。

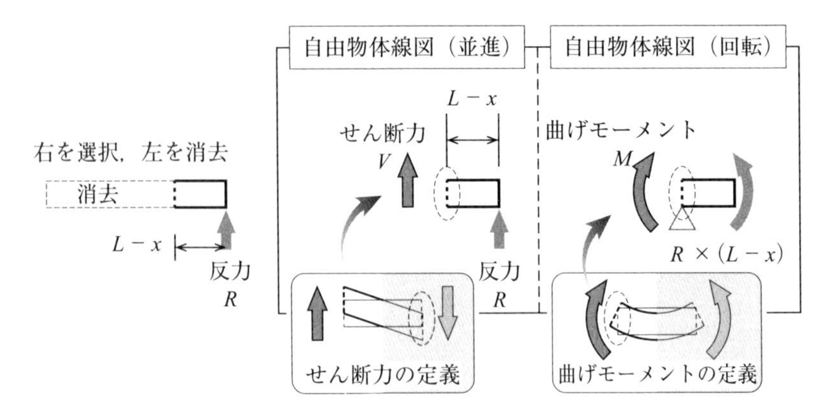

せん断力 V を含む運動方程式は，

$$V + R = 0$$

$$V = -R = -1000 \tag{3}$$

となり，V は x によらず一定値（水平な直線）となった。

また，代表点 x を回転の基準点に選ぶと，反力 R による力のモーメントは，$R \times x$ なので，曲げモーメント M を含む角運動方程式は，

$$M - R \times (L - x) = 0$$

$$M = R \times (L - x) = R \times L - Rx = 2000 - 1000x \tag{4}$$

となり，M は x の一次関数（直線の式）となった。

式 (1) と式 (3) から SFD を，また，式 (2) と式 (4) から BMD をかくと，

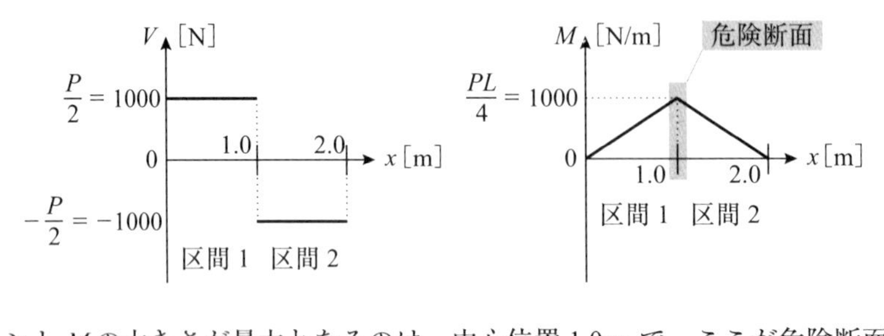

曲げモーメント M の大きさが最大となるのは，中心位置 1.0 m で，ここが危険断面である。

練習問題の解答

解 6-1　荷重を W，応力を σ，直径を d，断面積を A とすると，$A = \pi d^2/4$ なので，

$$\sigma = \frac{W}{A} = \frac{4W}{\pi d^2}$$

次に，長さを ℓ，伸びを λ，ひずみを ε とすると，

$$\varepsilon = \frac{\lambda}{\ell}$$

また，変形がフックの法則より，

$$\sigma = E\varepsilon$$

3つの式のうち，求めるのは，伸び λ なので，その他の未知量 σ，ε は，消去する必要がある。最初の式の σ と，2番目の式の ε を，3番目の式に代入すると，

$$\frac{4F}{\pi d^2} = E \times \frac{\lambda}{\ell}$$

$$\lambda = \frac{4F\ell}{\pi d^2 E} = \frac{4 \times (10 \times 10^3) \times 1}{\pi \times (30 \times 10^{-3})^2 \times (206 \times 10^9)} = 6.9 \times 10^{-5}\ \mathrm{m}$$

伸びは，69 μm

解 6-2　厚さ $H = 30$ mm の鉄板を打ち抜いて円形の孔（直径 $d = 5$ mm）を作るには，ポンチによる力 F で，孔の側面積 $A = \pi dH$ の部分をせん断変形させる必要がある。せん断変形させるのに必要なせん断力は $\tau = 300$ MPa なので，応力の定義式から，

$$\tau = \frac{W}{A}$$

$$W = \tau A = \tau \times (\pi dH) = (300 \times 10^6) \times \{\pi \times (5 \times 10^{-3}) \times (30 \times 10^{-3})\} = 1.4 \times 10^5\ \mathrm{N}$$

力は，140 N

解 6-3　点Bを中心とする力のモーメントのつり合いは，反時計まわりを正と考えると，

$$-R_A \times 12 + 600 \times 8 + 100 \times 3 + R_B \times 0 = 0$$

$$\therefore\quad R_A = \frac{600 \times 8 + 100 \times 3}{12} = 425\ \mathrm{N}$$

上方向の力を正とすると，力のつり合いより，

$$R_A + R_B - 600 - 100 = 0$$

$$R_B = 600 + 100 - 425 = 275\ \mathrm{N}$$

$R_A = 425$ N，$R_B = 275$ N

第7章

仕事とエネルギー

7.1 仕事

7.1.1 仕事とは

力を作用させて物体を動かすとき，力を作用させ続けるためには，なんらかの“大変さ”が必要となりますが，その結果として，物体を移動させる効果が表れます。この“大変さ”のことを「**仕事**（work）」といいます。

ポイント 7.1　仕事の定義

仕事［J］　＝　力の大きさ［N］　×　動いた距離（変位）［m］

仕事の単位は，N・m（ニュートンメートル）＝（ジュール）です。また，力や変位はベクトルで表すことができますが，仕事は方向・向きを持たないスカラー量です。

いろいろな機械（しくみ）を使うと，物体の位置や速度，加速度などの状態を変えられます。

次の図 7.1 のように，重たい物をある高さまで持ち上げるために，動滑車や「**てこ**（lever）」を用いると，直接持ち上げるよりも小さな力で持ち上げることができます。

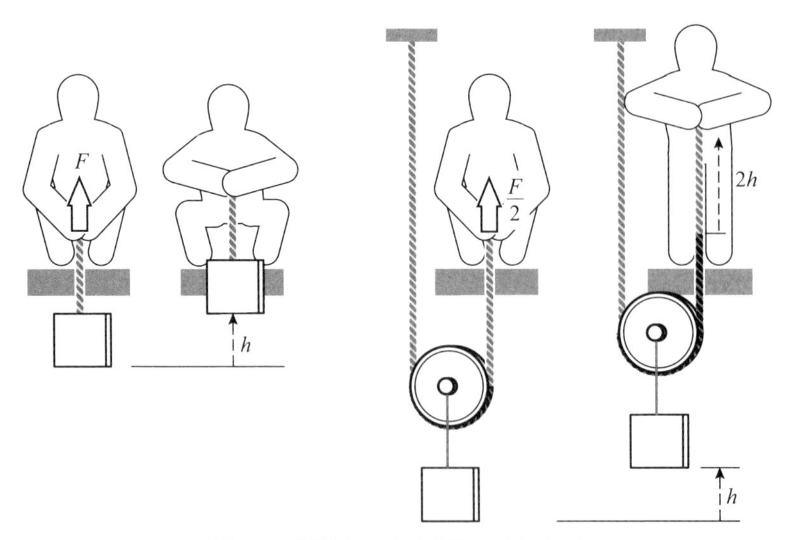

図 7.1　動滑車による荷物の持ち上げ

このような機械は，作業の“大変さ”を小さくするかといえば，そうではありません。直接持ち上げるのに必要な力 F が動滑車では $F/2$ と小さくなった分，もとの目的である，物体を高さ h まで持ち上げるためには，ロープ端の移動する距離（**変位**ともいう）を $2h$ と大きくしなければならないことを，私達は経験的に知っています。

ガリレオ・ガリレイは，著書「レ・メカニケ（機械論）」の中で，動滑車や「てこ」（図 7.2）などを用いても，**力と移動距離の積**は，直接持ち上げる場合と変わらないと書いています。この積を「仕事」といい，動滑車や「てこ」などの機械を用いても「仕事」は変わらないことを「**仕事の原理**」と呼びました。

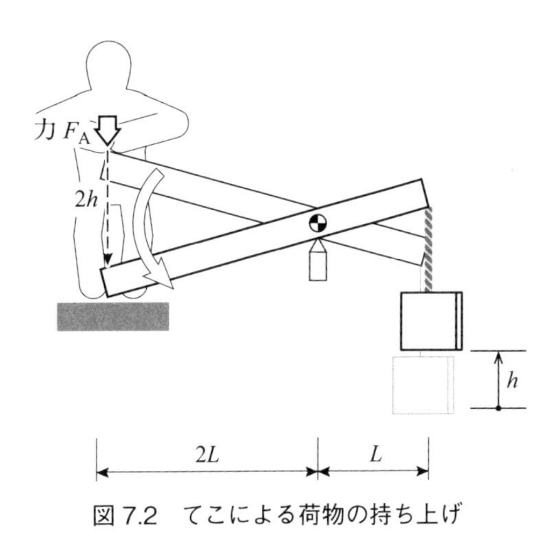

図 7.2　てこによる荷物の持ち上げ

ポイント 7.1 をもとに仕事を計算するときに，「何」が「何」に仕事をするかを明確にします。図 7.3 の例では，摩擦のない床面上に置かれた「物体」に「人」がする仕事を計算してみます。計算を明確にするために，「物体」の自由物体線図をかいて，「物体」に「人」が加える力 F のみに注目し，「物体」の変位を s とし，座標も記入します（その他の重力や垂直抗力は「人」から「物体」への仕事に直接の関係がありません）。

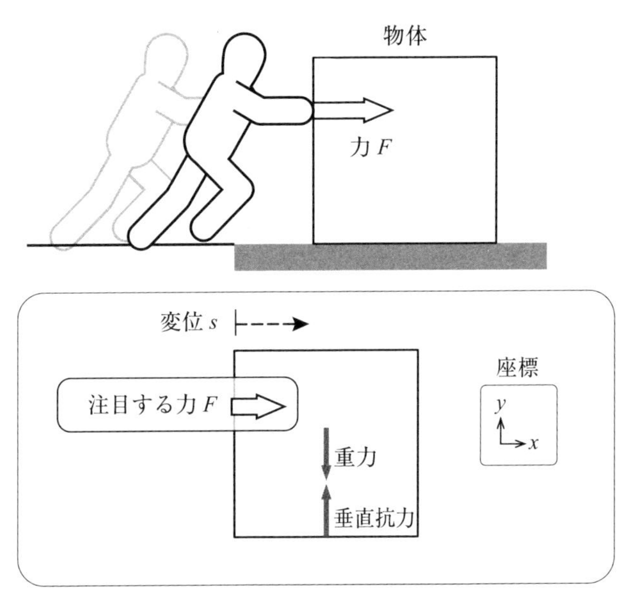

図 7.3　物体に対する仕事

力の大きさは F で，座標 x に照らして $+F$ とし，変位 s も，座標 x に照らして $+s$ とすると，「人」が「物体」にする仕事は，$F \cdot s$ となります。

図 7.3 では，力の方向と変位の方向が一致していました。一方，図 7.4 のように，力の方向と変位の方向が一致しない場合もあります。このような場合，物体の移動に有効な力を考えます。図 7.4 のように，「物体」の自由物体線図では，「人」から受ける力のみに注目しています。物体の移動には，物体の変位の方向の力の成分のみが有効となります。

この有効な力の大きさは$F\cos\theta$です。したがって，このときの仕事Wは，

$$(\text{仕事}) = (\text{有効な力の大きさ}) \times (\text{変位})$$

より，

$$W = F\cos\theta \times s$$

となります。

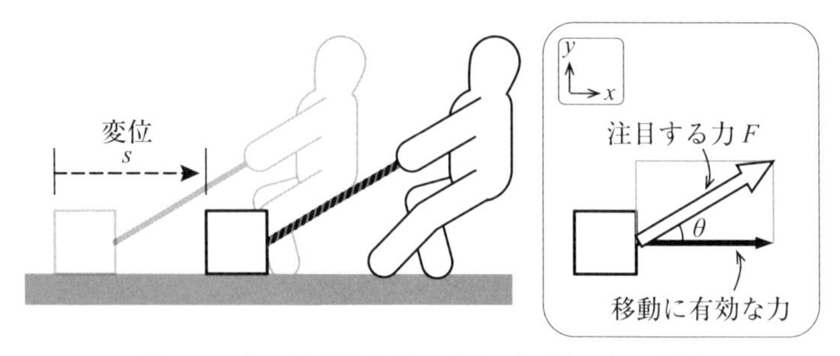

図 7.4　力の方向と変位の方向が一致しない場合

7.1.2　仕事をしない力

力と変位の方向が垂直な場合，力は仕事をしません。図 7.5 の左図は，図 7.3 での自由物体線図ですが，重力と垂直抗力は変位と垂直の方向に作用しています。また，図 7.5 の右図は，図 7.4 の自由物体線図ですが，注目する力Fの変位に垂直な方向の力を考えてみましょう。いずれも力と変位のなす角度の大きさは 90° となり，(力) × (変位) × cos 90° = 0 で，仕事としてはゼロとなります。これらは「仕事をしない力」となります。

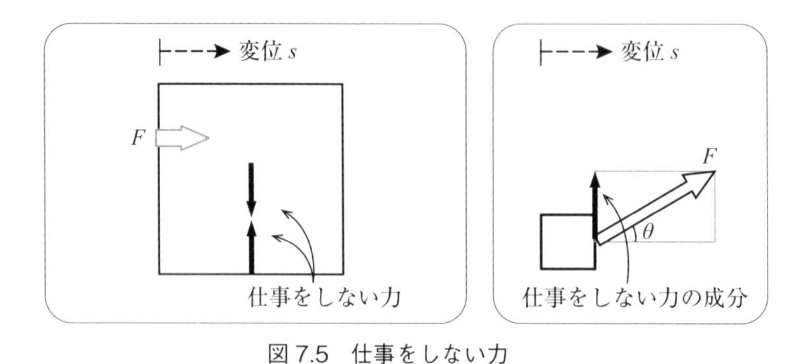

図 7.5　仕事をしない力

7.1.3　負の仕事

次の図 7.6 は，人 A と人 B が物体を引き合ったところで，人 A の方向に物体が，sだけ移動しています。図のような右向きの座標を用いて，人 A が物体に及ぼす力F_Aによる仕事W_Aを求めてみましょう。F_A，sの方向は座標軸と同じなので，仕事W_Aは正となります。

$$W_A = (+F_A) \cdot (+s) = F_A \cdot s > 0$$

次に，「人 B」が「物体」にした仕事 W_B については，図の自由物体線図のように，力 F_B は座標軸と逆向き（$\theta = 180°$）なので，$(-F_B)$ と表現すると，

$$W_B = (-F_B) \cdot (+s) = -F_B \cdot s < 0$$

このとき，「人 B」は「物体」に「**負の仕事**」をした（仕事をされた）といいます。

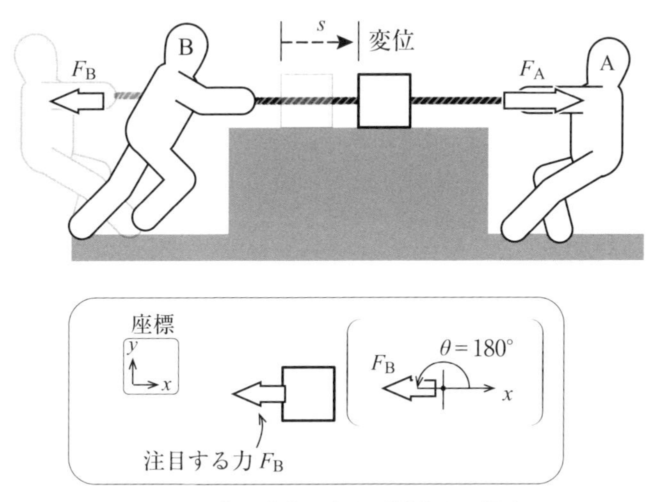

図 7.6　力と変位の向きが逆向きの場合

7.1.4　重力がする仕事

図 7.7 のように物体が A 点から B 点まで自由落下（重力以外の作用を受けずに落下すること）する場合の仕事を考えます。作用している力は重力なので，「重力がする仕事」といえます。このとき，力の向きと変位の向きが一致しているため，ポイント 7.1 を用います。図のように下向きの座標を使うと，重力（mg で表される）の方向と変位の方向がいずれも座標の方向なので，

$$（重力のする仕事）=（重力）\times（変位）= mgh \tag{7.1}$$

となります。

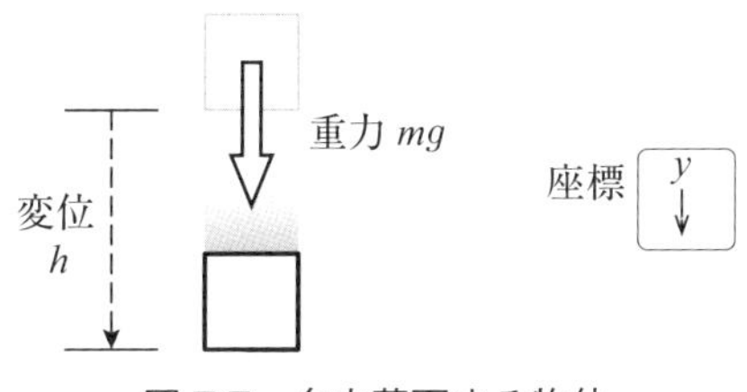

図 7.7　自由落下する物体

例題 7-1　質量mの物体を人が力Fで動かすとき，(A)の方向または(B)の方向に変位させる場合について，変位をh，重力加速度をgとして，「重力がする仕事」「人がする仕事」を求めなさい。

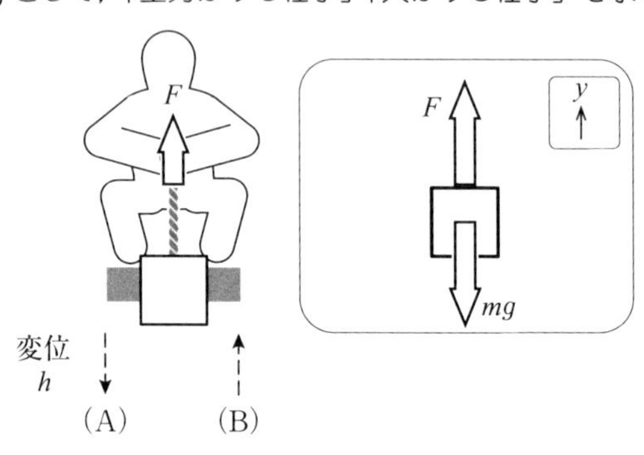

— 解答 —

下向きの座標yをもとに考えてみる。

(A)の方向への変位の場合：

物体に重力がする仕事：$W = (+mg) \times (+h) = mgh$

物体に人がする仕事：$W = (-F) \times (+h) = -Fh$

となり，物体を下ろすときには，物体に重力がする仕事は正，人がする仕事は負となる。

(B)の方向への変位の場合：

物体に重力がする仕事：$W = (+mg) \times (-h) = -mgh$

物体に人がする仕事：$W = (-F) \times (-h) = Fh$

となり，物体を持ち上げるときには，物体に重力がする仕事は負，人がする仕事は正となる。

例題 7-2　例題7-1について，人が物体からされる仕事を，(A)の方向または(B)の方向に変位させる場合について求めなさい。

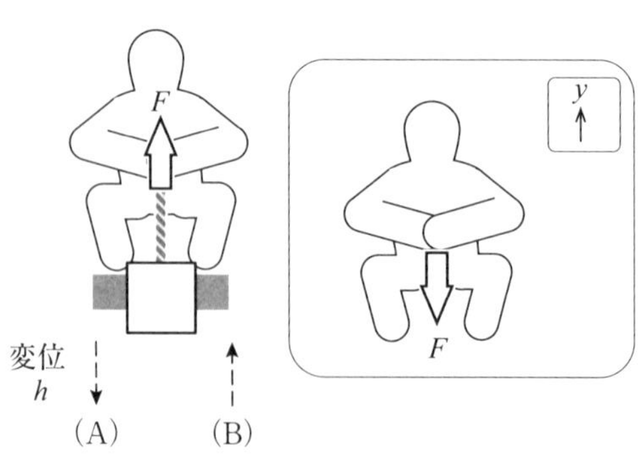

— 解答 —

下向きの座標 y をもとに考えてみる。人は物体に力 F を及ぼしているので，作用・反作用によって，人は物体から力 F で引かれている。

(A) の方向への変位の場合：

人に物体がする仕事：$W = (+F) \times (+h) = Fh$

となり，物体を下ろすときには，物体が人にする仕事は正となる。

(B) の方向への変位の場合：

人に物体がする仕事：$W = (+F) \times (-h) = -Fh$

となり，物体を持ち上げるときには，物体が人にする仕事は負となる。

例題 7-2 で人が物体を下ろす際に，人がされる正の仕事について，人を発電機に置き換えるなどをすると，重力を利用した仕事の取り出しが可能になります。例えば，ダムに溜めた水を高位から低位に移すとき，水車と発電機を使って仕事を取り出すことができます。この点についてはこの章の後半で記述します。

例題 7-1 の (B) ように，物体が重力に逆らって上昇する場合，重力のする仕事は，力の向きと変位の向きが逆向き（$\theta = 180°$）なので，図 7.6 と同様の状況となり，

$$W = F \cdot s \cdot \cos\theta = m \cdot g \cdot h \cos(180°) = -m \cdot g \cdot h \quad [\mathrm{J}]$$

となります。

次に，図 7.8 のように物体が滑らかな斜面を A → B → C の経路で滑り落ちる場合を考えます。

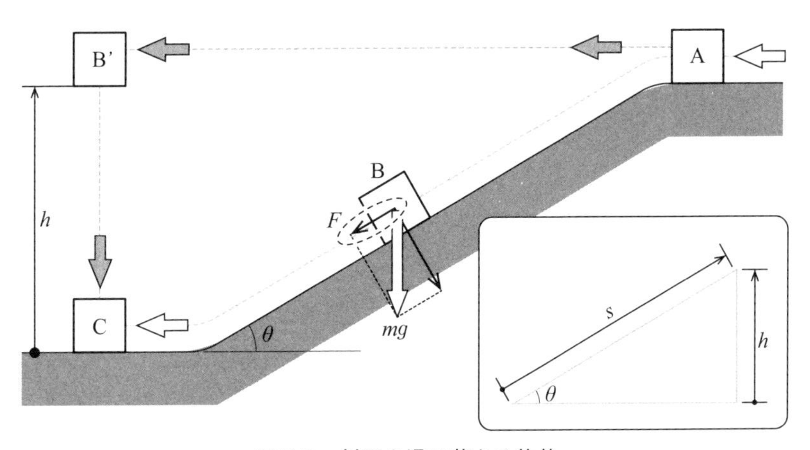

図 7.8　斜面を滑り落ちる物体

斜面と水平のなす角が θ のとき，図より，変位の大きさは，$h = s \cdot \sin\theta$ より $s = h/\sin\theta$ で表されます。また，移動に有効な力 F は，$F = mg \cdot \sin\theta$ となるため，重力がする仕事 W は，

$$W = F \cdot s = (mg \cdot \sin\theta) \cdot \left(\frac{h}{\sin\theta}\right) = mgh$$

となります。この結果から，仕事の大きさ W は，斜面の角度 θ によらないことがわかります。また，A → B′ → C のように移動したとき，A → B′ の移動では重力が物体に仕事をせず，B′ → C の移動で重力がする仕事は図 7.8 の場合の式 (7.1) の結果（mgh）と同じなので，A → B → C と A → B′ → C の経路で重力がする仕事は一致することがわかります。このことから，次のことがいえます。

「重力のする仕事は，経路には無関係で，はじめと終わりの位置によって決定される。」

このような力を**保存力**（conservative force）といいます。

例題 7-3　一辺が 80.0 cm の正方形断面，長さ 2.50 m の鋼材が横倒しにして置いてある。これをクレーンで吊り上げて直立させるのに必要な仕事を求めよ。この鋼材の密度は 7800 kg/m^3 とする。

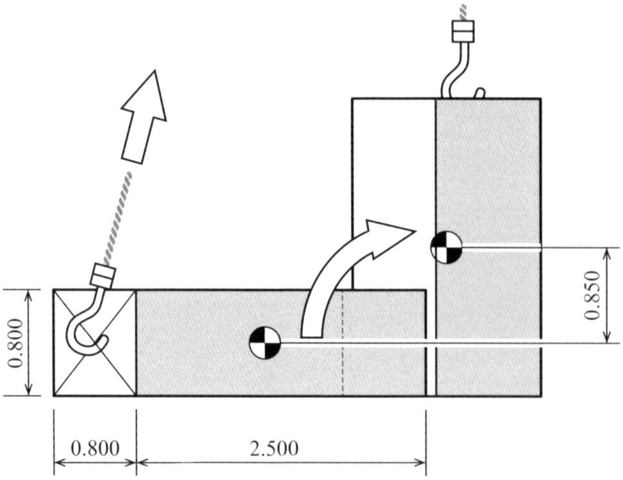

— 解答 —

この問題は，横倒しになっている鋼材の全質量が重心にあり，これを直立させたときの重心の高さまで持ち上げるとして重力がする仕事を考える。このとき，重力がする仕事は経路と無関係のため，はじめと終わりの位置の高さの差が変位となる。横倒しのときの重心の高さは正方形一辺の長さ 80.0 cm = 0.800 m の半分，0.400 m であり，直立させたときの重心の高さは長さの半分，1.25 m である。つまり，1.25 − 0.400 = 0.850 m が変位となる。

次に，この鋼材の質量を求める。(質量) = (密度) × (体積) であるため，

$$m = \rho V = 7800 \times (0.800 \times 0.800 \times 2.50) = 1.248 \times 10^4 \text{ kg}$$

である。重力がする仕事は，

$$W = -mgh = -1.248 \times 10^4 \times 9.807 \times 0.850 = -1.04 \times 10^5 \text{ J}$$

となる。重力がする仕事は負であるが，この仕事と同じ大きさの仕事を人間がクレーンで外から加えることにより鋼材を直立させることができる。したがって必要な仕事の符号は正となり，1.04×10^5 J となる。

例題 7-4　底面積 3.00 m^2 の直円柱形のタンクに，深さ 1.50 m まで燃料油である軽油が入っている。ポンプでこの燃料油すべてを底面から 3.00 m の高さまで汲み上げるのに必要な仕事を求めよ。この軽油の密度は，850 kg/m^3 とする。

— 解答 —

前問と同じように，軽油の全質量がはじめの軽油の重心の位置にあるとする。これをはじめの高さから，汲み上げ後の高さまで持ち上げるときの仕事を考える。はじめの高さは 1.50 m の半分の 0.75 m，汲み上げ後の高さは 3.00 m となるため，変位は 3.00 − 0.75 = 2.25 m となる。

軽油の質量は，(体積) = (底面積) × (高さ) を用いて，

$$m = \rho V = 850 \times (3.00 \times 1.50) = 3825 \text{ kg}$$

重力がする仕事は，

$$W = -mgh = -3825 \times 9.807 \times 2.25 = -8.440 \times 104 \text{ J}$$

前問と同様に，この仕事の大きさと同じ仕事をポンプが外から行うと汲み上げることができる。必要な仕事の符号は変わり 8.44×10^4 J である。

7.1.5　ばねを伸ばすときの仕事

図 7.9 のように，ばねが外部から力を受けているとき，多くのばねでは，加わる力の大きさと，自然長からの伸び（縮み）x [m] の間に比例関係が成り立つ範囲があり，この比例関係を「フックの法則」と呼びます。

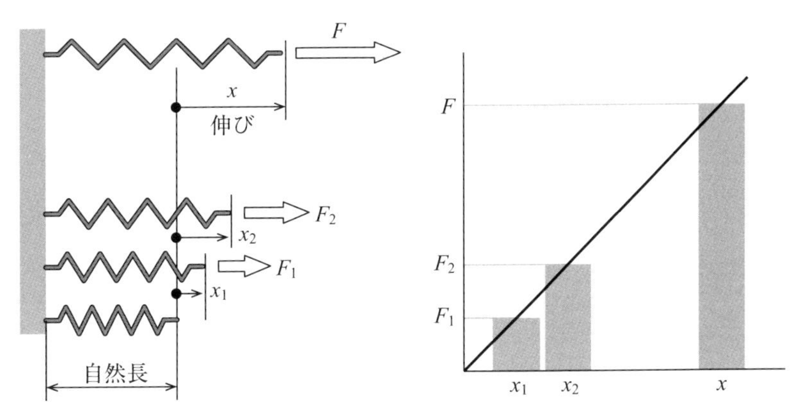

図 7.9　自然長から x [m] 伸びたばね

フックの法則にしたがうばねでは，外部から働く力 F [N] は，ばね定数 k [N/m] を用いて，

$$F = k \cdot x \ \text{[N]}$$

と計ることができます。

このときの仕事 W [J] を考えます。上で述べたとおり，ばねを x_1 [m] 伸ばしたときに必要な力 F_1 [N] は，$F_1 = k \cdot x_1$ [N] となります。この関係を図に示します。微小な距離 [m] 伸ばす間は，この大きさの力でばねを伸ばせるとすると，Δx [m] 伸ばす間の仕事 W_1 [J] は，

$$W_1 = \underset{\text{力}}{F_1} \cdot \underset{\text{変位}}{\Delta x} \quad \text{[J]}$$

となります。これは，図7.10の斜線部の面積となります。

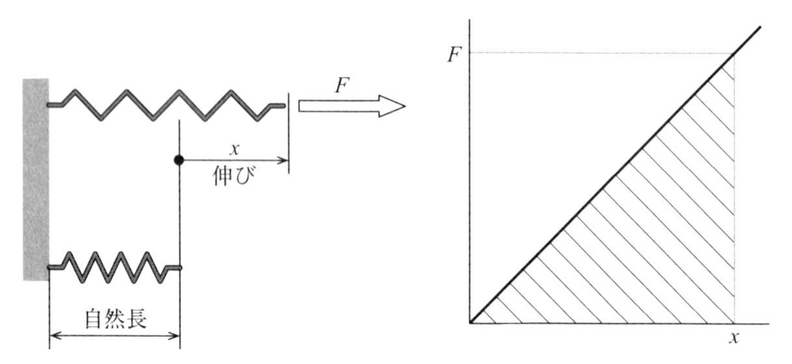

図7.10　ばねの伸びと必要な力の関係

Δx [m] 伸ばした後，必要な力は F_2 [N] に増えます。この F_2 は，

$$F_2 = k \cdot x_2 = k(x_1 + \Delta x) \quad \text{[N]}$$

と表されます。ここからさらに Δx [m] 伸ばすときの仕事 W_2 [J] は，

$$W_2 = F_2 \cdot \Delta x \quad \text{[J]}$$

で表されます。

これを繰り返し，Δx [m] を非常に小さくとると，自然長から x [m] 伸ばすときに必要な仕事 W [J] は，図7.10の点線の三角形の面積と等しくなります。このことから，

$$W = \frac{1}{2}F \cdot x = \frac{1}{2}(k \cdot x) \cdot x = \frac{1}{2}k \cdot x^2 \quad \text{[J]}$$

と表されます。このため，一般的には，ばねを自然長から x [m] 伸ばすときの仕事 W [J] は，

$$W = \frac{1}{2}k \cdot x^2 \quad \text{[J]}$$

となります。縮みの場合，x は負となりますが，仕事 W の計算には x の二乗を使いますから，ばねに加わる力が伸びの方向，縮みの方向に関わらず，ばねに加わる仕事は正となります。

7.1.6 回転の仕事

図 7.11 のように，点 O を中心として回転できる物体を考えます。点 O から r [m] の場所に力 F が常に運動の接線方向に作用し，物体が θ [rad] 回転したとき F がした仕事を考えられます。物体が P から P' まで，半径 r の円弧上を移動したとき，円周に沿った距離は，半径 × 中心角（ラジアン単位）で計算できるので，

$$(\text{P から P' までの円周に沿った距離})\ \overset{\frown}{\mathrm{PP'}} = r \cdot \theta \quad [\mathrm{m}]$$

この仕事を W [J] とすると，

$$W = F \cdot s = \overset{\frown}{\mathrm{PP'}}$$

となります。ここで，$F \cdot r$ は，力のモーメント（トルクとしてもよい）M [N·m] と置き換えられるため，この仕事 W [J] は，

$$W = (F \cdot r) \times \theta = M \times \theta \quad [\mathrm{J}]$$

と表されます。このことから，回転できる物体に力のモーメント M[N·m] を加えて θ[rad] 回転させると，この力のモーメントは，$M \cdot \theta$ [J] の仕事をするといえます。

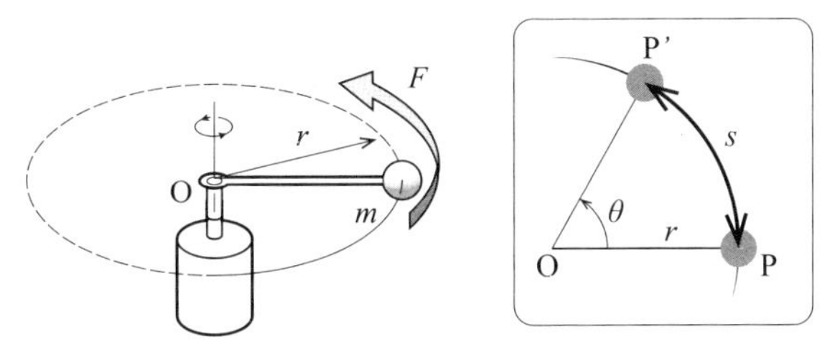

図 7.11　点 O を中心として回転する物体

> **例題** 7-5　直径 1.00 m，厚さ 150 mm のフライホールに 2.50×10^3 Nm の力のモーメントを加え，20 回転させるときの仕事を求めよ。

— 解答 —

1 回転は 2π rad であるため，20 回転は 20 × 2π ＝ 400π rad である。回転に必要な仕事は，

$$W = M\theta = 2.50 \times 10^3 \times 400 \times = 3.14 \times 10^6 \mathrm{J}$$

となる。フライホイールの大きさにはよらないことに注意が必要である。

7.1.7 摩擦力がする仕事

図 7.12 のように，摩擦がある面で物体を動かすとき，摩擦力が物体にする仕事を考えます。

図 7.12 の状況で物体を s [m] 動かすとき，摩擦力 f [N] の向きは物体が移動する向きとは逆向きとな

ります。つまり，7.1.3 項のように，力と変位のなす角が $\theta = 180°$ となるので，摩擦力がする仕事 W[J] は，

$$W = f \times (s \cdot \cos\theta) = f \times \{s \cdot \cos(180°)\} = -f \cdot s \quad [\mathrm{J}]$$

となります。このことから，摩擦力は，常に負の仕事をするといえます。

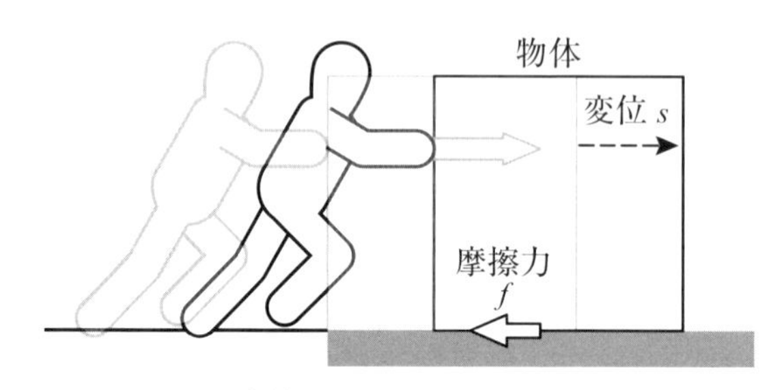

図 7.12　摩擦がある面で物体を動かす場合

7.2　動力

7.2.1　動力とは

1 秒間あたりに行われる仕事を動力（power），または仕事率といいます。動力は「仕事の速さ」もしくは「能率のよさ」と考えるとイメージしやすいでしょう。

t [s] 間に W [J] の仕事をするときの動力 P [W] は，

$$P = W/t \quad [\mathrm{W}]$$

で表されます。

動力の単位は，J/S = W（ジュール毎秒）=（ワット）です。また，kW（キロワット），PS（馬力）もよく使われます。ただし，PS は非 SI 単位です。kW，PS と W の間には，

$$1\ \mathrm{kW} = 1000\ \mathrm{W}$$

$$1\ \mathrm{PS} = 735.5\ \mathrm{W}$$

の関係があります。

7.2.2　並進運動の動力

図 7.13 のように，平面上に置いた物体に力 F [N] を加え，等速度 [m/s] で移動させる場合に力 F [N] がする仕事の動力 P [W] を考えます。このとき，t [s] 間で s [m] 移動したとすると，$v = s/t$ [m/s] であり，この間に力 F [N] がする仕事 W [J] は，$W = F \cdot s$ であることから，

$$P = W/t = (F \cdot s)/t = F \times (s/t) = F \cdot v \quad [\mathrm{W}]$$

となります。

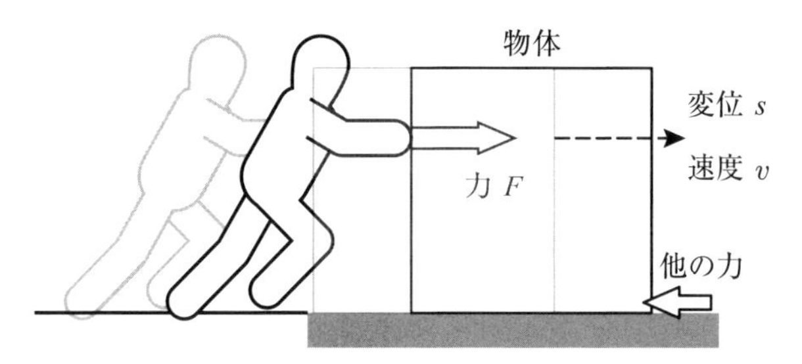

図 7.13　平面状に置いた物体に力を加える場合

例題 7-6　質量 1000 kg の荷物を，あるウインチで吊り上げるとき，5 秒間に 10 m の割合の等速で鉛直上向きに上昇させることができる。このウインチの電動機の動力の大きさを求めよ。単位に注意して計算し，W と PS の単位で解答せよ。

― 解答 ―

5 秒間に 10m の割合で上昇するため，速さは，

$$v = \frac{s}{t} = \frac{10}{5} = 2.0 \text{ m/s}$$

である。上昇させるのに必要な力の大きさは，重力の大きさと等しいので（重力と等しいとき，合力が 0 になり運動の第一法則より等速運動を行う。），必要な動力は，

$$P = Fv = mgv = 1000 \times 9.807 \times 2.0 = 1.961 \times 10^4 \text{ W}$$

である。また，1 PS = 735.5 W より，

$$1.961 \times 10^4 \div 735.5 = 26.7 \text{ PS}$$

である。

例題 7-7　浴槽にあるお湯を洗濯機に移す 20.0 W の小型ポンプがある。このポンプを用いて，40.0 L（リットル）のお湯を 50.0 cm 汲み上げると洗濯機を満たすことができる。必要な時間を求めよ。

― 解答 ―

水の密度は 1000 kg/m^3 であるため，40.0 L のお湯の質量は 40.0 kg である。

このお湯を 50.0 cm = 0.500 m 汲み上げるのに必要なポンプがする仕事は，

$$W = mgh = 40.0 \times 9.807 \times 0.500 = 196.1 \text{ J}$$

である。必要な時間は $P = \dfrac{W}{t}$ より，

$$t = \frac{W}{P} = \frac{196.1}{20.0} = 9.81 \text{ s}$$

である。

7.2.3　回転運動の動力

図 7.14 のように，点 O を中心として回転できる物体の点 O から r [m] の場所に力 F [N] を加え，物体が一定の角速度 ω [rad/s] で回転するときの動力 P [W] を考えます。このとき，t [s] 間で θ [rad] 回転したとすると，$\omega = \theta/t$ [rad/s] であり，この間に力 F [N] がする仕事 W [J] は，ポイント 7.1 より，$W = f \cdot s$ であることから，

$$W = (F \cdot r) \times \theta = M \times \theta \quad \text{[J]}$$

$$P = W/t = (F \cdot s)/t = F \times (r\theta)/t = (F \cdot r) \times \frac{\theta}{t} = M \cdot \omega \quad \text{[W]}$$

となります。7.1.6 項と同様に，$F \cdot r$ [Nm] は，力のモーメント M [Nm] と置き換えられるため，この動力 P [W] は，

$$P = M \cdot \omega \quad \text{[W]}$$

とも表されます。

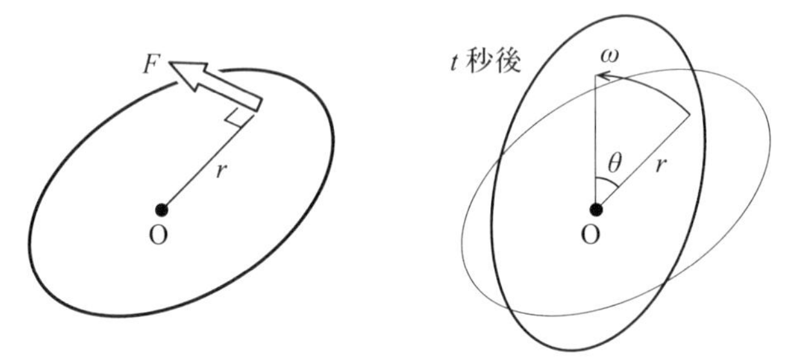

図 7.14　点 O を中心として回転できる物体を回転させる場合

例題 7-8　ある一定の速度で航海している船舶のプロペラが 800 kW の内燃機関に接続されて回転している。このとき，プロペラが受ける回転の抵抗は 2.40×10^4 Nm である。このときのプロペラの回転速度を求めよ。

— 解答 —

一定の速度で航海するためには，プロペラが受ける回転の抵抗と同じだけの力のモーメントを加える必要がある。このときのプロペラの角速度は $P = M\omega$ より，

$$\omega = \frac{P}{M} = \frac{800 \times 10^3}{2.40 \times 10^4} = 33.33 \text{ rad/s}$$

これを回転速度 rpm に変換すると，

$$33.33 \text{ rad/s} = 33.33 \times \frac{60}{2\pi} \text{ rpm} = 318 \text{ rpm}$$

7.3　エネルギー

7.3.1　エネルギーとは

これまで，力を加え続けることの“大変さ”= 仕事について学びました。これらの仕事をすると，仕事を受けた物体は，何かをすることができる能力を獲得します。この能力をエネルギー（energy）といいます。つまり，仕事をした分，エネルギーが蓄えられると考えます。

表 7.1 に示すように，エネルギーは様々な様態を持ちます。一見，これらは無関係なようにも見えますが，実は，これらのエネルギーは相互に変換が可能であり，エネルギー保存の法則が成り立ちます。すなわち，「エネルギーは，様態は変わるが，外部に仕事をしなければ，考えている系全体のエネルギーの量は変わらない」といえます。

表 7.1　様々なエネルギーの様態

エネルギーの様態	説明
力学的エネルギー	さらに，位置エネルギーと運動エネルギー（並進と回転）に分けられる。
弾性エネルギー	ばねなどに蓄えられるエネルギー
内部エネルギー	物体に保有される熱的エネルギー
電気エネルギー	電荷・電流・電磁波などの持つエネルギー
化学エネルギー	物質の化学変化を通して取り出すエネルギー

7.3.2　位置エネルギー

図 7.15 のように，高さ h [m] のところにある質量 m [kg] の物体が持つエネルギーを考えます。この物体が床面に降りるまでに重力がする仕事 W [J] は，

$$W = F \cdot s = m \cdot g \cdot h \quad \text{[J]}$$

で，この仕事は，物体の運動を変えたり，発電機を通してバッテリーに蓄えられたりします。

ここまでは，物体が外部の重力によって仕事をされたと考えてきましたが，見方を変えると，重力が働く空間（重力場という）とそこに置かれた物体との「系」は，mgh [J] の仕事をする能力を持つ，または能力を秘めているといいかえることもできます。この系の持つ能力を位置エネルギー（potential energy）といい，U_p で表します。単位は J です。したがって，

$$U_p = m \cdot g \cdot h \quad \text{[J]}$$

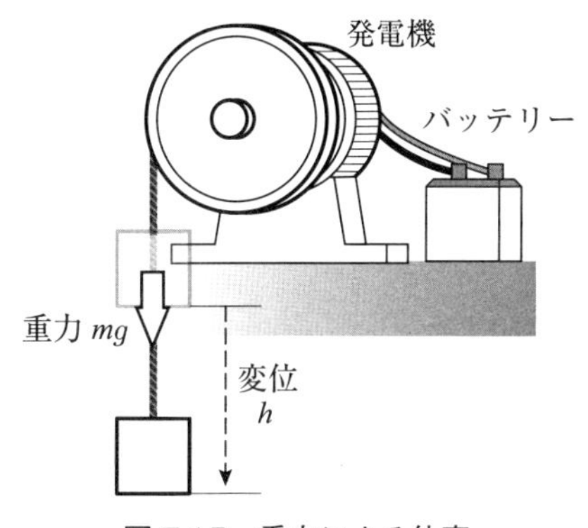

図 7.15　重力による仕事

例題 7-1 で学んだように，m [kg] の物体を張力 F によって h [m] の高さまでゆっくり持ち上げる（$F - mg = m \cdot 0$ すなわち $F = mg$）とき，$W = f \cdot h = m \cdot g \cdot h$ [J] の仕事が必要となります。この仕事が，重力場の中の物体に位置エネルギーとして蓄えられたといえます（図 7.16）。これを簡単に「物体は位置エネルギーを持つ」と表現することもあります。

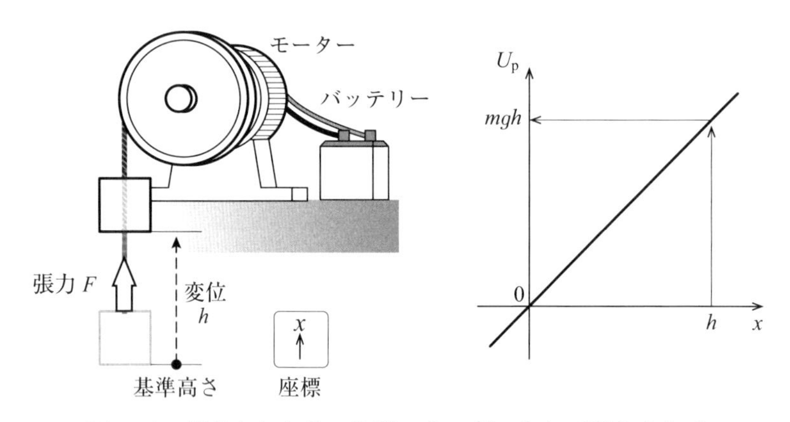

図 7.16　仕事をした分，位置エネルギーとして蓄えられる

7.3.3　弾性エネルギー（ばねに蓄えられるエネルギー）

図 7.17 のように，自然長から x [m] 伸びたばねが自然長まで戻るときを考えます。このとき，理想的なばねが外部に行うことのできる仕事 W [J] は，7.2.5 項で学んだ，ばねを伸ばすときにされた仕事 $W = 1/2kx^2$ [J] と同じ分だけとなります。つまり，x [m] 伸びたばねは，$W = 1/2kx^2$ の仕事をする能力を持っている，または秘めているといえます。この能力を弾性エネルギーといい，U_E で表します。単位は J です。したがって，

$$U_E = \frac{1}{2}kx^2 \quad [\mathrm{J}]$$

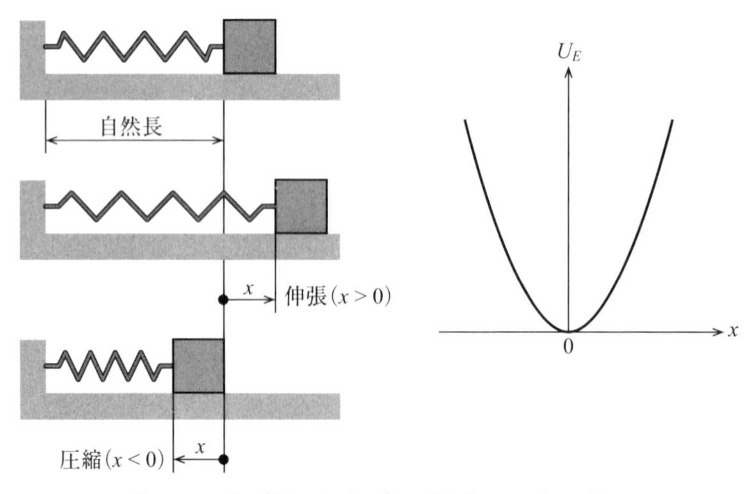

図 7.17　伸び縮みしたばねが蓄えるエネルギー

ばねに仕事をさせるときには，ばねの先端に物体をつないだりしますが，弾性エネルギーは，このばねの先端の場所（位置）に関係して，仕事をする能力を持つようになるため，位置エネルギーの一種と考えることができます。

7.3.4 運動エネルギー（並進）

図7.18のように，速度 v_0 [m/s] で運動している質量 m（kg）の物体を力 F（N）で止める場合を考えます。止まるまでに s (m) 運動したとすると，力の向きと移動の向きが逆向きであるため，力がした仕事 W (J) は，$W = -F \cdot s$ [J] となります（7.1.3項の W_B を参照）。このことを逆に考えると，物体は $F \cdot s$ [J] の仕事をする能力，すなわちエネルギーを持っていたともいえます。これを運動エネルギー(kinetic energy）といいます。運動エネルギーは U_k で表し，単位は仕事と同じ J（ジュール）です。

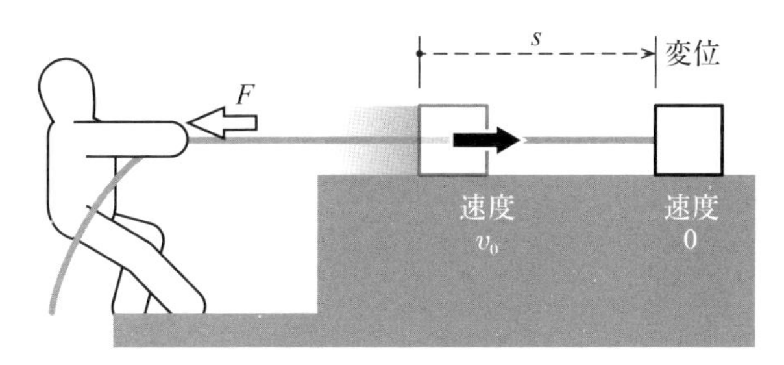

図7.18　運動している物体を止める場合

図7.18の物体の運動エネルギーを考えます。この物体の加速度を a [m/s^2] とすると，次の3つの式が成り立ちます。

運動方程式 ： $-F = m \cdot a$ (1)

等加速度運動における速度と変位の関係式 ： $v^2 - {v_0}^2 = 2 \cdot a \cdot s$ (2)

運動エネルギーは，力がした仕事に等しい ： $U_k = F \cdot s$ (3)

最後は，物体は停止するため，$v = 0$ [m/s] として，式(1)より $a = -F/m$ を式(2)に代入すると，

$$0 - {v_0}^2 = 2 \cdot \left(\frac{F}{m}\right) \cdot s = -\frac{2}{m} \cdot (F \cdot s)$$

となり，整理すると，

$${v_0}^2 = \frac{2}{m} \cdot (F \cdot s)$$

となります。この式にさらに式(3)を代入すると，

$${v_0}^2 = \frac{2}{m} \cdot U_k$$

となることから，運動エネルギーは，

$$U_k = \frac{1}{2} m{v_0}^2$$

となります。

このことから，一般に，速度 v [m/s] で運動する質量 m [kg] の物体の運動エネルギー U_k [J] は，

$$U_k = \frac{1}{2}mv^2$$

と表されます。

図 7.19 に示すように，摩擦力が作用しない床面に置いた物体を押し続けると，物体は加速します。このときにした仕事は運動エネルギーとして蓄えられることになります。

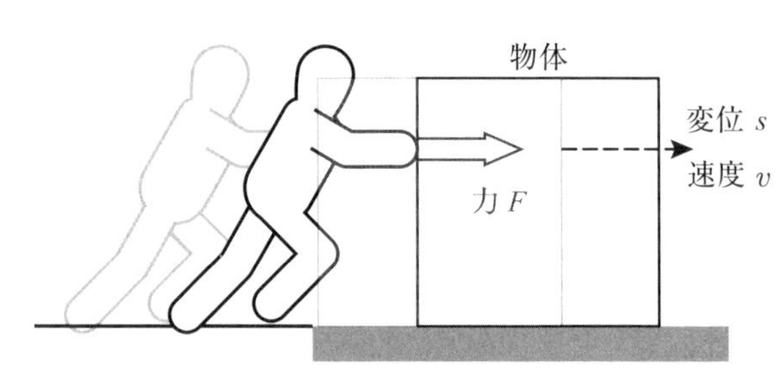

図 7.19　仕事をすると運動エネルギーが蓄えられる

7.3.5　運動エネルギー（回転）

図 7.20 のように点 O を中心として，回転できる物体を考えます。点 O から r [m] の場所に力 F [N] が作用し，物体が θ [rad] 回転したとき，力 F [N] がした仕事を考えます。物体の質量を m [kg] とします。これを n 個に分割して，i 番目の微小要素を考えます。この微小要素を添え字 i で表します。例えば，質量を m_i で表します。この微小要素の周速度を v_i [m/s] とすると，この微小要素の運動エネルギー U_{ri} [J] は，前項の議論より，

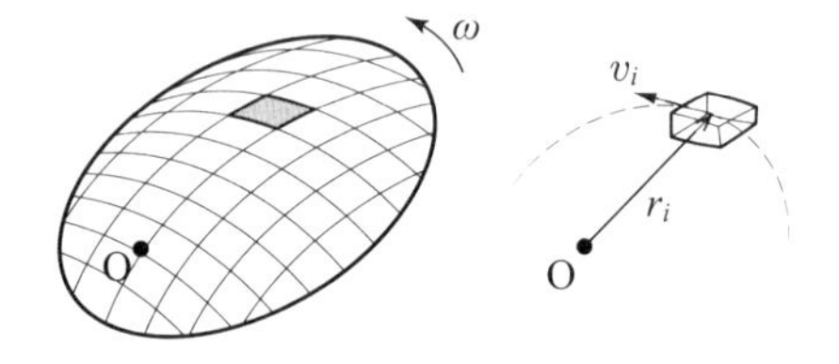

図 7.20　点 O を中心として回転する物体

$$U_{ri} = 1/2\,m_i v_i^2$$

となります。また，周速度 v [m/s] と角速度 ω [rad/s] には，$v = r \cdot \omega$ の関係があるため，半径を添え字 i を使った U_i に置き換えると，

$$U_{ri} = 1/2 \cdot m_i \cdot r_i^2 \cdot \omega^2$$

となります。これをすべての要素について足し合わせると，回転体の運動エネルギー U_r [J] を求められます。

$$\begin{aligned} U_r &= U_{r1} + U_{r2} + \cdots + U_{ri} + \cdots U_{rn} \\ &= \frac{1}{2} \cdot m_1 \cdot r_1^2 \cdot \omega^2 + \frac{1}{2} \cdot m_2 \cdot r_2^2 \cdot \omega^2 + \cdots + \frac{1}{2} \cdot m_i \cdot r_i^2 \cdot \omega^2 + \cdots + \frac{1}{2} \cdot m_n \cdot r_n^2 \cdot \omega^2 \\ &= \frac{1}{2} \cdot \omega^2 \sum_{i=1}^{n} (m_i \cdot r_i^2) \end{aligned}$$

この中で，$\sum_{i=1}^{n} m_i \cdot r_i^2$ は，物体の形状，密度分布により決まる値で，I [kg・m²] と表し，慣性モーメントと呼ぶのでした。単位は kg·m² です。慣性モーメントは，物体の回転しにくさを表し，大きいほど，物体は回転しにくくなります。慣性モーメント I を使うと，U_r は，

$$U_r = \frac{1}{2}I\omega^2$$

と表されます。

7.3.6 力学的エネルギーの保存則

運動エネルギーと位置エネルギーをあわせて，力学的エネルギー（mechanical energy）といいます。U_m で表し，単位は J です。

$$U_\mathrm{m} = U_\mathrm{k} + U_\mathrm{p}$$

$$(\text{力学的エネルギー}) = (\text{運動エネルギー}) + (\text{位置エネルギー})$$

ここでは，図 7.21 のように，重力場の中の質量 m [kg] の物体を床面から h [m] の高さから自由落下させる場合に，質量と重力場の「系」が持つ力学的エネルギー U_m [J]，運動エネルギー U_k [J]，位置エネルギー U_p [J] が，それぞれどのように変化するかを高い点から順番に考えます。

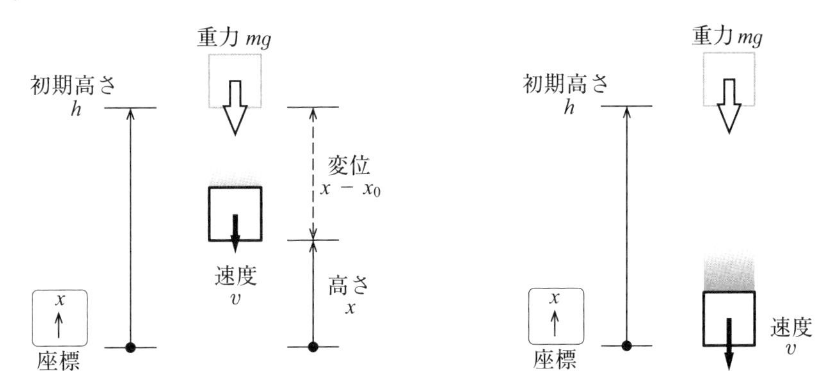

図 7.21　自由落下する物体の力学的エネルギー

(1) 落下し始める前，床面から h [m] の高さにあるとき

落下し始める前であるので，速度 $v = 0$ [m/s] となる。このとき，

$$U_\mathrm{k} = \frac{1}{2}mv^2 = m\theta = 0$$

$$U_\mathrm{p} = mgh$$

したがって，このときの力学的エネルギー U_m [J] は，

$$U_\mathrm{m} = 0 + mgh = mgh \quad [\mathrm{J}] \tag{1}$$

となります。

(2) 落下が始まり，床面から x [m] の高さにあるとき

加速度 $a = g\,(\mathrm{m/s^2})$ の等加速度運動をしています。この運動の初速度 v_0 [m/s] は 0，出発点からの変位 $x - x_0$ [m] は，$h - x$ [m] であるので，等加速度運動の速度と変位の関係式 $v^2 - v_0{}^2 = 2 \cdot a \cdot (x - x_0)$ に代入して，$v^2 = 2 \cdot g\,(h - x)$ となるので，このときの運動エネルギー U_k [J] は，

$$U_\mathrm{k} = \frac{1}{2}mv^2 = \frac{1}{2}m\{2g\,(h - x)\} = mg(h - x)$$

となります。

また，床面からの高さは，x [m] であるので，位置エネルギー U_p [J] は，

$$U_p = mgx \quad [\mathrm{J}]$$

となります。

したがって，このときの力学的エネルギー U_m [J] は，

$$U_m = mg(h - x) + mgz = mgh \quad [\mathrm{J}] \tag{2}$$

となります。

(3) 床面に到達した瞬間

運動エネルギーについては，(2) のときの議論において，$x = 0$ [m] となるので，

$$U_k = \frac{1}{2}mv^2 = \frac{1}{2}m\{2g(h - 0)\} = mgh \quad [\mathrm{J}]$$

となります。

また，位置エネルギーについては，

$$U_p = mg \cdot 0 = 0 \quad [\mathrm{J}]$$

となります。

したがって，このときの力学的エネルギー U_m [J] は，

$$U_m = mgh + 0 = mgh \quad [\mathrm{J}] \tag{3}$$

となります。

式(1)から式(3)を比較すると，すべて $U_m = mgh$ [J] となっています。つまり，自由落下においては，物体がどこにあっても（床面からの高さ x [m] によらず)，物体の力学的エネルギーは一定となります。このことを力学的エネルギー保存の法則といいます。

作用している力が保存力（7.1.4 項参照）のみであれば，運動エネルギーと位置エネルギーは相互に変換が可能です。つまり，力学的エネルギー保存の法則とは，外部との仕事が出入りがない場合，物体系でのエネルギーの態様は変換可能であり，その総量が変化しないということを意味します。例えば，重力（万有引力)，弾性力，静電力，磁力などのみが作用する場合です。一方，保存力ではない力を非保存力といいます。非保存力の例としては，摩擦力，空気抵抗などがあげられます。物体系にこれらの力が作用する場合，力学的エネルギー保存の法則は成り立ちません。例えば，摩擦力が作用する場合，7.1.7 項で議論したように，摩擦力が仕事をします。この分，運動エネルギーが減ります。一般に，摩擦力がする仕事は，物体の温度を高めたり，物体の相が変化（物体が溶ける，気化するなど）に使われたり，熱として周囲に拡散していきます。

力学的エネルギー保存則には，いくつかの表現方法があります。

（変化後の状態の力学的エネルギー）＝（変化前の状態の力学的エネルギー）

ここで，量の**変化**を表す記号 Δ（デルタ）：

Δ 量 ＝（**変化後**の状態の量）－（**変化前**の状態の量）

を導入すると表現が簡単になります（必ず**変化後**から**変化前**を引く）。

変化前の状態での運動エネルギーを U_{k1}，位置エネルギーを U_{p1}，力学的エネルギーを $U_{m1} = U_{k1} + U_{p1}$，変化後の状態を U_{k2}，U_{p2}，$U_{m2} = U_{k1} + U_{p2}$ とすると，力学的エネルギー保存則は，

$$U_{k2} + U_{p2} = U_{k1} + U_{p1} \qquad U_{m2} = U_{m1}$$

整理すると，

$$U_{m2} - U_{m1} = 0 \qquad \varDelta U_m = 0$$

と簡潔にかき，力学的エネルギーの**変化**がない（ゼロ）と読むことができます。

また，同じエネルギー同士でまとめると，

$$(U_{k2} - U_{k1}) + (U_{p2} - U_{p1}) = 0 \qquad \varDelta U_k + \varDelta U_p = 0$$

位置エネルギーの**変化**と運動エネルギーの**変化**の和がゼロと表現することもできます。

ポイント 7.2 力学的エネルギーの保存則

外部との仕事や熱のやりとりがないとき，

$$\varDelta U_m = \varDelta U_k + \varDelta U_p = 0$$

U_m：全力学的エネルギー　U_k：運動エネルギー　U_p：位置エネルギー

7.4 熱力学への展開

7.4.1 仕事と力学的エネルギー

図 7.22 の左図のように，モーターなど使って物体をゆっくりと持ち上げる（$U_k = 0$，$\varDelta U_k = 0$）と，U_p が増加し（$\varDelta U_p > 0$），明らかに力学的保存則が成り立っていません。

$$\varDelta U_m = \varDelta U_k + \varDelta U_p = 0 + (mgh - 0) \neq 0$$

物体に外部から仕事を加えて，物体のエネルギーを増加させているからです。仕事 $W = (+F) \times (+h)$ を加える分，力学的エネルギーに正の変化 $\varDelta U_m > 0$ を与えられることを式で表すと，次のようになります。

$$\varDelta U_m = W$$

図 7.22 の右図のように，物体が発電機につながれてゆっくり降下するとき，物体の位置エネルギーが減少しますが，この分は仕事として外部へ出力されます。

図 7.22 のように，外部にモーターや発電機をつなぐことで，他のエネルギーを力学的エネルギーに変換する，あるいは逆に力学的エネルギーを他のエネルギーに変換することができます。

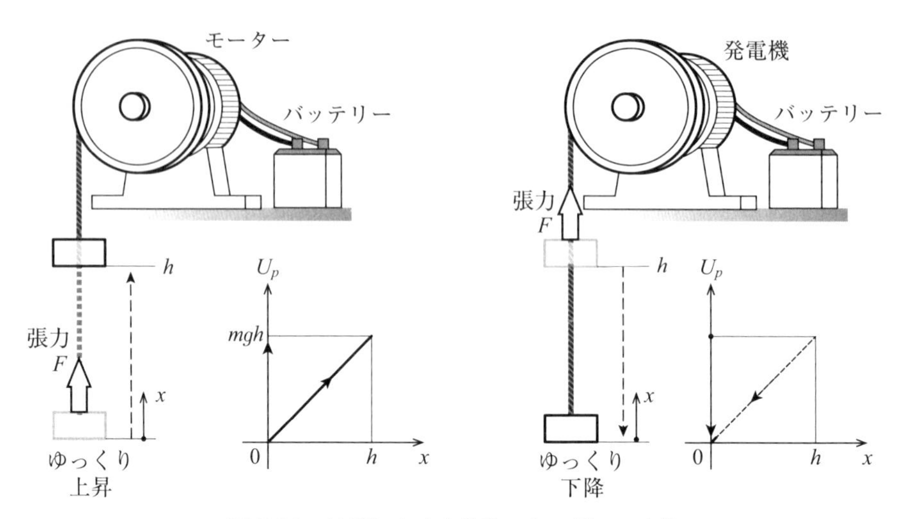

図 7.22　仕事による力学的エネルギーの変化

例題 7-9　図 7.22 で，物体をモーターが持ち上げたとき，および，発電機につながれた物体がゆっくり下降したときの，物体の力学的エネルギーの変化と仕事の関係を，張力 F と高さの変化量 h を含む式に表しなさい。

— 解答 —

左図で，最初の位置は $x = 0$，変化後の位置は $x = h$，変位 $\Delta x = h - 0$ なので，力学的エネルギーの変化 $\Delta U_{\mathrm{m}} = \Delta U_{\mathrm{k}} + \Delta U_{\mathrm{p}} = 0 + (mgh - 0)$，また，張力 F による仕事 W は，座標 x に合わせて，$W = (+F) \times \Delta x = Fh$，よって，関係は，

$$mgh = Fh$$

次に右図で，最初の位置は $x = h$，変化後の位置は $x = 0$，変位 $\Delta x = 0 - h = -h$ なので，力学的エネルギーの変化 $\Delta U_{\mathrm{m}} = \Delta U_{\mathrm{k}} + \Delta U_{\mathrm{p}} = 0 + (0 - mgh)$，また，張力 F による仕事 W は，座標 x に合わせて，$W = F \times \Delta x = F \times (-h) = -Fh$

$$0 + (0 - mgh) = -Fh$$

物体は発電機から負の仕事をされるので，発電機に仕事をしたことになる。これは力学的エネルギーを減らして，電気エネルギーに変換していることになる。

7.4.2　仕事と熱

図 7.23［加熱］のように，水槽の水に熱を加えるとき，1 g の水を 1 ℃上昇させるために必要な熱量を 1 cal（カロリー）と決めています。図 7.23 のように，水槽内に仕事や熱を入力すると，水の温度の温度が上昇するという現象が現れます。入力された仕事や熱は，物質内部の原子や分子の運動エネルギー

の変化や原子・分子間の相互作用の変化に使われ，これらの原子・分子に熱的なエネルギーとして保有されています。このエネルギーを**内部エネルギー**と呼んでいます。

ジュールは，図 7.23［電気仕事］のような装置を使って，抵抗線に化学電池や手回しの発電機によって発生した電気仕事を入力すること（電気抵抗を持つ物体に電流を流すと発熱する「ジュールの法則」）で，［加熱］と同様に水温を上げられることを確認しました。

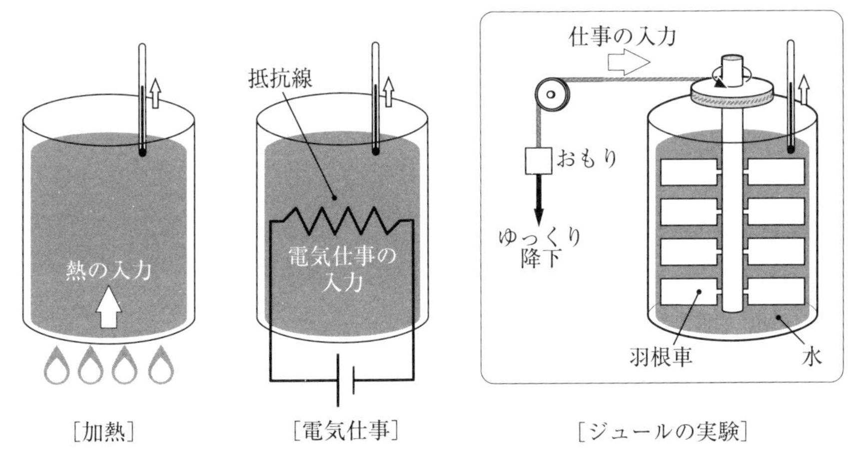

図 7.23　仕事と熱の実験

ジュールはさらに図 7.23［ジュールの実験］を行い，仕事と熱が等価であることを定量的に示しました。おもりは，手を離すと重力により下方へ移動し，その結果，糸で結ばれた水槽の羽根が水をかきまぜます。おもりが当初持っていた位置エネルギー［J］は，羽根車に仕事として入力され，水を攪拌する仕事に使われ，最終的には水温の上昇として表れます。

ジュールは，この実験を通じて，約 4.2 J の仕事が 1 cal に相当することを見出しました。

$$4.18\ \mathrm{J} = 1\ \mathrm{cal}$$

ジュールの実験では，一見すると，おもりの位置エネルギーが失われたように見えますが，仕事を介して内部エネルギーに変換されていると捉えることができます。仕事と熱は，物質から物質へエネルギーが移動するときの形態です。2 つの特徴をまとめると次のようになります。

ポイント 7.3　仕事と熱

仕事と熱は，物質から物質へエネルギーが移動する形態

仕事：2 つの物質の力の差によって移動するエネルギーの形態

熱　：2 つの物質の温度の差によって移動するエネルギーの形態

これ以外に，仕事と熱の間には質的な差もあります。仕事によって，もとのエネルギーをすべて他のエネルギーに変換することができますが，熱によって，もとのエネルギーのすべてを他のエネルギーに変換することはできないのです。このことは，後項で紹介します。

7.4.3　熱力学の第一法則

前項でのジュールの実験と同様なことが，気体でもいえます。図 7.24 のようにピストンに入れたガスを F [N] の力で押し，s [m] だけ押し込む場合を考えてみましょう。このとき，力は，$W = F \cdot s$ [J] の仕事をして，ガスは同じ大きさの仕事を受けたといえます。

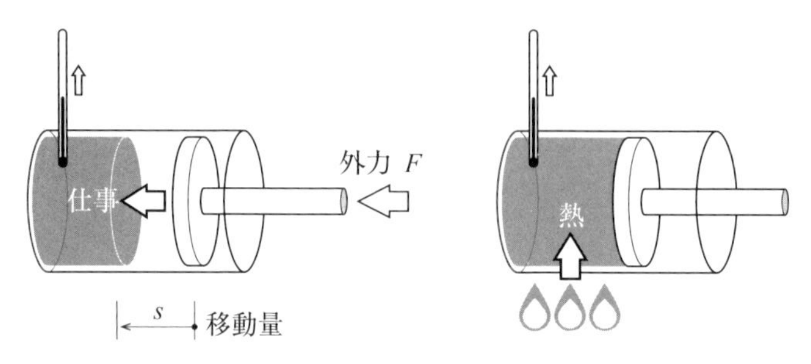

図 7.24　ピストンに入れたガスに仕事と熱エネルギーを加える場合

次に，ピストンを動かないようにして，Q [J] の熱をガスに加えます。このとき，ガスの温度は上昇し，ガスの持つ内部エネルギー U は熱 Q [J] の分だけ大きくなり，ΔU [J] 増加します。

この ΔU [J] は，仕事 W または熱 Q，あるいは両方を使って変化させることができて，これらをまとめた式は「熱力学の第一法則」と呼ばれます。

ポイント 7.4　熱力学の第一法則

熱力学の第一法則は，熱と仕事を含んだエネルギー保存則

$$\Delta U = Q + W$$

ΔU：内部エネルギー U の変化　Q：加えた熱　W：加えた仕事

内部エネルギーだけでなく，系の力学的エネルギー U_{m} も変化することがあり，この場合には，次のようにまとめることができます：

$$\Delta U + \Delta U_{\mathrm{m}} = Q + W \tag{7.1}$$

Δ(系内のエネルギーの総和) = 加えた熱 + 加えた仕事

しかし，熱力学では，必要のない限り，力学的エネルギー U_{m} の変化は考えない式を用います。

（発展）工学系での熱力学の第一法則

工学系では，熱機関（熱から仕事を取り出す機械）を扱うことが多く，外部に仕事を出力すると考えた熱力学の第一法則を用います。

ポイント 7.4 で紹介した熱力学の第一法則では，外部からされた仕事 W が系の内部エネルギー U を増やす（左辺）ことから，W の符号は「正」でした：

$$\Delta U = Q + W \tag{7.2}$$

図 7.24 では，$W = Fs$ と表されますので，出力する仕事を W' と表すと，系の内部エネルギー U を減らすことになるので，W' の符号は「負」として，

$$\Delta U = Q - W' \tag{7.3}$$

と表現されます。

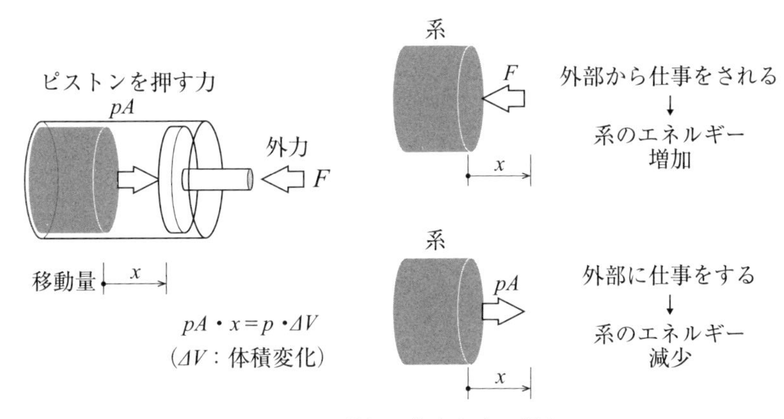

図 7.25　外部に仕事をする場合

図 7.25 で外部からされる仕事を計算すると，$W = (-F)x$ となり，式 (7.2) は，

$$\Delta U = Q + (-Fx) = Q - Fx$$

同様に，外部に仕事をする場合，$W' = (pA)x = p \cdot \Delta V$ となり，式 (7.3) は，

$$\Delta U = Q - p\Delta V$$

一見，両式は異なるように見えますが，ピストンが十分ゆっくり移動する（「準静的」と表現します）とき，質量 m のピストンの運動方程式は，

$$(-F) + pA \fallingdotseq m \times 0$$

で，$F = pA$ となり，両式は同じ式となります。

7.4.4 熱力学の第二法則

非保存力（抵抗力や摩擦力など）が作用する場合は，力学的エネルギー保存の法則は成り立ちません。これは，前節で述べた熱力学の第一法則からわかるように，減少したように見える力学的エネルギーが熱となり，外部に逃げているか，物体の内部エネルギーの増加に使われているためです。つまり，熱的エネルギーまで含めて考えると，エネルギー保存の法則は成り立っているといえます。

表7.1に示したように，エネルギーには，他にも，電気エネルギー，化学的エネルギーなどがあり，式(7.1)の左辺に，系の持つすべてのエネルギーを含めて考えれば，全体としては増減がなく，エネルギーの変換（様態の変化）となります。

図7.26は，エネルギー変換の一例で，化石燃料などの持つ化学的エネルギーを燃焼によって熱に変え，ボイラーの水を蒸気に変えて，蒸気タービンを回して，回転仕事を取り出しています。

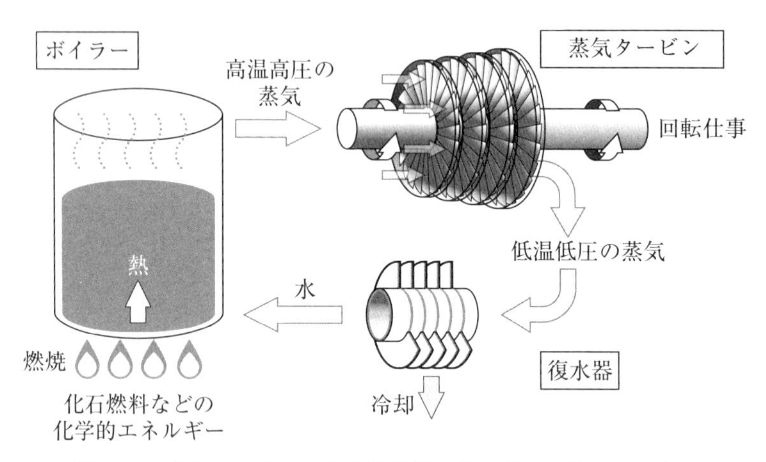

図7.26　蒸気タービンによる化学的エネルギーの仕事への変換

しかし，この蒸気タービンを連続して動かすためには，燃焼による熱をすべて仕事に変えることができず，蒸気を冷却（熱の一部を排出）する必要があり，このことを**熱力学の第二法則**と呼んでいます。

熱力学の第二法則にはいろいろな表現があります。例えば，高温の物体と低温の物体を接触させたとき，高温から低温の方向に熱が流れますが，逆は自然には起こりません。このような高温から低温へ熱が移動することは，もとには戻せない（**不可逆**）ということも，熱力学の第二法則の別の表現です。

7.4.5　熱機関の熱効率

熱力学の第二法則の意味するところは，熱的エネルギー以外が，そのすべてを他のエネルギーに変換することができるが，一度熱にすると，その一部しか他のエネルギーに変換することができないということです。

熱から仕事を取り出す熱機関では，経済性や環境への配慮の観点から，冷却熱を少なくし，なるべく多くの熱を仕事に変換する性能が重要で，この性能を表す量を**熱効率**といいます。

熱機関の動作は図7.27のような模式図で表します。熱機関に熱を供給する高温熱源（温度 T_{H}），熱を捨てる低温熱源（温度 T_{L}）および熱機関本体（抽象的に円で表現）で構成されます。また，熱と仕事を，高温熱源からの熱 Q_{H}，低温熱源からの熱 Q_{L}，出力する仕事 W' と表すと，

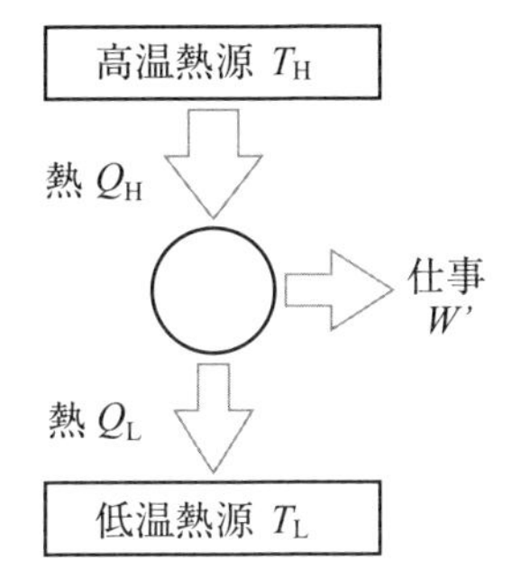

図 7.27　熱機関の模式図

熱機関は，いくつかの過程を経て最初の状態にもどり，同じ過程を繰り返します。再び最初の状態にもどるまでの期間を**サイクル**と呼びます。

熱機関の動作の 1 サイクルは，次のように記述されます：

(1) 熱機関が，高温熱源から Q_H [J] の熱を得る。

(2) 熱機関が，外部に W' [J] の仕事をする。

(3) 熱機関が，低温熱源に Q_L [J] の熱を捨てる。

1 サイクルが終了すると，熱機関の状態はもとに戻ると考えますので，サイクルの始めと終わりの内部エネルギー変化は 0 となり，熱力学の第一法則は，

$$0 = Q_H - Q_L - W' \qquad W' = Q_H - Q_L$$

この熱機関の熱効率 η（いーた）は，取り入れた熱 Q_H のどれだけを仕事 W' に変換できたかを表し，次のように計算します：

$$\eta = \frac{W'}{Q_H} = \frac{Q_H - Q_L}{Q_H} = 1 - \frac{Q_L}{Q_H}$$

世界の技術者は，日夜，熱効率を高めるべく研究開発を行っていますが，言い換えると，熱力学の第二法則と格闘しているといっても過言ではありません。

索　引

≪あ≫
圧縮　*154*
圧力　*74*
圧力による力　*74*
アルキメデスの原理　*77*

≪い≫
位置エネルギー　*201*

≪う≫
運動エネルギー（回転）　*204*
運動エネルギー（並進）　*203*
運動の法則　*61*
運動の法則（回転運動）　*94*
運動方程式　*61, 64*

≪え≫
SI　*3*
エネルギー　*201*
MKS 単位系　*3*

≪お≫
応力　*159*
応力－ひずみ曲線　*165*

≪か≫
外積　*22*
回転運動　*60, 200*
回頭　*94, 146*
外方傾斜　*151*
科学的記数法　*4*
角運動方程式　*94, 95, 96*
角加速度　*94, 95, 96, 98*
重ね合わせの原理　*118*
仮想断面　*158*
加速度　*26, 30, 52, 53*
滑車　*85, 129*
慣性の法則（回転運動）　*95*
慣性の法則（並進運動）　*61*
慣性モーメント　*95, 96, 98*
完全弾性衝突　*49*
完全非弾性衝突　*49*

≪き≫
機関速力　*44*
危険断面　*179*
基準速度　*43*
基本単位　*3*

≪く≫
偶力　*109, 110*
組立単位　*3, 4*

≪け≫
系　*80*

≪こ≫
向心力　*51, 139, 148*
剛体　iv, *60*
抗力　*78*
国際単位系　*3*
弧度法　*10*

≪さ≫
サイクル　*213*
最大静止摩擦力　*72*
サギング　*155, 156*
サスペンション　*87*
座標　*18, 63*
座標軸　*64*
作用・反作用（回転運動）　*96*
作用・反作用の法則　*61, 67*
三角関数　*13*
三平方の定理　*16*

≪し≫
仕事　*188*
仕事の原理　*189*
仕事をしない力　*190*
実航速力　*44*
質点　iv, *26*
重心　*60, 112*
周速度　*12, 51, 53*
自由物体線図　*63*
重力　*68*
重力がする仕事　*191*
ジュールの実験　*209*
瞬間の速度　*28*

≪す≫
垂直応力　*161*
垂直抗力　*69*

≪せ≫
静止摩擦力　*72*
接触力　*68, 69*
絶対速度　*43, 47*
接頭語　*5*
接頭辞　*5*
旋回　*94, 148*
せん断　*155*
せん断応力　*75, 76, 161*
せん断力　*75, 155, 171*
船尾キック　*147*

≪そ≫
相対速度　*43, 47*
速度　*26, 30*
速度三角形　*47, 48*
塑性変形　*164*

≪た≫
対水速力（機関速力）　*44*
対地速力（実航速力）　*44*
縦傾斜　*145*
縦弾性係数　*165*
単位　*2*
弾性エネルギー　*202*
弾性変形　*164*
弾性力　*71*

≪ち≫
力のモーメント　*95, 96, 97*
張力　*70*

≪て≫
定滑車　*85, 86*
てこ　*188*

≪と≫
動滑車　*85, 87*
等速円運動　*51*
動摩擦係数　*72*
動摩擦力　*72*
動力　*198*
度数法　*10*
トラス　*89*
トルク　*95, 104*

≪な≫
内積　*21, 22*
内部エネルギー　*209*
内方傾斜　*148*

≪ね≫
ねじり　*156*
熱　*209*
熱機関　*212*
熱効率　*212*
熱力学の第一法則　*210*
熱力学の第二法則　*211*

≪は≫
ばね　*195*
はね返り係数　*49*
はり　*124, 167*
反発係数　*48*
反モーメント　*127*
反力　*124*

≪ひ≫
非完全弾性衝突　*49*
ひずみ　*162*
非接触力　*68*
引張　*154*
微分公式　*29*

≪ふ≫
不可逆　*212*
付加質量　*149, 150*
復原てこ　*142*
復原力　*141, 142*
浮心　*140*
フックの法則　*71, 165*
物体力　*68*
物理量　*2*
負の仕事　*190, 191*
浮力　*76, 77, 140, 141*

≪へ≫
平均速度　*28*
平行軸の定理　*119, 120*
並進運動　*60, 198*
ベクトル　*15*
ベクトルの演算　*21*
ベクトルの合成　*19*
ベクトルの成分　*16*
ベクトルの分解　*20*
変位　*26, 188*

≪ほ≫
ホギング　*155, 156*
保存力　*194*
ホドグラフ　*53*

≪ま≫
曲げ　*155, 166*
曲げモーメント　*172*
摩擦力　*71, 82, 197*

≪む≫
無次元量　*3*

≪や≫
ヤング率　*165*

≪ゆ≫
有効数字　*6*

≪よ≫
揚力　*78, 79*
翼　*46*
翼型　*76*
横傾斜　*144*
横弾性係数　*165*

≪ら≫
ラジアン　*10*

≪り≫
力学的エネルギーの保存則　*205, 207*
流体　*46*
流体機械　*46*
量記号　*7*

<編者紹介>
商船高専キャリア教育研究会
商船学科学生のより良きキャリアデザインを構想・研究することを目的に，2007年に結成。
富山・鳥羽・弓削・広島・大島の各商船高専に所属する教員有志が会員となって活動している。
2022年は広島商船高等専門学校が事務局を担当している。
連絡先：〒725-0231
広島県豊田郡大崎上島町東野 4272-1
広島商船高等専門学校　商船学科　気付

ISBN978-4-303-55165-0
マリタイムカレッジシリーズ
船に学ぶ基礎力学

2022年11月30日　初版発行

編　者　商船高専キャリア教育研究会　　検印省略
発行者　岡田雄希
発行所　海文堂出版株式会社
本　社　東京都文京区水道2-5-4（〒112-0005）
電話 03（3815）3291㈹　FAX 03（3815）3953
http://www.kaibundo.jp/
支　社　神戸市中央区元町通3-5-10（〒650-0022）

日本書籍出版協会会員・工学書協会会員・自然科学書協会会員

PRINTED IN JAPAN　　印刷　東光整版印刷／製本　誠製本